高职高专教育“十三五”规划教材

JIXIE ZHIZAO JISHU

机械制造技术

主　编　李清江　杨　莹

西北工业大学出版社

西　安

【内容简介】 本书以培养学生综合职业能力为出发点，将金属切削机床、金属切削原理与刀具、机床夹具设计、机械制造工艺学及常用量等相关科学知识有机地融合起来，形成了新的教材体系。本书的主要内容包括金属切削知识、工件定位与加紧、机械加工工艺规程、机械加工质量分析、典型零件加工工艺、机械装配工艺、成组技术与CAPP。

本书可作为高等院校机电一体化、机械设计制造及自动化等机电类、近机电类专业教材，也可供机械制造企业职工培训使用。

图书在版编目（CIP）数据

机械制造技术 / 李清江，杨莹主编. — 西安 ：西北工业大学出版社，2018.5

高职高专“十三五”规划教材

ISBN 978 - 7 - 5612 - 6030 - 2

Ⅰ.①机… Ⅱ.①李… ②杨… Ⅲ.①机械制造工艺-高等职业教育-教材 Ⅳ.①TH16

中国版本图书馆 CIP 数据核字（2018）第 104604 号

策划编辑：刘庆保

责任编辑：季 强

出版发行：西北工业大学出版社

通信地址：西安市友谊西路 127 号 邮编：710072

电 话：(029) 88493844 88491757

网 址：www.nwpup.com

印 刷：北京佳顺印务有限公司

开 本：787 mm×1 092 mm 1/16

印 张：15.25

字 数：350 千字

版 次：2018 年 5 月第 1 版 2020 年 7 月第 2 次印刷

定 价：45.00 元

前　言

本书是按照教育部“关于加强高职高专教育教材建设的若干意见”和“机电一体化专业机械制造技术”课程教学大纲的要求，在汲取高等职业教育在探索技术应用型人才方面的成功经验与教学成果的基础上编写的。本书力求体现高等职业教育的应用特色和能力本位，突出应用型人才的创新素质和创新能力的培养，定位于新世纪应用型技术人才必须具备的技术基础。

本书的主要内容包括：金属切削知识、工件定位与夹紧、工件加工工艺规程、机械加工质量分析、典型零件加工工艺、机械装配工艺、成组技术与CAPP。计划学时为90～110学时，与之相配合的还有实验、实习、习题及课程设计等教学环节。

本书在内容安排上有如下特点：

(1)本书采用最新的机械制造国家标准和行业标准。

(2)作为一门专业基础课，主要目的是通过本课程的学习，使学生掌握有关机械制造技术的基础知识、基本理论和基本方法，这也是本书的重点内容所在。

(3)机械制造技术具有极强的实践性特点，为使学生便于掌握课程的基本内容，本书力求理论联系实际，尽可能多地引用典型实例进行分析，以加深对所述内容的理解。

(4)考虑到当今机械制造技术的迅速发展，本书在重点介绍有关机械制造技术的基础知识、基本理论和基本方法的同时，还兼顾了机械制造领域的最新成就和发展趋势，以使学生通过本课程的学习对机械制造技术的发展有一个全面的了解和正确的认识。

(5)贯彻“够用为准”的原则，力求以较少的篇幅完成对所需内容的介绍。

(6)根据以能力为本位的思想，削减一些繁琐的理论推导及复杂计算，而注重实际应用知识和拓展学生知识面。

(7)参加编写本书的教师具有多年从事职业教育的经验，使本书内容讲解通俗，由浅入深，循序渐进。

本书可作为高职高专机电一体化、机械设计制造及自动化等机电类、近机电类专业教材，也可供机械制造企业职工培训使用，或用作相关专业的高校师生与企业工程技术人员参考书。

由于编者水平有限，时间紧迫，书中难免存在不妥之处，恳请广大读者批评指正。

编　者

目 录

项目一　金属切削知识

知识要点： 金属切削过程基本规律、刀具几何参数、刀具材料、刀具设计与使用。

金属切削加工是指利用刀具切除被加工零件多余材料，从而获得合格零件的加工方法。这是机械制造业中最基本的加工方法。

任务一　切削运动和切削用量

1.1.1　切削运动

在金属切削加工时，为了切除工件上多余的材料，形成工件要求的合格表面，刀具和工件间须完成一定的相对运动，即切削运动。切削运动按其所起的作用不同，可分为主运动和进给运动，如图 1-1 所示。

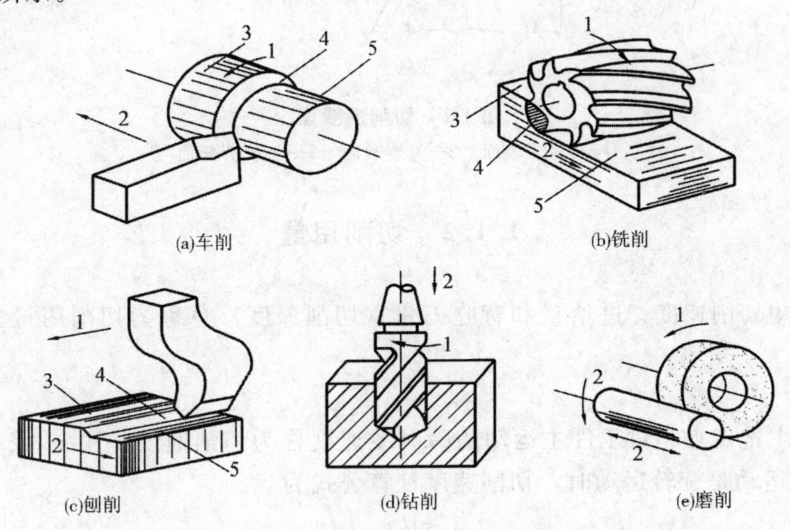

图 1-1　主运动和进给运动

1—主运动　2—进给运动　3—待加工表面　4—加工表面　5—已加工表面

1. 主运动

在切削加工中起主要的、消耗动力最多的运动为主运动。它是切除工件上多余金属层所必须的运动。车削时主运动是工件的旋转运动；铣削和钻削时主运动是刀具的旋转运动；磨削时主运动是磨轮的旋转运动；刨削时主运动是刀具（牛头刨）或工件（龙门刨床）的往复直线运动等。一般切削加工中主运动只有一个。

2. 进给运动

在切削加工中为使金属层不断投入切削，保持切削连续进行，而附加的刀具与工件之间的相对运动称为进给运动。进给运动可以是一个或多个。车削时进给运动是刀具的移动；铣削时进给运动是工件的移动；钻削时进给运动是钻头沿其轴线方向的移动；内、外圆磨削时进给运动是工件的旋转运动和移动等。

3. 切削层

切削层是指切削时刀具切过工件一个单程所切除的工件材料层。如图 1-2 所示，在加工外圆时，工件旋转一周，刀具从位置Ⅰ移到位置Ⅱ，切下Ⅰ与Ⅱ之间的工件材料层。图中 ABCD 称为切削层公称横截面积。

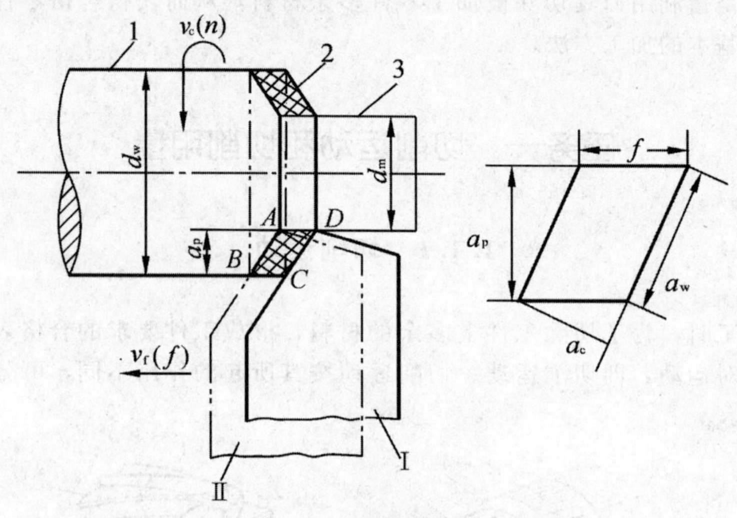

图 1-2　切削层要素

1—待加工表面　2—过渡表面　3—已加工表面

1.1.2　切削用量

在切削加工中切削速度、进给量和背吃刀量（切削深度）总称为切削用量。它表示主运动和进给运动量。

1. 切削速度

刀具切削刃上选定点相对工件主运动的瞬时线速度称为切削速度，用 v_c 表示，单位为 m/s 或 m/min。当主运动是旋转运动时，切削速度计算公式为

$$v_c=\frac{\pi dn}{1000}=\frac{dn}{318} \tag{1-1}$$

式中　d——工件加工表面或刀具选定点的旋转直径，mm；

n——主运动的转速，r/s 或 r/min。

2. 进给量

工件或刀具每转一周，刀具在进给方向上相对工件的位移量，称为每转进给量，简称进给量，用 f 表示，单位为 mm/r。

单位时间内刀具在进给运动方向上相对工件的位移量，称为进给速度，用 v_f 表示，单位为

mm/s 或 m/min。

当主运动为旋转运动时，进给量 f 与进给速度 v_f 之间的关系为

$$v_f = fn \tag{1-2}$$

当主运动是往复直线运动时，进给量为每往复一次的进给量。

3. 背吃刀量（切削深度）

工件已加工表面和待加工表面之间的垂直距离，称为背吃刀量，用 a_p 表示，单位为 mm。

车外圆时背吃刀量 a_p 为

$$a_p = \frac{d_w - d_m}{2} \tag{1-3}$$

式中　d_m——已加工表面直径，mm；

d_w——待加工表面直径，mm。

4. 合成切削速度

主运动与进给运动合成的运动称为合成切削运动。切削刃选定点相对工件合成切削运动的瞬时速度称为合成切削速度，如图 1-3 所示。可用向量表示为

$$v_e = v_c + v_f \tag{1-4}$$

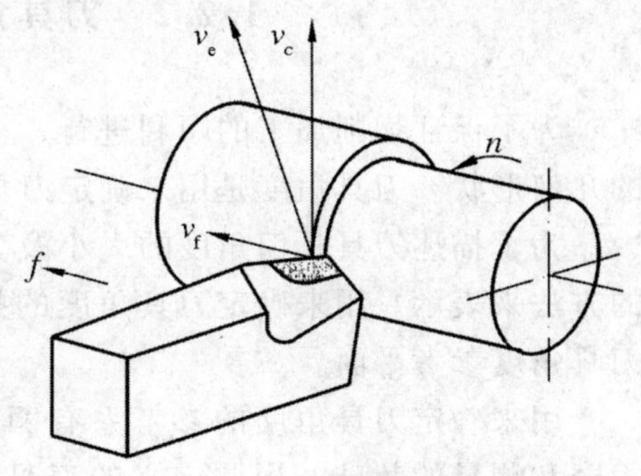

图 1-3　车外圆时的合成切削运动

任务二　刀具几何角度

任何刀具都由刀头和刀柄两部分构成。刀头用于切削，刀柄用于装夹。虽然用于切削加工的刀具种类繁多，但刀具切削部分的组成却有共同点。车刀的切削部分可看作是各种刀具切削部分最基本的形态，如图 1-4 所示。

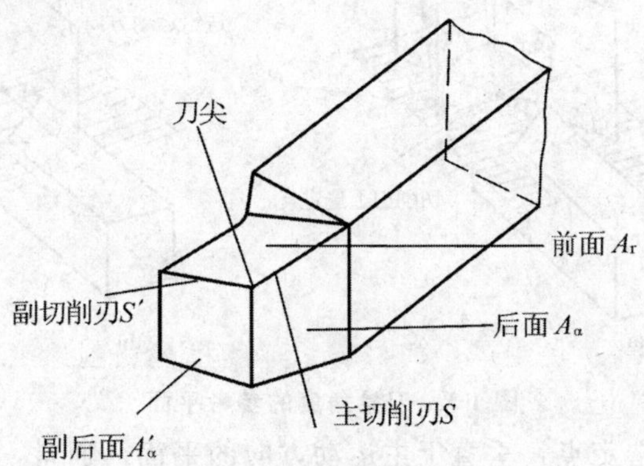

图 1-4　车刀切削部分的结构

1.2.1　刀具切削部分的构成要素

刀具切削部分主要由刀面和切削刃两部分构成。刀面用字母 A 与下角标组成的符号标记，切削刃用字母 S 标记，副切削刃及相关的刀面标记在右上角加一撇以示区别。

①前面（前刀面）A_r　刀具上切屑流出的表面。

②后面（后刀面）A_α　刀具上与工件新形成的过渡表面相对的刀面。

③副后面（副后刀面）A_α'　刀具上与工件已加工表面相对的刀面。

④主切削刃 S　前面与后面形成的交线，在切削中承担主要的切削任务。

⑤副切削刃 S'　前面与副后面形成的交线，它参与部分的切削任务。

⑥刀尖　主切削刃与副切削刃汇交的交点或一小段切削刃。

1.2.2　刀具角度参考平面与刀具角度参考系

为了保证切削加工的顺利进行，获得合格的加工表面，所用刀具的切削部分必须具有合理的几何形状。刀具角度是用来确定刀具切削部分几何形状的重要参数。

为了描述刀具几何角度的大小及其空间的相对位置，可以利用正投影原理，采用多面投影的方法来表示。用来确定刀具角度的投影体系，称为刀具角度参考系，参考系中的投影面称为刀具角度参考平面。

用来确定刀具角度的参考系有两类：一类为刀具角度静止参考系，它是刀具设计时标注、刃磨和测量的基准，用此定义的刀具角度称为刀具标注角度；另一类为刀具角度工作参考系，它是确定刀具切削工作时角度的基准，用此定义的刀具角度称为刀具的工作角度。

1. 刀具角度参考平面

用于构成刀具角度的参考平面主要有基面、切削平面、正交平面、法平面、假定工作平面和背平面，如图 1-5 所示。

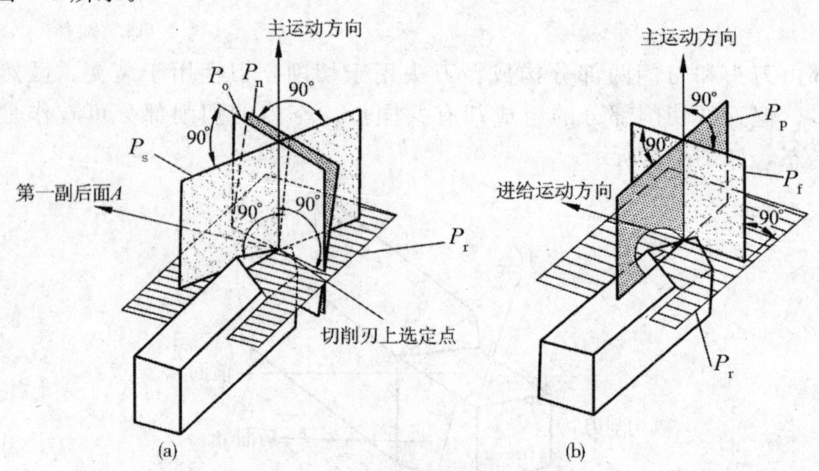

图 1-5　刀具角度的参考平面

① 基面 P_r　过切削刃选定点，垂直于主运动方向的平面。通常，它平行（或垂直）于刀具上的安装面（或轴线）的平面。例如，普通车刀的基面 P_r，可理解为平行于刀具的底面。

②切削平面 P_s　过切削刃选定点，与切削刃相切，并垂直于基面 P_r 的平面。它也是切削刃与切削速度方向构成的平面。

③正交平面 P_o　过切削刃选定点，同时垂直于基面 P_r 与切削平面 P_s 的平面。

④法平面 P_n　过切削刃选定点，并垂直于切削刃的平面。

⑤假定工作平面 P_f　过切削刃选定点，平行于假定进给运动方向，并垂直于基面 P_r 的平面。

⑥背平面 P_p 过切削刃选定点，同时垂直于假定工作平面 P_f 与基面 P_r 的平面。

2. 刀具角度参考系

刀具标注角度的参考系主要有三种，即正交平面参考系、法平面参考系和假定工作平面参考系。

(1) 正交平面参考系

由基面 P_r、切削平面 P_s 和正交平面 P_o 构成的空间三面投影体系称为正交平面参考系。由于该参考系中三个投影面均相互垂直，符合空间三维平面直角坐标系的条件，所以，该参考系是刀具标注角度最常用的参考系。

(2) 法平面参考系

由基面 P_r、切削平面 P_s 和法平面 P_n 构成的空间三面投影体系称为法平面参考系。

(3) 假定工作平面参考系

由基面 P_r、假定工作平面 P_f 和背平面 P_p 构成的空间三面投影体系称为假定工作平面参考系。

1.2.3 刀具的标注角度

描述刀具的几何形状除必要的尺寸外，主要使用的是刀具角度。刀具标注角度主要有四种类型，即前角、后角、偏角和倾角。

1. 正交平面参考系中的刀具标注角度

如图 1-6 所示，在正交平面参考系中，刀具标注角度分别标注在构成参考系的三个切削平面上。

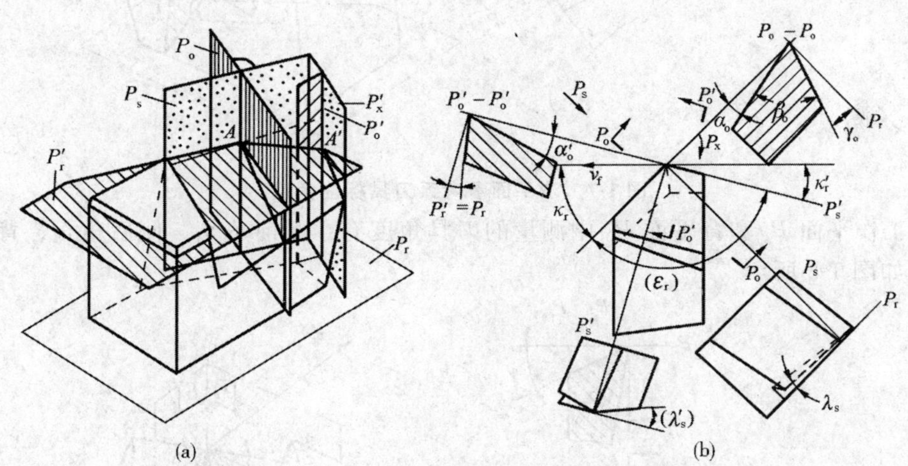

图 1-6 正交平面参考系刀具标注角度

在基面 P_r 上刀具标注角度有：

主偏角 k_r——主切削平面 P_s 与假定工作平面 P_f 间的夹角；

副偏角 k_r'——副切削平面 P_s' 与假定工作平面 P_f 间的夹角。

在切削平面 P_s 上刀具标注角度有：

刃倾角 λ_s——主切削刃 S 与基面 P_r 间的夹角。刃倾角 λ_s 有正负之分，当刀尖处于切削刃最高点时为正，反之为负。

在正平面 P_o 上刀具标注角度有：

前角 γ_o——前面 A_γ 与基面 P_r 间的夹角。前角 γ_o 有正负之分，当前面 A_γ 与切削平面 P_s 间的夹角小于 90°时，取正号；大于 90°时，则取负号；

后角 α_o——后面 A_α 与切削平面 P_s 间的夹角。

以上五个角度 κ_r、κ_r'、λ_s、γ_o、α_o 为车刀的基本标注角度。在此，κ_r、λ_s 确定了主切削刃 S 的空间位置，κ_r'、λ_s' 确定了副切削刃 S' 的空间位置；γ_o、α_o 则确定了前面 A_γ 和后面 A_α 的空间位置，γ_o'、α_o' 则确定了副前面 A_γ' 和副后面 A_α' 的空间位置。

此外，还有以下派生角度：

刀尖角 ε_r——在基面 P_r 内测量的主切削平面 P_s 与副切削平面 P_s' 间的夹角，$\varepsilon_r = 180° - (\kappa_r + \kappa_r')$；

余偏角 ψ_r——在基面 P_r 内测量的主切削平面 P_s 与背平面 P_p 间的夹角，$\psi_r = 90° - \kappa_r$；

楔角 β_o——在正平面 P_o 内测量的前面 A_γ 与后面 A_α 间的夹角，$\beta_o = 90° - (\gamma_o + \alpha_o)$。

2. *其他参考系刀具标注角度*

在法平面 P_n 内测量的前、后角称为法前角和法后角，如图 1-7 所示。

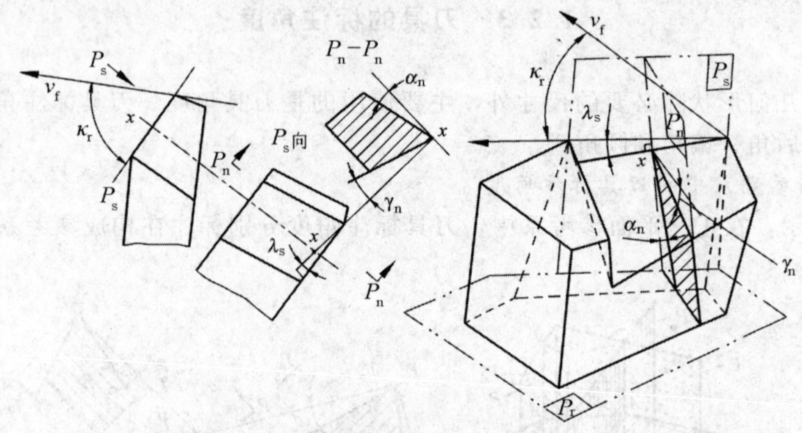

图 1-7　法平面参考系刀具标注角度

在假定工作平面 P_f 和背平面 P_p 中测量的刀具角度有：侧前角 γ_f、侧后角 α_f、背前角 γ_p 和背后角 α_p。如图 1-8 所示。

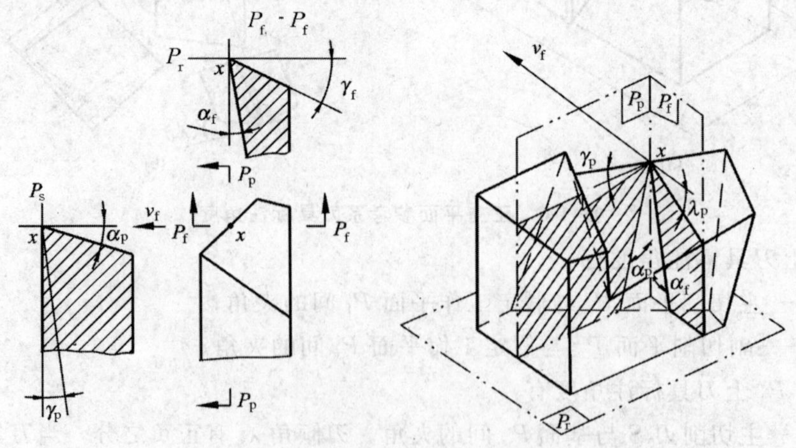

图 1-8　假定工作平面参考系刀具标注角度

上述各参考系平面及角度的定义归纳在表 1-1 中。

表 1-1　刀具各参考系与刀具角度定义

刀具组成		标注参考系			刀具角度定义			
切削刃	相关刀面	代号	组成平面	特征	符号	名称	构成平面	测量平面
S	A_γ A_α	P_o	P_r	$\perp v_c$	γ_o	前角	A_r、P_r	P_o
			P_s	$\perp P_r$,与 S 相切	α_o	后角	A_α、P_s	
					κ_r	主偏角	P_s、P_f	P_r
			P_o	$\perp P_r$,$\perp P_s$	λ_s	刃倾角	A_γ、P_r	P_s
		P_n	P_r	$\perp v_c$	γ_n	法前角	A_γ、P_r	P_n
			P_s	$\perp P_r$,与 S 相切	α_n	法后角	A_α、P_s	
					κ_r	主偏角	同 P_o 系	
			P_n	$\perp S$	λ_s	刃倾角		
		P_f	P_r	$\perp v_c$	γ_f	侧前角	A_γ、P_r	P_f
					γ_p	背前角		P_p
			P_f	$//v_f$,$\perp P_r$	α_f	侧后角	A_α、P_s	P_f
			P_p	$\perp P_r$,$\perp P_f$	α_p	背后角		P_p

1.2.4　刀具工作角度

上述刀具角度是在忽略进给运动条件及刀具安装误差等因素影响情况下给出的。实际上，刀具在使用中，应考虑合成运动和实际安装情况。按照刀具工作的实际情况，所确定的刀具角度参考系称刀具工作角度参考系，在刀具工作角度参考系中标注的刀具角度称刀具工作角度。

通常进给运动在合成切削运动中起的作用很小，在一般安装条件下，可用标注角度代替工作角度。只有在进给运动和刀具安装对工作角度产生较大影响时，才需计算工作角度。

1. 进给运动对刀具工作角度的影响（横车时）

切断刀切断工件时的情况如图 1-9 所示。

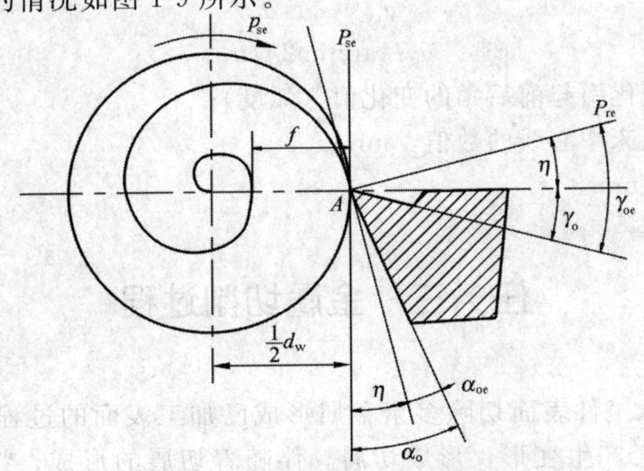

图 1-9　横向进给运动对刀具工作角度的影响

当考虑进给运动时，切削刃上 A 点的运动轨迹是一条阿基米德螺旋线，实际切削平面 P_{se} 为过 A 点且切于螺旋线的平面，实际基面 P_{re} 为过 A 点与 P_{se} 垂直的平面，在实际测量平面内的前、后角分别称为工作前角 γ_{oe} 和工作后角 α_{oe}，其大小为

$$\gamma_{oe}=\gamma_{o}+\eta \tag{1-5}$$

$$\alpha_{oe}=\alpha_{o}-\eta \tag{1-6}$$

$$\eta=\arctan\frac{f}{\pi d_{w}} \tag{1-7}$$

式中 η——合成切削速度角，是主运动方向与合成切削速度方向的夹角；

f——刀具相对工件的横向进给量，mm/r；

d_{w}——切削刃上选定点 A 处的工件直径，mm。

不难看出，切削刃越接近工件中心，d_{w} 值越小，η 值越大，γ_{oe} 越大，而 α_{oe} 越小，甚至变为零或负值，对刀具的工作越不利。

2. 刀尖位置高低对工作角度的影响

安装时，刀尖不一定在机床中心高度上。如刀尖高于机床中心高度，如图 1-10 所示。

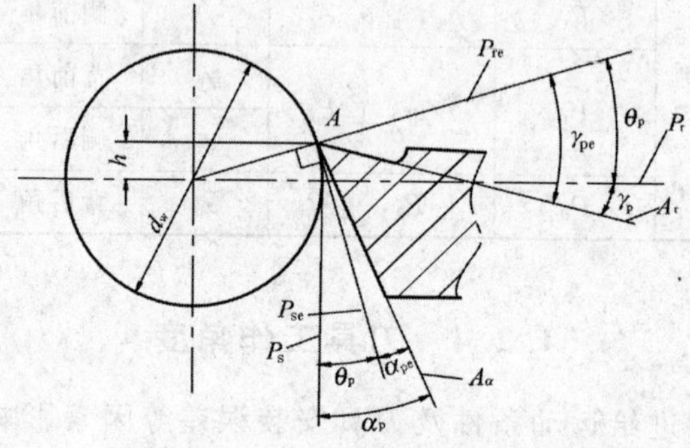

图 1-10 刀尖位置高时的刀具工作角度

此时选定点 A 的基面和切削平面已变为过 A 点的径向平面 P_{re} 和与之垂直的切平面 P_{se}，其工作前角和后角分别为 γ_{pe}、α_{pe}。可见刀具工作前角 γ_{pe} 比标注前角 γ_{p} 增大了，工作后角 α_{pe} 比标注后角 α_{p} 减小了。其关系为

$$\gamma_{pe}=\gamma_{p}+\theta_{p} \tag{1-8}$$

$$\alpha_{pe}=\alpha_{p}-\theta_{p} \tag{1-9}$$

$$\theta_{p}=\arctan 2h/d_{w} \tag{1-10}$$

式中 θ_{p}——刀尖位置变化引起前后角的变化值（弧度）；

h——刀尖高于机床中心线的数值，mm；

d_{w}——工件直径，mm。

任务三 金属切削过程

金属切削过程是指从工件表面切除多余金属形成已加工表面的过程。在切削过程中，工件受到刀具的推挤，通常会产生变形，形成切屑。伴随着切屑的形成，将产生切削力、切削热、刀具磨损、积屑瘤和加工硬化等现象，这些现象将影响到工件的加工质量和生产效率等，因此

有必要对其变形过程加以研究，找到其规律，以便提高加工质量和生产效率。

1.3.1　切削变形

1. 切屑的形成过程

切屑是被切材料受到刀具前刀面的推挤，沿着某一斜面剪切滑移形成的，如图 1-11 所示。

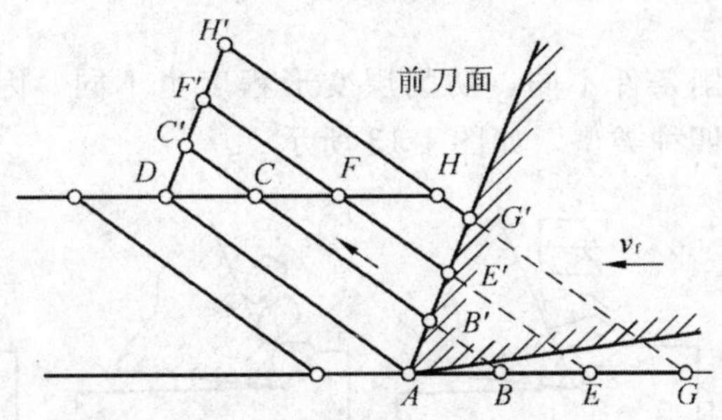

图 1-11　切削过程示意图

图中未变形的切削层 *AGHD* 可看成是由许多个平行四边形组成的，如 *ABCD*、*BEFC*、*EGHF*……当这些平行四边形扁块受到前刀面的推挤时，便沿着 *BC* 方向向斜上方滑移，形成另一些扁块，即 *ABCD*→*AB′C′D*、*BEFC*→*B′E′F′C′*、*EGHF*→*E′G′H′F*……由此可以看出，切削层不是由刀具切削刃削下来的或劈开来的，而是靠前刀面的推挤，滑移而成的。

2. 切削过程变形区的划分

切削过程的实际情况要比前述的情况复杂得多。这是因为切削层金属受到刀具前刀面的推挤产生剪切滑移变形后，还要继续沿着前刀面流出变成切屑。在这个过程中，切削层金属要产生一系列变形，通常将其划分为三个变形区，如图 1-12 所示。

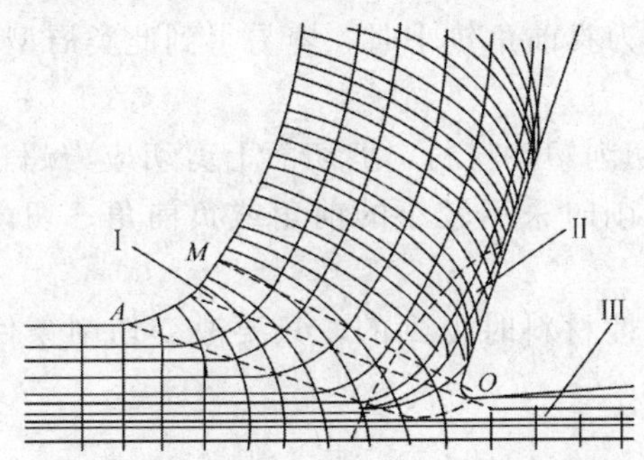

图 1-12　剪切滑移线与三个变形区示意图

图中Ⅰ（*AOM*）为第一变形区。在第一变形区内，当刀具和工件开始接触时，材料内部产生应力和弹性变形，随着切削刃和前刀面对工件材料的挤压作用加强，工件材料内部的应力和变形逐渐增大，当切应力达到材料的屈服强度时，材料将沿着与走刀方向成 45°的剪切面滑移，即产生塑性变形，切应力随着滑移量增加而增加，当切应力超过材料的强度极限时，切削层金属便与材料基体分离，从而形成切屑沿前刀面流出。由此可以看出，第一变形区变形的主要特征是沿滑移面的剪切变形，以及随之产生的加工硬化。

实验证明，在一般切削速度下，第一变形区的宽度仅为 0.02～0.2mm，切削速度越高，其宽度越小，故可看成一个平面，称剪切面。这种单一的剪切面切削模型虽不能完全反映塑性变形的本质，但简单实用，因而在切削理论研究和实践中应用较广。

图中Ⅱ为第二变形区。切屑底层（与前刀面接触层）在沿前刀面流动过程中受到前刀面的进一步挤压与摩擦，使靠近前刀面处金属纤维化，即产生了第二次变形，变形方向基本上与前刀面平行。

图中Ⅲ为第三变形区。此变形区位于后刀面与已加工表面之间，切削刃钝圆部分及后刀面对已加工表面进行挤压，使已加工表面产生变形，造成纤维化和加工硬化。

3. 切屑类型及控制

由于工件材料性质和切削条件不同，切削层变形程度也不同，因而产生的切屑形态也多种多样。归纳起来主要有以下四种类型，如图 1-13 所示。

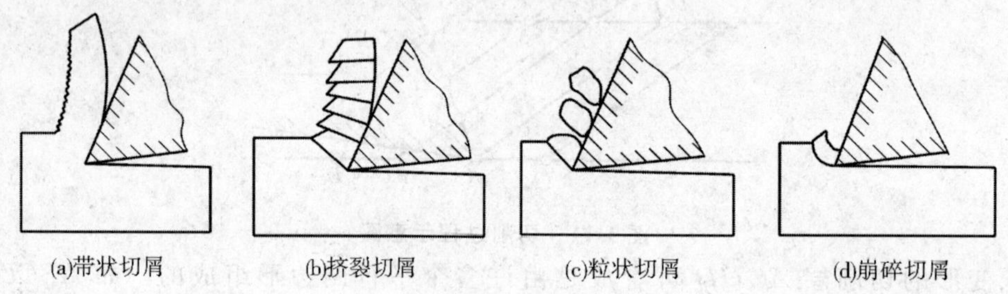

图 1-13　切屑类型

(1) 带状切削

如图 1-13 (a) 所示，切屑延续成较长的带状，这是一种最常见的切屑形状。一般情况下，当加工塑性材料，切削厚度较小，切削速度较高，刀具前角较大时，往往会得到此类屑型。此类屑型底层表面光滑，上层表面毛茸；切削过程较平稳，已加工表面粗糙度值较小。

(2) 挤裂（节状）切屑

如图 1-13 (b) 所示，切屑底层表面有裂纹，上层表面呈锯齿形。大多在加工塑性材料，切削速度较低，切削厚度较大，刀具前角较小时，容易得到此类屑型。

(3) 粒状切屑

如图 1-13 (c) 所示，当切削塑性材料，剪切面上剪切应力超过工件材料破裂强度时，挤裂切屑便被切离成粒状切屑。切削时采用较小的前角或负前角、切削速度较低、进给量较大，易产生此类屑型。

以上三种切屑均是切削塑性材料时得到的，只要改变切削条件，三种切屑形态是可以相互转化的。

(4) 崩碎切屑

如图 1-13 (d) 所示，在加工铸铁等脆性材料时，由于材料抗拉强度较低，刀具切入后，切削层金属只经受较小的塑性变形就被挤裂，或在拉应力状态下脆断，形成不规则的碎块状切屑。工件材料越脆、切削厚度越大、刀具前角越小，越容易产生这种切屑。

实践表明，形成带状切屑时产生的切削力较小、较稳定，加工表面的粗糙度值较小；形成节状、粒状切屑时的切削力变化较大，加工表面的粗糙度值增大；在崩碎切屑时产生的切削力虽然较小，但具有较大的冲击振动，切屑在加工表面上不规则崩落，加工后表面较粗糙。

4. 前刀面上的摩擦与积屑瘤现象

(1) 前刀面上的摩擦特性

切屑从工件上分离流出时与前刀面接触产生摩擦，接触长度 l_f 如图 1-14 所示。在近切削刃

长度 l_{f1} 内，由于摩擦与挤压作用产生高温和高压，使切屑底面与前面的接触面之间形成粘结，亦称冷焊，粘结区或冷焊区内的摩擦属于内摩擦，是前刀面摩擦的主要区域。在内摩擦区外的长度 l_{f2} 内的摩擦为外摩擦。

内摩擦力使粘结材料较软的一方产生剪切滑移，使得切屑底层很薄的一层金属晶粒出现拉长的现象。由于摩擦对切削变形、刀具寿命和加工表面质量有很大影响，因此，在生产中常采用减小切削力、缩短刀—屑接触长度、降低加工材料屈服强度、选用摩擦系数小的刀具材料、提到刀面刃磨质量和浇注切削液等方法，来减小摩擦。

(2) 积屑瘤现象

在切削塑性材料时，如果前刀面上的摩擦系数较大，切削速度不高又能形成带状切屑的情况下，常常会在切削刃上粘附一个硬度很高的鼻型或楔型硬块，称为积屑瘤。如图 1-15 所示，积屑瘤包围着刃口，将前刀面与切屑隔开，其硬度是工件材料的 2～3 倍，可以代替刀刃进行切削，起到增大刀具前角和保护切削刃的作用。

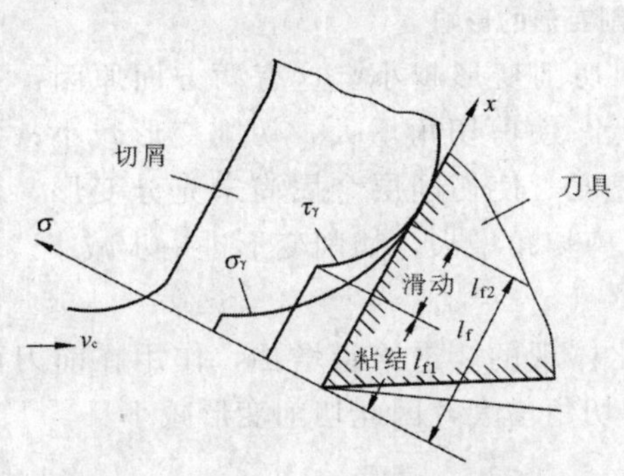

图 1-14　刀一屑接触面上的摩擦特性

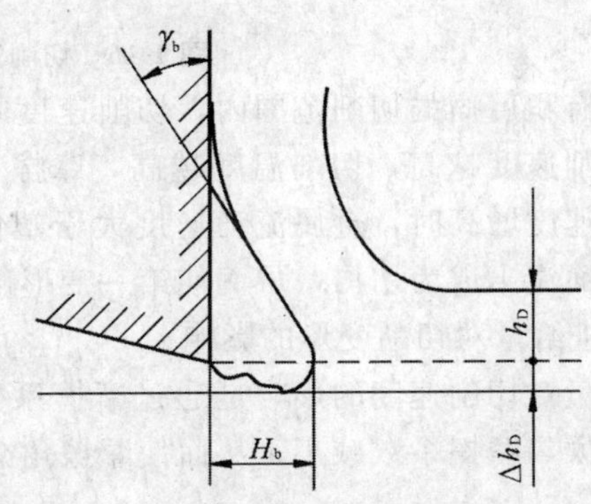

图 1-15　积屑瘤

积屑瘤的成因，目前尚有不同的解释，通常认为是切屑底层金属在高温、高压作用下在刀具前表面上粘结并不断层积的结果。当积屑瘤层积到足够大时，受摩擦力的作用会产生脱落，因此，积屑瘤的产生与大小是周期性变化的。积屑瘤的周期性变化对工件的尺寸精度和表面质量影响较大，所以，在精加工时应避免积屑瘤的产生。

通过切削实验和生产实践表明，在中温情况下切削中碳钢，温度在 300～380℃时，积屑瘤的高度最大，温度在 500～600℃时积屑瘤消失。

5. 影响切削变形的因素

影响切削变形的因素很多，但归纳起来主要有四个方面，即工件材料、刀具前角、切削速度和进给量。

(1) 工件材料对切削变形的影响

工件材料的强度和硬度越高，则摩擦系数越小，变形越小。因为材料的强度和硬度增大时，前刀面上的法向应力增大，摩擦系数减小，使剪切角增大，变形减小。

(2) 刀具前角对切削变形的影响

刀具前角越大，切削刃越锋利，前刀面对切削层的挤压作用越小，则切削变形越小。

(3) 切削速度对切削变形的影响

在切削塑性材料时，切削速度对切削变形的影响比较复杂，如图 1-16 所示。在有积屑瘤的切削范围内（$v_c \leqslant 400$m/min），切削速度通过积屑瘤来影响切屑变形。在积屑瘤增长阶段，切削速度增大，积屑瘤高度增大，实际前角增大，从而使切削变形减少；在积屑瘤消退阶段中，切削速度增大，积屑瘤高度减小，实际前角减小，切削变形随之增大。积屑瘤最大时切削变形达最小值，积屑瘤消失时切削变形达最大值。

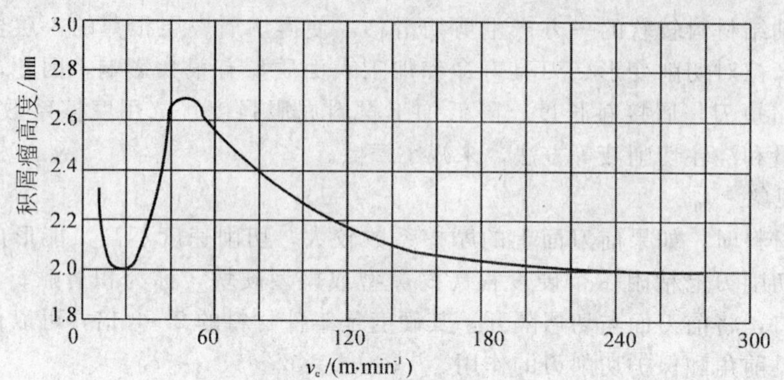

图 1-16　切削速度对切削变形的影响

在无有积屑瘤的切削范围内，切削速度越大，则切削变形越小。这有两方面原因：一方面是由于切削速度越高，切削温度越高，摩擦系数降低，使剪切角增大，切削变形减小；另一方面，切削速度增高时，金属流动速度大于塑性变形速度，使切削层金属尚未充分变形，就已从刀具前刀面流出成为切屑，从而使第一变形区后移，剪切角增大，切削变形进一步减小。

（4）进给量对切削变形的影响

进给量对切削速度的影响是通过摩擦系数的变化体现的。进给量增加，作用在前刀面上的法向力增大，摩擦系数减小，从而使摩擦角减小，剪切角增大，因此切削变形减小。

1.3.2　切削力与切削功率

切削力是被加工材料抵抗刀具切入所产生的阻力。它是影响工艺系统强度、刚度和加工工件质量的重要因素，是设计机床、刀具和夹具、计算切削动力消耗的主要依据。

1. 切削力的来源、合力与分力

刀具在切削工件时，由于切屑与工件内部产生弹、塑性变形抗力，切屑与工件对刀具产生摩擦阻力，形成了作用在刀具上的合力 F，如图 1-17 所示，在切削时合力 F 作用在近切削刃空间某方向，由于大小与方向都不易确定，因此，为便于测量、计算和反映实际作用的需要，常将合力 F 分解为三个分力。

切削力 F_c（主切削力 F_z）——在主运动方向上的分力；

背向力 F_p（切深抗力 F_y）——在垂直于工作平面上的分力；

进给力 F_f（进给抗力 F_x）——在进给运动方向上的分力。

背向力 F_p 与进给力 F_f 也是推力 F_D 的合力，推力 F_D 作用在切削层平面上且垂直于主切削刃。

合力 F、推力 F_D 与各分力之间的关系为

$$F=\sqrt{F_D^2+F_c^2}=\sqrt{F_c^2+F_p^2+F_f^2} \tag{1-11}$$

$$F_p=F_D\cos\kappa_r;\quad F_f=F_D\sin\kappa_r \tag{1-12}$$

式（1-12）表明，当 $\kappa_r=0°$时，$F_p\approx F_D$，$F_f\approx 0$；当 $\kappa_r=90°$时，$F_p\approx 0$，$F_f\approx F_D$，各分力的

大小对切削过程会产生明显不同的作用。

根据实验，当 $\kappa_r=45°$、$\gamma_o=15°$、$\lambda_s=0°$时，各分力间近似关系为

$$F_c : F_p : F_f = 1 : (0.4\sim0.5) : (0.3\sim0.4)$$

其中 F_c 总是最大。

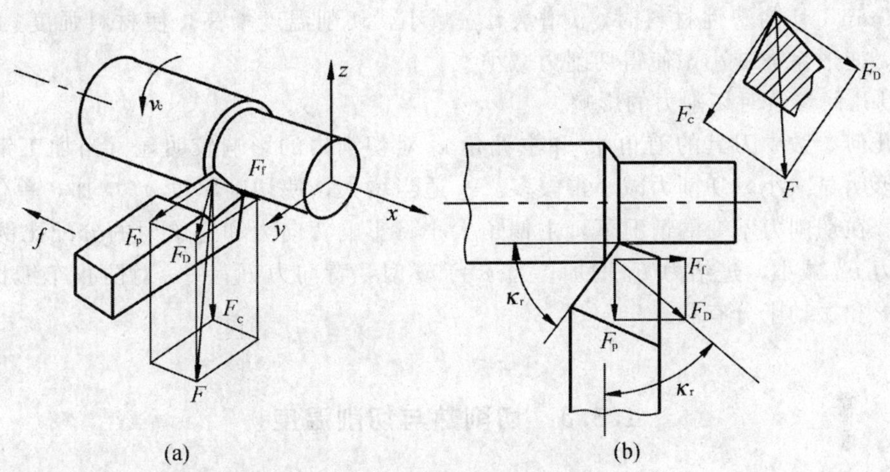

图 1-17　切削时切削合力及其分力

2. 切削功率

在切削过程中消耗的功率叫切削功率 P_c，单位为 kW，它是 F_c、F_p、F_f 在切削过程中单位时间内所消耗的功的总和。一般来说，F_p 和 F_f 相对 F_c 所消耗的功率很小，可以略去不计，于是

$$P_c = F_c \upsilon_C \tag{1-13}$$

式中　υ_C——主运动的切削速度。

计算切削功率 P_c 是为了核算加工成本和计算能量消耗，并在设计机床时根据它来选择机床电动机功率。机床电动机的功率 P_E 可按下式计算

$$P_E = P_c / \eta_c \tag{1-14}$$

式中　η_c——机床传动效率，一般取 $\eta_c=0.75\sim0.85$。

3. 影响切削力的主要因素

凡影响切削过程变形和摩擦的因素均影响切削力，其中主要包括工件材料、切削用量和刀具几何参数等三个方面。

（1）工件材料对切削力的影响

工件材料是通过材料的剪切屈服强度、塑性变形程度与刀具间的摩擦条件影响切削力的。

一般来说，材料的强度和硬度愈高，切削力愈大；这是因为，强度、硬度高的材料，切削时产生的抗力大，虽然它们的变形系数 μ 相对较小，但总体来看，切削力还是随材料强度、硬度的增大而增大。在强度、硬度相近的材料中，塑性、韧性大的，或加工硬化严重的，切削力大。例如，不锈钢 1Cr18Ni9Ti 与正火处理的 45 钢强度和硬度基本相同，但不锈钢的塑性、韧性较大，其切削力比正火 45 钢约高 25%。加工铸铁等脆性材料时，切削层的塑性变形很小，加工硬化小，形成崩碎切屑，与前刀面的接触面积小，摩擦力小，故切削力就比加工钢小。

（2）切削用量对切削力的影响

切削用量三要素对切削力均有一定的影响，但影响程度不同，其中背吃刀量 a_p 和进给量 f

影响较明显。若 f 不变，当 a_p 增加一倍时，切削厚度 a_c 不变，切削宽度 a_w 增加一倍，因此，刀具上的负荷也增加一倍，即切削力增加约一倍；若 a_p 不变，当 f 增加一倍时，切削宽度 a_w 保持不变，切削厚度 a_c 增加约一倍，在刀具刃圆半径的作用下，切削力只增加 68%～86%。可见在同样切削面积下，采用大的 f 较采用大的 a_p 省力和节能。切削速度 v 对切削力的影响不大，当 $v>500\mathrm{m/min}$，切削塑性材料时，v 增大，μ 减小，切削温度增高，使材料强度、硬度降低，剪切角增大，变形系数减小，使得切削力减小。

(3) 刀具几何参数对切削力的影响

在刀具几何参数中刀具的前角 γ_o 和主偏角 κ_r 对切削力的影响较明显。当加工钢时，γ_o 增大，切削变形明显减小，切削力减小得较多。κ_r 适当增大，使切削厚度 a_c 增加，单位面积上的切削力减小。在切削力不变的情况下，主偏角大小将影响背向力和进给力的分配比例，当 κ_r 增大时，背向力 F_p 减小，进给力 F_f 增加；当 $\kappa_r=90°$时，背向力 $F_p=0$，对防止车细长轴类零件减少弯曲变形和振动十分有利。

1.3.3 切削热与切削温度

切削热和切削温度是切削过程中产生的另一个物理现象。它对刀具的寿命、工件的加工精度和表面质量影响较大。

1. 切削热的产生和传散

在切削加工中，切削变形与摩擦所消耗的能量几乎全部转换为热能，即切削热。切削热通过切屑、刀具、工件和周围介质（空气或切削液）向外传散，同时使切削区域的温度升高。切削区域的温度称为切削温度。

影响热传散的主要因素是工件和刀具材料的热导率、加工方式和周围介质的状况。热量传散的比例与切削速度有关，切削速度增加时，由摩擦生成的热量增多，但切屑带走的热量也增加，在刀具中热量减少，在工件中热量更少。所以高速切削时，切屑中温度很高，在刀具和工件中温度较低，这有利于切削加工顺利进行。

2. 影响切削温度的主要因素

切削温度的高低主要取决于切削加工过程中产生热量的多少和向外传散的快慢。影响热量产生和传散的主要因素有切削用量、工件材料、刀具几何参数和切削液等。

(1) 切削用量对切削温度的影响

当 v_c、f 和 a_p 增加时，由于切削变形和摩擦所消耗的功增大，故切削温度升高。其中切削速度 v_c 影响最大，v_c 增加一倍，切削温度约增加 30%；进给量 f 的影响次之，f 增加一倍，切削温度约增加 18%；背吃刀量 a_p 影响最小，a_p 增加一倍，切削温度约增加 7%。上述影响规律的原因是，v_c 增加使摩擦生热增多；f 增加因切削变形增加较少，故热量增加不多，此外，使刀一屑接触面积增大，改善了散热条件；a_p 增加使切削宽度增加，显著增大了热量的传散面积。

切削用量对切削温度的影响规律在切削加工中具有重要的实际意义。例如，分别增加 v_c、f 和 a_p 均能使切削效率按比例提高，但为了减少刀具磨损、保持高的刀具寿命，减小对工件加工精度的影响，可先设法增大背吃刀量 a_p，其次增大进给量 f；但是，在刀具材料与机床性能允许条件下，尽量提高切削速度 v_c，以进行高效率、高质量切削。

(2) 工件材料对切削温度的影响

工件材料主要是通过硬度、强度和导热系数影响切削温度的。

加工低碳钢，材料的强度和硬度低，导热系数大，故产生的切削温度低；加工高碳钢，材料的强度和硬度高，导热系数小，故产生的切削温度高。例如，加工合金钢产生的切削温度比加工 45 钢高 30%；不锈钢的导热系数比 45 钢小 75%，故切削时产生的切削温度高于 45 钢 40%；加工脆性金属材料产生的变形和摩擦均较小，故切削时产生的切削温度比 45 钢低 25%。

(3) 刀具几何参数对切削温度的影响

在刀具几何参数中，影响切削温度最明显的因素是前角 γ_o 和主偏角 κ_r，其次是刀尖圆弧半径 r_ε。

前角 γ_o 增大，切削变形和摩擦产生的热量均减少，故切削温度下降。但前角 γ_o 过大，散热变差，使切削温度升高，因此在一定条件下，均有一个产生最低切削温度的最佳前角 γ_o 值。

主偏角 κ_r 减小，使切削变形和摩擦增加，切削热增加，但 κ_r 减小后，因刀头体积增大，切削宽度增大，故散热条件改善。由于散热起主要作用，故切削温度下降。

增大刀尖圆弧半径 r_ε，选用负的刃倾角 λ_s 和磨制负倒棱均能增大散热面积，降低切削温度。

(4) 切削液对切削温度的影响

使用切削液对降低切削温度有明显效果。切削液有两个作用：一方面可以减小切屑与前刀面、工件与后刀面的摩擦；另一方面可以吸收切削热。两者均使切削温度降低。但切削液对切削温度的影响，与其导热性能、比热、流量、浇注方式以及本身的温度有关。

1.3.4　刀具磨损与刀具寿命

切削时刀具在高温条件下，受到工件、切屑的摩擦作用，刀具材料逐渐被磨耗或出现其他形式的损坏。刀具磨损将影响加工质量、生产率和加工成本。研究刀具磨损过程，防止刀具过早、过多磨损是切削加工中一个重要内容。

1. 刀具磨损形式

刀具磨损形式可分为正常磨损和非正常磨损两种形式。

(1) 正常磨损

正常磨损是指随着切削时间的增加，磨损逐渐扩大的磨损。磨损主要发生在前、后两个刀面上。

①前面磨损　在高温、高压条件下，切屑流出时与前面产生摩擦，在前面形成月牙洼磨损，磨损量通常用深度 KT 和宽度 KB 测量，如图 1-18 (a) 所示。

②后面磨损　如图 1-18 (b) 所示，可将磨损划分为三个区域。

刀尖磨损 C 区，在倒角刀尖附近，因强度低，温度集中造成。磨损量为 VC。

中间磨损 B 区，在切削刃的中间位置，存在着均匀磨损量 VB，局部出现最大磨损量 VB_{max}。

边界磨损 N 区，在切削刃与待加工表面相交处，因高温氧化，表面硬化层作用造成最大磨损量 VN。

刀面磨损形式可随切削条件变化而发生转化，但在大多数情况下，刀具的后面都发生磨损，而且测量也比较方便，因此常以 VB 值表示刀面磨损程度。

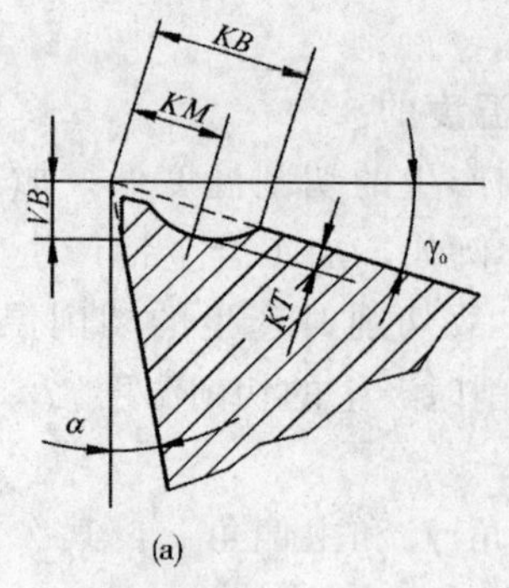

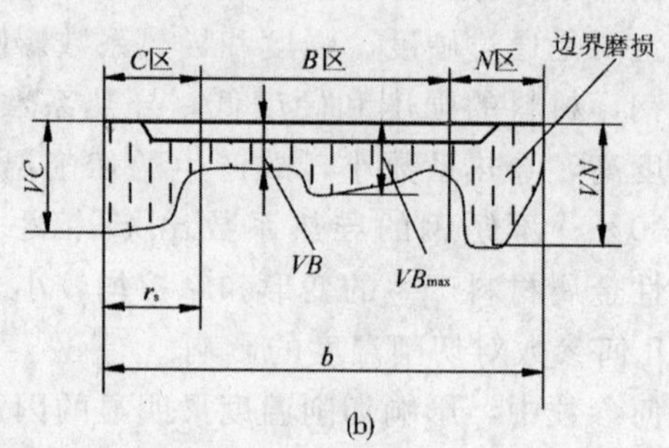

图 1-18 刀具的磨损形式

(2) 非正常磨损

非正常磨损亦称破坏，常见形式有脆性破坏（如崩刃、碎断、剥落、裂纹破坏等）和塑性破坏（如塑性流动等）。其原因主要是由于刀具材料选择不合理，刀具结构、制造工艺不合理，刀具几何参数不合理，切削用量选择不当，刃磨和操作不当等原因造成。

2. 刀具磨损的原因

造成刀具磨损有以下几种原因。

(1) 磨粒磨损

在工件材料中含有氧化物、碳化物和氮化物等硬质点，在铸、锻工件表面存在着硬夹杂物，在切屑和工件表面粘附着硬的积屑瘤残片，这些硬质点在切削时如同“磨粒”对刀具表面摩擦和刻划，致使刀具表面磨损。

(2) 粘结磨损

粘结磨损亦称冷焊磨损。切削塑性材料时，在很大压力和强烈摩擦作用下，切屑、工件与前、后刀面间的吸附膜被挤破，形成新的表面紧密接触，因而发生粘结现象。刀具表面局部强度较低的微粒被切屑和工件带走，这样形成的磨损称为粘结磨损。粘结磨损一般在中等偏低的切削速度下较严重。

(3) 扩散磨损

在高温作用下，工件与刀具材料中合金元素相互扩散，改变了原来刀具材料中化学成分的比值，使其性能下降，加快了刀具的磨损。因此，切削加工中选用的刀具材料，应具有高的化学稳定性。

(4) 化学磨损

化学磨损亦称氧化磨损。在一定温度下，刀具材料与周围介质起化学作用，在刀具表面形成一层硬度较低的化合物而被切屑带走；或因刀具材料被某种介质腐蚀，造成刀具的化学磨损。

3. 刀具磨损过程

刀具的磨损过程一般分成三个阶段，如图 1-19 所示。

(1) 初期磨损阶段（OA 段）

在初期磨损阶段，将新刃磨刀具表面存在的凸凹不平及残留砂轮痕迹很快磨去。初期磨损量的大小，与刀具刃磨质量相关，一般经研磨过的刀具，初期磨损量较小。

(2) 正常磨损阶段（AB 段）

经初期磨损后，刀面上的粗糙表面已被磨平，压强减小，磨损比较均匀缓慢。后刀面上的磨损量将随切削时间的延长而近似地成正比例增加。此阶段是刀具的有效工作阶段。

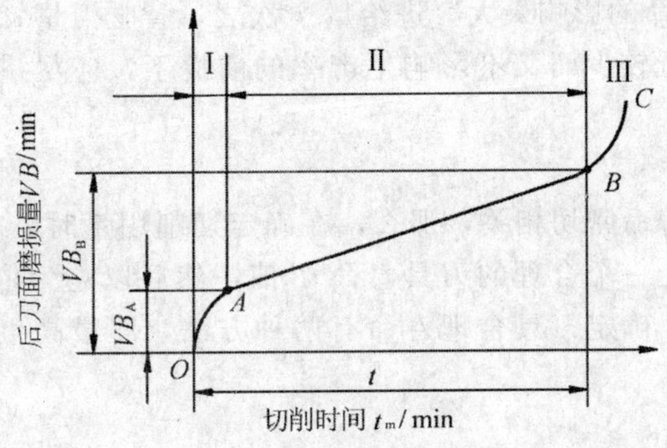

图 1-19　刀具磨损曲线

(3) 急剧磨损阶段（BC 段）

当刀具磨损达到一定限度后，已加工表面粗糙度变差，摩擦加剧，切削力、切削温度猛增，磨损速度增加很快，往往产生振动、噪声等，致使刀具失去切削能力。

因此，刀具应避免达到急剧磨损阶段，在这个阶段到来之前，就应更换新刀或新刃。

4. *刀具的磨钝标准*

刀具磨损到一定限度就不能继续使用，这个磨损限度称为磨钝标准。国际标准 ISO 规定以 1/2 背吃刀量处后刀面上测定的磨损带宽度 *VB* 值作为刀具的磨钝标准。

根据加工条件的不同，磨钝标准应有变化。粗加工应取大值，工件刚性较好或加工大件时应取大值，反之应取小值。

自动化生产中的精加工刀具，常以沿工件径向的刀具磨损量作为刀具的磨钝标准，称为刀具径向磨损量 *NB* 值。

目前，在实际生产中，常根据切削时突然发生的现象，如振动产生、已加工表面质量变差、切屑颜色改变、切削噪声明显增加等来决定是否更换刀具。

5. *刀具寿命*

刀具寿命是指一把新刀从开始切削直到磨损量达到磨钝标准为止总的切削时间，或者说是刀具两次刃磨之间总的切削时间，用 T 表示，单位为 min。刀具总寿命应等于刀具耐用度乘以重磨次数。

在工件材料、刀具材料和刀具几何参数选定后，刀具耐用度由切削用量三要素来决定。刀具寿命 T 与切削用量三要素之间的关系可由下面经验公式来确定

$$T=\frac{C_T}{v_c^{\frac{1}{m}} f^{\frac{1}{n}} a_p^{\frac{1}{p}}} \tag{1-15}$$

式中　C_T——与刀具、工件材料和切削条件有关的系数；

m、n、p——寿命指数，分别表示切削用量三要素 v_c、f、a_p 对寿命 T 的影响程度。

参数 C_T、m、n、p 均可由有关切削加工手册中查得。例如，当用硬质合金车刀切削碳素钢（$\sigma_b=0.736\text{GPa}$）时，车削用量三要素（v_c、f、a_p）与刀具寿命 T 之间的关系为

$$T=\frac{7.77\times10^{11}}{v_c^5 f^{2.25} a_p^{0.75}} \tag{1-16}$$

由上例可以看出：当其他条件不变，切削速度提高一倍时，寿命 T 将降低到原来的 3%左右；若进给量提高一倍，其他条件不变时，寿命 T 则降低到原来的 21%左右；若背吃刀量提高一倍，其他条件不变时，寿命 T 仅降低到原来的 78%左右。由此不难看出，在切削用量三要素

中，切削速度 v_c 对刀具寿命的影响最大，进给量 f 次之，背吃刀量 a_p 影响最小。因此，在实际使用中，为使刀具寿命降低较少而又不影响生产率的前提下，应尽量选取较大的背吃刀量和较小的切削速度，进给量适中。

6. 合理寿命的选择

由于切削用量与刀具寿命密切相关，那么，在确定切削用量时，就应选择合理的刀具寿命。但在实践中，一般是先确定一个合理的刀具寿命 T 值，然后以它为依据选择切削用量，并计算切削效率和核算生产成本。确定刀具合理寿命有两种方法，即最高生产率寿命和最低生产成本寿命。

(1) 最高生产率寿命 T_P

它是根据切削一个零件所花时间最少或在单位时间内加工出的零件数最多来确定。

切削用量三要素 v_c、f 和 a_p 是影响刀具寿命的主要因素，也是影响生产率高低的决定性因素。提高切削用量，可缩短切削时间 t_m，从而提高生产效率，但容易使刀具磨损，降低刀具寿命，增加换刀、磨刀和装刀等辅助时间，反而会降低生产率。

最高生产率寿命 T_P 可用下面经验公式确定

$$T_P=\left(\frac{1-m}{m}\right)t_{ct} \tag{1-17}$$

式中 t_{ct}——换一次刀所需的时间，min；

m——切削速度对刀具寿命的影响系数。

(2) 最低生产成本寿命 T_c

最低生产成本寿命是根据加工零件的一道工序成本最低来确定的。

一般来说，刀具寿命越长，刀具磨刀及换刀等费用越少，但因延长刀具寿命需减小切削用量，降低切削效率，使经济效益变差，同时，机动时间过长所需机床折旧费、消耗能量费用也增多。因此，在确定刀具寿命时应考虑生产成本对其的影响。

最低生产成本寿命 T_C 可按下面经验公式确定

$$T_C=\frac{1-m}{m}\left(t_{ct}+\frac{C_t}{M}\right) \tag{1-18}$$

式中 M——该工序单位时间内所分担的全厂开支；

C_t——磨刀费用（包括刀具成本和折旧费）。

由于最低生产成本寿命 T_C 高于最高生产率寿命 T_P，故生产中常采用最低生产成本寿命 T_C，只有当生产紧急需要时才采用最高生产率寿命 T_P。

任务四　刀具几何参数的合理选择

刀具的几何参数除包括刀具的切削角度外，还包括刀面的形式、切削刃的形状、刃区型式（切削刃区的剖面型式）等。刀具几何参数对切削时金属的变形、切削力、切削温度和刀具磨损都有显著影响，从而影响生产率、刀具寿命、已加工表面质量和加工成本。为充分发挥刀具的切削性能，除应正确选用刀具材料外，还应合理选择刀具几何参数。

刀具的“合理”几何参数，是指在保证加工质量的前提下，能够获得最高刀具寿命，从而能够达到提高切削效率，降低生产成本的目的的几何参数。这里要注意区别“合理”与“能用”，应全面考虑，综合分析。

1.4.1 前角的选择

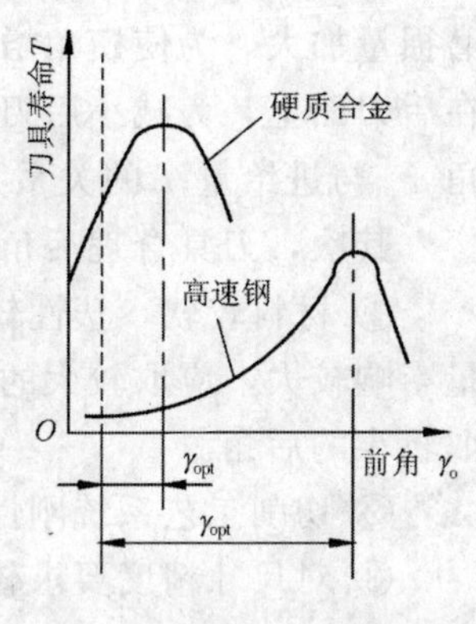

图 1-20 前角合理数值

前角的大小决定切削刃的锋利程度和强固程度。增大前角可使刀刃锋利，使切削变形减小，切削力和切削温度减小，可提高刀具寿命，并且，较大的前角还有利于排除切屑，使表面粗糙度减小。但是，增大前角会使刃口楔角减小，削弱刀刃的强度，同时，散热条件恶化，使切削区温度升高，导致刀具寿命降低，甚至造成崩刃。所以前角不能太小，也不能太大。故前角应有一合理值，即存在一个刀具寿命为最大的前角——合理前角 γ_{opt}，如图 1-20 所示。

刀具合理前角通常与工件材料、刀具材料及加工要求有关。

首先，当工件材料的强度、硬度大时，为增加刃口强度，降低切削温度，增加散热体积，应选择较小的前角；当材料的塑性较大时，为使变形减小，应选择较大的前角；加工脆性材料，塑性变形很小，切屑为崩碎切屑，切削力集中在刀尖和刀刃附近，为增加刃口强度，宜选用较小的前角。通常加工铸铁 $\gamma_{opt}=5°\sim15°$；加工钢材 $\gamma_{opt}=10°\sim20°$；加工紫铜 $\gamma_{opt}=25°\sim35°$；加工铝 $\gamma_{opt}=30°\sim40°$。

其次，刀具材料的强度和韧性较高时可选择较大的前角。如高速钢强度高，韧性好；硬质合金脆性大，怕冲击；而陶瓷刀应比硬质合金刀的合理前角还要小些。

此外，工件表面的加工要求不同，刀具所选择的前角大小也不相同。粗加工时，为增加刀刃的强度，宜选用较小的前角；加工高强度钢断续切削时，为防止脆性材料的破损，常采用负前角；精加工时，为增加刀具的锋利性，宜选择较大前角；工艺系统刚性较差和机床功率不足时，为使切削力减小，减小振动、变形，故选择较大的前角。

1.4.2 后角的选择

刀具后角的作用是减小切削过程中刀具后刀面与工件切削表面之间的摩擦。后角增大，可减小后刀面的摩擦与磨损，刀具楔角减小，刀具变得锋利，可切下很薄的切削层；在相同的磨损标准 VB 时，所磨去的金属体积减小，使刀具寿命提高；但是后角太大，楔角减小，刃口强度减小，散热体积减小，将使刀具寿命减小，故后角不能太大。因此，与前角一样，有一个刀具耐用度最大的合理后角 α_{opt}，如图 1-21 所示。

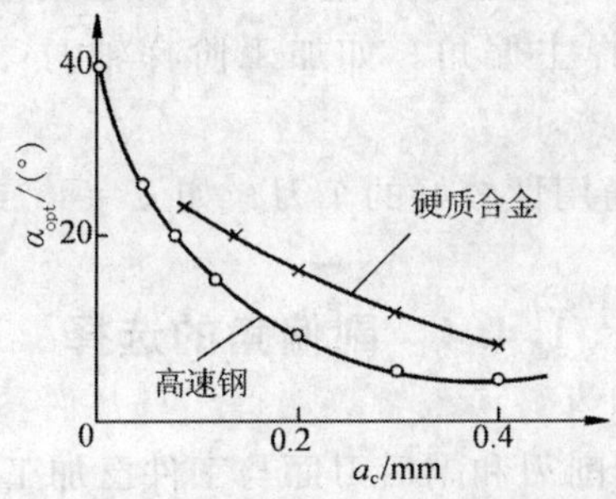

图 1-21 不同刀具材料的合理后角

刀具的合理后角的选择主要依据切削厚度 a_c（或进给量 f）的大小。a_c 增大，前刀面上的磨损量加大，为使楔角增大以增加散热体积，提高刀具寿命，后角应小些；a_c 减小，磨损主要在后刀面上，为减小后刀面的磨损和增加切削刃的锋利程度，应使后角增大。一般车刀合理后角 α_{opt} 与进给量 f 的关系为：$f>0.25\text{mm/r}$，$\alpha_{opt}=5°\sim8°$；$f\leqslant0.25\text{mm/r}$，$\alpha_{opt}=10°\sim12°$。

其次，刀具合理后角 α_{opt} 取决于切削条件，一般原则如下。

① 材料较软，塑性较大时，已加工表面易产生硬化，后刀面摩擦对刀具磨损和工件表面质量影响较大，应取较大的后角；当工件材料的强度或硬度较高时，为加强切削刃的强度，应选取较小的后角。

② 切削工艺系统刚性较差时，易出现振动，应使后角减小。

③ 对尺寸精度要求较高的刀具，应取较小的后角。这样可使磨耗掉的金属体积较多，刀具寿命增加。

④ 精加工时，因背吃刀量 a_p 及进给量 f 较小，使得切削厚度较小，刀具磨损主要发生在后面，此时宜取较大的后角。粗加工或刀具承受冲击载荷时，为使刃口强固，应取较小后角。

⑤ 刀具的材料对后角的影响与前角相似。一般高速钢刀具可比同类型的硬质合金刀具的后角大 2°～3°。

⑥ 车刀的副后角一般与主后角数值相等，而有些刀具（如切断刀）由于结构的限制，只能取得很小。

1.4.3 主偏角的选择

主偏角 κ_r 的大小影响着切削力、切削热和刀具寿命。当切削面积 A_c 不变时，主偏角减小，使切削宽度 a_w 增大，切削厚度 a_c 减小，会使单位长度上切削刃的负荷减小，使刀具寿命增加；主偏角减小，刀尖角 ε_r 增大，使刀尖强度增加，散热体积增大，使刀具寿命提高；主偏角减小，可减少因切入冲击而造成的刀尖损坏；减小主偏角还可使工件表面残留面积高度减小，使已加工表面粗糙度减小。但是，减小主偏角将使径向分力 F_p 增大，引起振动及增加工件挠度，这会使刀具寿命下降，已加工表面粗糙度增大及降低加工精度。主偏角还影响断屑效果和排屑方向。增大主偏角，使切屑窄而厚，易折断。对钻头而言，增大主偏角，有利于切屑沿轴向顺利排出。因此，主偏角可根据不同加工条件和要求选择使用，一般原则如下。

①粗加工、半精加工和工艺系统刚性较差时，为减小振动，提高刀具寿命，选择较大的主偏角。

②加工很硬的材料时，为提高刀具寿命，选择较小的主偏角。

③据工件已加工表面形状选择主偏角。如加工阶梯轴时，选 $\kappa_r=90°$；需 45°倒角时，选 $\kappa_r=45°$等。

④有时考虑一刀多用，常选通用性较好的车刀，如 $\kappa_r=45°$或 $\kappa_r=90°$等。

1.4.4 副偏角的选择

副偏角 κ_r' 的作用是减小副切削刃和副后刀面与工件已加工表面间的摩擦。车刀副切削刃是形成已加工表面，副偏角对刀具耐用度和已加工表面粗糙度都有影响。副偏角减小，会使残留面积高度减小，已加工表面粗糙度减小；同时，副偏角减小，使副后刀面与已加工表面间摩擦增加，径向力增加，易出现振动。但是，副偏角太小，使刀尖强度下降，散热体积减小，刀具寿命减小。

一般选取：精加工 $\kappa_r{}'=5°\sim10°$；粗加工 $\kappa_r{}'=10°\sim15°$。

有些刀具因受强度及结构限制（如切断车刀），取 $\kappa_r{}'=1°\sim2°$。

1.4.5　刃倾角的选择

刃倾角 λ_s 的作用是控制切屑流出的方向、影响刀头强度和切削刃的锋利程度。当刃倾角 $\lambda_s>0°$时，切屑流向待加工表面；$\lambda_s=0°$时，切屑沿主剖面方向流出；$\lambda_s<0°$时，切屑流向已加工表面，如图 1-22 所示。粗加工时宜选负刃倾角，以增加刀具的强度；在断续切削时，负刃倾角有保护刀尖的作用，因此，当 $\lambda_s=0°$时，切削刃全长与工件同时接触，因而冲击较大；当$\lambda_s>0°$时，刀尖首先接触工件，易崩刀尖；当 $\lambda_s<0°$时，离刀尖较远处的切削刃先接触工件，保护刀尖。当工件刚性较差时，不宜采用负刃倾角，因为负刃倾角将使径向切削力 F_p 增大。精加工时宜选用正刃倾角，可避免切屑流向已加工表面，保证已加工表面不被切屑碰伤。大刃倾角刀具可使排屑平面的实际前角增大，刃口圆弧半径减小，使刀刃锋利，能切下极薄的切削层（微量切削）。

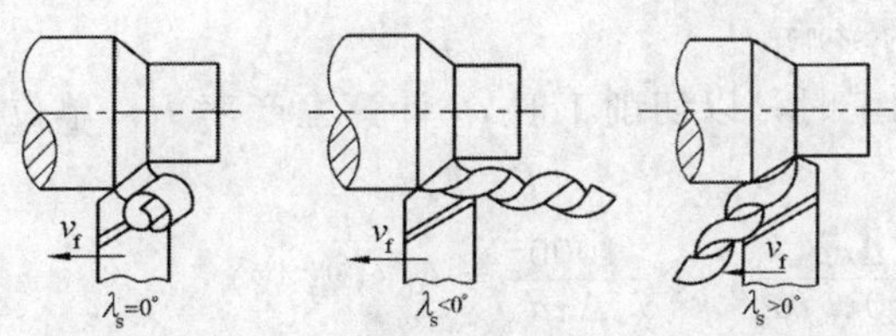

图 1-22　刃倾角对排屑方向的影响

刃倾角主要由切削刃强度与流屑方向而定。一般加工钢材和铸铁时，粗车取 $\lambda_s=0°\sim-5°$，精车取 $\lambda_s=0°\sim5°$，有冲击负荷时取 $\lambda_s=-5°\sim-15°$。

刀具切削部分的各构造要素中，最关键的地方是切削刃，它完成切除与成形表面的任务，而刀尖是工作条件最困难的部位，为提高刀具寿命，必须设法保护切削刃和刀尖。为此，要处理好刃区的型式，如锋刃、负倒棱、过渡刃、修光刃等。

最后还须明确，刀具各角度间是互相联系、互相影响的。而任何一个刀具的合理几何参数，都应在多因素的互相联系中确定。

任务五　切削用量的合理选择

切削用量的合理确定，对加工质量、生产率及加工成本都有重要影响。应根据具体条件和要求，考虑约束条件，正确选择切削用量。

要确定具体加工条件下的背吃刀量 a_p、进给量 f、切削速度 v_c 及刀具寿命 T，应综合考虑加工质量、生产率及加工成本。“合理”的切削用量，是指充分发挥刀具和机床的性能，保证加工质量、高的生产率及低的加工成本下的切削用量。

1.5.1 选择切削用量的原则

1. 切削用量对加工质量的影响

切削用量的选择会影响切削变形、切削力、切削温度和刀具寿命，从而会对加工质量产生影响。

a_p 增大，切削力成比例增大，工艺系统变形大、振动大、工件加工精度下降，表面粗糙度增大。

f 增大，切削力也增大（但不成正比例），使表面粗糙度的增大更为显著。

v_c 增大，切削变形、切削力、表面粗糙度等均有所减小。

因此，精加工应采用小的 a_p、f，为避免积屑瘤、鳞刺的影响，可用硬质合金刀具高速切削（$v_c>80\text{m/min}$），或用高速钢刀具低速切削（$v_c=3\sim8\text{m/min}$）。

2. 切削用量对刀具耐用度的影响

根据刀具耐用度计算公式：$T=\dfrac{7.77\times10^{11}}{v_c^5 f^{2.25} a_p^{0.75}}$，可知 a_p、f、v_c 中任一参数增大，T 都会下降。但其影响度不一样，v_c 最大，f 次之，a_p 最小。故从刀具耐用度出发选择切削用量时，首先选择大的 a_p，其次选择大的 f，最后再根据已定的 T 确定合理的 v_c 值。

3. 切削用量对生产率的影响

对于外圆车，不计辅助工时，以切削工时 t_m 计算生产率 P，单位是 min^{-1}。

$$P=1/t_m \tag{1-19}$$

其中 $t_m=\dfrac{l_w\Delta}{n_w f a_p}=\dfrac{l_w\Delta\pi d_w}{1000v_c f a_p}$，令 $\dfrac{1000}{l_w\Delta\pi d_w}=A_0$（常数）

可推得

$$P=A_0 a_p f v_c \tag{1-20}$$

式中 t_m——切削工时，min；

d_w——工件加工前直径，mm；

l_w——工件加工部分长度，mm；

Δ——加工余量，mm；

n_w——工件转速，r/min。

由式（1—20）可知，a_p、f、v_c 中任一参数增加一倍，P 增加一倍。

1.5.2 切削用量的确定

1. 背吃刀量 a_p 的合理选择

背吃刀量 a_p 一般是根据加工余量确定。

粗加工（表面粗糙度 $Ra50\sim12.5\mu\text{m}$），一次走刀尽可能切除全部余量，在中等功率机床上，$a_p=8\sim10\text{mm}$；如果余量太大或不均匀、工艺系统刚性不足、断续切削时，可分几次走刀。

半精加工（表面粗糙度 $Ra6.3\sim3.2\mu\text{m}$）时，$a_p=0.5\sim2\text{mm}$。

精加工（表面粗糙度 $Ra1.6\sim0.8\mu\text{m}$）时，$a_p=0.1\sim0.4\text{mm}$。

2. 进给量 f 的合理选择

粗加工时，对表面质量没有太高的要求，而切削力往往较大，合理的 f 应是工艺系统（机床进给机构强度、刀杠强度和刚度、刀片的强度、工件装夹刚度等）所能承受的最大进给量。生产中 f 常根据工件材料材质、形状尺寸、刀杆截面尺寸、已定的 a_p，从切削用量手册中查得。一般情况当刀杆尺寸、工件直径增大，f 可较大；a_p 增大，因切削力增大，f 就选择较小的；加工铸铁时的切削力较小，所以 f 可大些。

精加工时，进给量主要受加工表面粗糙度限制，一般取较小值。但进给量值过小，切削深度太薄，刀尖处应力集中，散热不良，使刀具磨损加快，反而使表面粗糙度加大。所以，进给量也不宜太小。

3. 切削速度 v_c 的合理选择

由已定的 a_p、f 及 T，可计算 v_c。根据 $T=\frac{C_T}{v_c^{\frac{1}{m}} f^{\frac{1}{n}} a_p^{\frac{1}{p}}}$可推得

$$v_c = {}_c\frac{C_v}{T^m f^{y_v} a_p^{x_v}} K_v \tag{1-21}$$

式中　C_v、x_v、y_v——工件、刀具不同材料及不同进给量时的系数，可在切削手册中查得；

K_v——切削速度修正系数。影响 K_v 的因素较多，如工件材料、毛坯表面形态、刀具材料、加工方法、主偏角、副偏角、刀尖圆弧半径、刀杆尺寸等。

v_c 确定后，计算机床转速 n，单位是 r/min。

$$n=\frac{1000v_c}{\pi d_w} \tag{1-22}$$

式中　d_w——工件加工前直径，mm。

由于一般机床主轴转速为有限的不连续间断值，故所定 n 是其所有值或接近值。

选择切削速度的一般原则如下。

①粗车时，a_p、f 均较大，故 v_c 较小；精车时，a_p、f 均较小，所以 v_c 较大。

②工件材料强度、硬度较高时，应选较小的 v_c；反之较高。材料加工性能较差，v_c 较低。易切削钢的 v_c 较同等条件的普通碳钢高。加工灰铸铁 v_c 较碳钢低。加工铝合金、铜合金的 v_c 较加工钢高得多。

③刀具材料的性能越好，v_c 也选得越高。

此外，在选择 v_c 时，还应考虑以下情况：

①精加工时，应尽量避开积屑瘤和鳞刺产生的区域。

②断续切削时，为减小冲击和热应力，应当降低 v_c。

③在易发生振动情况下，v_c 应避开自激振动的临界速度。

④加工大件、细长件、薄壁件及带硬皮的工件时，应选用较低的 v_c。

总之，选择切削用量时，可参照有关手册的推荐数据，也可凭经验根据选择原则确定。

1.5.3　切削用量的优化

切削用量的优化，即在一定的预定目标及约束条件下，选择最佳的切削用量。作为常用的优化目标函数有：最低加工成本；最高生产率；最大利润。

在切削用量三要素中，背吃刀量 a_p 主要取决于加工余量，没有多少选择余地，一般都已事先给定，而不参与优化。所以切削用量的优化主要是指切削速度 v_c 与进给量 f 的优化组合。生产中 v_c 和 f 的数值是不能任意选定的。它们要受到机床、工件、刀具及切削条件等方面的限制，

根据这些约束条件，可建立一系列约束条件不等式。对所建立的目标函数及约束方程求解，便可很快获得 v_c 和 f 的最优解。

一般来说，求解方法不止一种，计算工作量也相当的大，目前，随着电子计算机技术、特别是微型计算机技术的不断发展，可以代替人工计算，可用科学的方法来寻求最佳切削用量。

任务六　刀具材料

刀具材料一般是指刀具切削部分的材料。它的性能优劣是影响加工表面质量、切削效率、刀具寿命等的重要因素。这里主要讲解常用刀具材料牌号、性能与选用方法，同时介绍新型刀具材料的特点与发展方向。

1.6.1　刀具材料应具有的性能

金属切削过程中，刀具切削部分在高温下承受着很大切削力与剧烈摩擦。在断续切削工作时，还伴随着冲击与振动，引起切削温度的波动。因此，刀具材料应具备以下性能。

(1) 高的硬度和耐磨性

即刀具材料应具有比被切削材料更高的硬度和抵抗磨损的能力。一般刀具材料在常温下硬度应在 60HRC 以上。

(2) 足够的强度和韧性

刀具材料不仅要求有高的硬度和耐磨性，还应保持有足够的强度和韧性，以承受切削时产生的冲击和振动，避免崩刃和折断。

(3) 高的耐热性

刀具材料的耐热性是指在高温条件下具有较好的高温硬度。耐热性越好的材料允许的切削速度越高。

(4) 良好的工艺性与经济性

即刀具材料应具有较好的可加工性、可磨削性和热处理性。另外，在满足使用性能的前提下，还应考虑其经济性。尽可能选择资源丰富、价格低廉的材料。

(5) 好的导热性和小的膨胀系数

导热性越好，刀具传出的热量越多，有利于降低切削温度和提高刀具的使用寿命。膨胀系数小，有利于减小刀具的热变形。

选择刀具材料时，很难找到各方面的性能都是最佳的，因为材料性能之间有的是相互制约的。只能根据工艺需要保证主要需求的性能。如粗加工锻件毛坯，刀具需保持有较高的强度与韧性，而加工硬材料需有较高的硬度等。

1.6.2　刀具材料类型

当前使用的刀具材料分四大类：工具钢（包括碳素工具钢、合金工具钢、高速钢），硬质合金，陶瓷，超硬刀具材料。一般机加工使用最多的是高速钢与硬质合金。各类刀具材料所适应的切削范围如图 1-23 所示。

工具钢耐热性差，但抗弯强度高，价格便宜，焊接与刃磨性能好，故广泛用于中、低速切

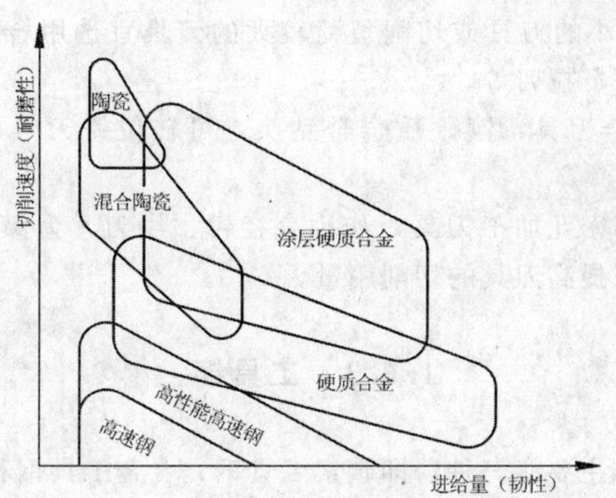

图 1-23　各类刀具材料所适应的切削范围

削的成形刀具，不宜高速切削。硬质合金耐热性好，切削效率高，但刀片强度、韧性不及工具钢，焊接刃磨工艺性也比工具钢差，故多用于制作车刀、铣刀及各种高效切削刀具。

各类刀具材料的主要性能见表 1-2。

表 1-2　各类刀具材料的物理力学性能

<table>
<tr><th colspan="2">材料种类</th><th>相对密度</th><th>硬度/HRC
(HRA)［HV］</th><th>抗弯强度 σ_{bb}
/GP_a</th><th>冲击韧性 α_k
/$(MJ\cdot m^{-2})$</th><th>热导率 κ
/$(W\cdot m^{-1}\cdot K^{-1})$</th><th>耐热性/℃</th><th>切削速度大致比值</th></tr>
<tr><td rowspan="3">工具钢</td><td>碳素工具钢</td><td>7.6～7.8</td><td>60～65（81.2～84)</td><td>2.16</td><td>—</td><td>≈41.87</td><td>200～250</td><td>0.32～0.4</td></tr>
<tr><td>合金工具钢</td><td>7.7～7.9</td><td>60～65（81.2～84)</td><td>2.35</td><td>—</td><td>≈41.87</td><td>300～400</td><td>0.48～0.6</td></tr>
<tr><td>高速钢</td><td>8.0～8.8</td><td>63～70（83～86.6)</td><td>1.96～4.41</td><td>0.098～0.588</td><td>16.7～25.1</td><td>600～700</td><td>1～1.2</td></tr>
<tr><td rowspan="4">硬质合金</td><td>钨钴类</td><td>14.3～15.3</td><td>(89～91.5)</td><td>1.08～2.16</td><td>0.019～0.059</td><td>75.4～87.9</td><td>800</td><td>3.2～4.8</td></tr>
<tr><td>钨钛钴类</td><td>9.35～13.2</td><td>(89～92.5)</td><td>0.88～1.37</td><td>0.0029～0.0068</td><td>20.9～62.8</td><td>900</td><td>4～4.8</td></tr>
<tr><td>含有碳化钽、铌类</td><td>—</td><td>(～92)</td><td>～1.47</td><td>—</td><td>—</td><td>1000～1100</td><td>6～10</td></tr>
<tr><td>碳化钛基类</td><td>5.56～6.3</td><td>(92～93.3)</td><td>0.78～1.08</td><td>—</td><td>—</td><td>1100</td><td>6～10</td></tr>
<tr><td rowspan="3">陶瓷</td><td>氧化铝陶瓷</td><td rowspan="2">3.6～4.3</td><td rowspan="2">(91～95)</td><td>0.44～0.69</td><td rowspan="2">0.0049～0.0117</td><td rowspan="2">4.19～20.9</td><td>1200</td><td>8～12</td></tr>
<tr><td>氧化铝碳化物混合陶瓷</td><td>0.71～0.88</td><td>1100</td><td>6～10</td></tr>
<tr><td>氮化硅陶瓷</td><td>3.26</td><td>［5000］</td><td>0.76～0.83</td><td>—</td><td>37.68</td><td>1300</td><td>—</td></tr>
<tr><td rowspan="2">超硬材料</td><td>立方氮化硼</td><td>3.44～3.49</td><td>［8000～9000］</td><td>≈0.294</td><td>—</td><td>75.55</td><td>1400～1500</td><td>—</td></tr>
<tr><td>人造金刚石</td><td>3.47～3.56</td><td>［10000］</td><td>0.21～0.48</td><td>—</td><td>146.54</td><td>700～800</td><td>≈25</td></tr>
</table>

一般刀体均用普通碳钢或合金钢制作。如焊接车、镗刀的刀柄，钻头、绞刀的刀体常用

45 钢或 40Cr 制造。尺寸较小的刀具或切削负荷较大的刀具宜选用合金工具钢或整体高速钢制作，如螺纹刀具、成形铣刀、拉刀等。

机夹、可转位硬质合金刀具，镶硬质合金钻头，可转位铣刀等可用合金工具钢制作，如 9CrSi 或 GCr15 等。

对于一些尺寸较小的精密孔加工刀具，如小直径镗、绞刀，为保证刀体有足够的刚度，宜选用整体硬质合金制作，以提高刀具的切削用量。

1.6.3 工具钢

用来制造刀具的工具钢主要有三种，即碳素工具钢、合金工具钢和高速钢。

1. 碳素工具钢

由于碳素工具钢在切削温度高于 300℃时，马氏体要分解，使得硬度降低；碳化物分布不均匀，淬火后变形较大，易产生裂纹；淬透性差，淬硬层薄，所以只适于制造手用和切削速度很低的刀具，如锉刀、手用锯条、丝锥和板牙等。

常用牌号有 T8A、T10A 和 T12A，其中以 T12A 用得最多，其含碳量为 1.15%～1.2%，淬火后硬度可达 58～64HRC，热硬性达 250～300℃，允许切削速度可达 v_c＝5～10m/min。

2. 合金工具钢

合金工具钢是在高碳钢中加入 Si、Cr、W、Mn 等合金元素，其目的是提高淬透性和回火稳定性，细化晶粒，减小变形。常用牌号有 9SiCr、CrWMn 等。热硬性达 325～400℃，允许切削速度可达 v_c＝10～15m/min。合金工具钢目前主要用于低速工具，如丝锥、板牙、铰刀等。常用合金工具钢牌号及用途见表 1-3。

表 1-3 常用合金工具钢的牌号成分及用途

牌号	化学成分/%						硬度/HRC	应用举例
	C	Mn	Si	Cr	W	V		
9Mn2V	0.85～0.95	1.7～2.0	≤0.035	—	—	0.1～0.25	≥62	丝锥、板牙、铰刀等
9SiCr	0.85～0.95	0.3～0.6	1.2～1.6	0.95～1.25	—	—	≥62	板牙、丝锥、钻头、铰刀等
CrW5	1.26～1.5	≤0.3	≤0.3	0.4～0.7	4.5～5.5	—	≥65	铣刀、车刀、刨刀等
CrMn	1.3～1.5	0.45～0.75	≤0.35	1.3～1.6	—	—	≥62	量规、块规
CrWMn	0.9～1.05	0.8～1.1	0.15～0.35	0.9～1.2	1.2～1.6	—	≥62	板牙、拉刀、量规等

3. 高速钢

高速钢是含有 W、Mo、Cr、V 等合金元素较多的合金工具钢。

高速钢是综合性能较好、应用范围最广的一种刀具材料。热处理后硬度达 62～66HRC，抗弯强度约 3.3GPa，耐热性为 600℃左右，此外还具有热处理变形小、能锻造、易磨出较锋利的刃口等优点。高速钢的使用约占刀具材料总量的 60%～70%，特别是用于制造结构复杂的成形刀具、孔加工刀具，如各类铣刀、拉刀、螺纹刀具、切齿刀具等。

常用高速钢的牌号及其物理力学性能见表 1-4。

表 1-4 常用高速钢的牌号及其物理力学性能

钢 号	常温硬度/HRC	抗弯强度 σ_{bb}/GPa	冲击韧性 α_k/（MJ·m^{-2}）	高温硬度/HRC	
				500℃	600℃
W18Cr4V	63～66	3～3.4	0.18～0.32	56	48.5
W6Mo5Cr4V2	63～66	3.5～4	0.3～0.4	55～56	47～48
9W18Cr4V	66～68	3～3.4	0.17～0.22	57	51
W6Mo5Cr4V3	65～67	3.2	0.25	—	51.7
W6Mo5Cr4V2Co8	66～68	3.0	0.3	—	54
W2Mo9Cr4VCo8	67～69	2.7～3.8	0.23～0.3	～60	～55
W6Mo5Cr4V2Al	67～69	2.9～3.9	0.23～0.3	60	55
W10Mo4Cr4V3Al	67～69	3.1～3.5	0.2～0.28	59.5	54

（1）通用型高速钢

这类高速钢应用最为广泛，约占高速钢总量的 75%。按钨、钼含量不同，分为钨系、钨钼系。主要牌号如下。

W18Cr4V（钨系高速钢），具有较好的综合性能。因含钒量少，刃磨工艺性好。淬火时过热倾向小，热处理控制较容易。缺点是碳化物分布不均匀，不宜作大截面的刀具；热塑性较差；又因钨价高，国内使用逐渐减少，国外已很少采用。

W6Mo5Cr4V（钨钼系高速钢），是国内外普遍应用的牌号。因一份 Mo 可代替两份 W，这就能减少钢中的合金元素，降低钢中碳化物的数量及分布的不均匀性，有利于提高热塑性、抗弯强度与韧度。其高温塑性及韧性优于 W18Cr4V，故可用于制造热轧刀具，如麻花钻等。主要缺点是淬火温度范围窄，脱碳过热敏感性大。

W9Mo3Cr4V（钨钼系高速钢），是根据我国资源研制的牌号。其抗弯强度与韧性均比 W6Mo5Cr4V 好，高温热塑性好，而且淬火过热、脱碳敏感性小，有良好的切削性能。

（2）高性能高速钢

在通用型高速钢中增加碳、钒，添加钴或铝等合金元素的新钢种。其常温硬度可达 67～70HRC，耐磨性与耐热性有显著的提高，能用于不锈钢、耐热钢和高强度钢的加工。常用高性能高速钢主要有高钒高速钢、钴高速钢和铝高速钢。

（3）粉末冶金高速钢

通过高压惰性气体或高压水雾化高速钢水而得到细小的高速钢粉末，然后压制或热压成形，再经烧结而成的高速钢。粉末冶金高速钢与熔炼高速钢相比有很多优点，如硬度与韧性较高，热处理变形小，磨削加工性能好，材质均匀，质量稳定可靠，刀具使用寿命长。可以切削各种难加工材料，适合于制造各种精密刀具和形状复杂的刀具，如精密螺纹车刀、拉刀、切齿刀具等。

1.6.4 硬质合金

硬质合金是由硬度和熔点很高的碳化物（称硬质相）和金属（称粘结相）通过粉末冶金工艺制成的。硬质合金的物理力学性能取决于合金的成分、粉末颗粒的粗细及合金的烧结工艺。含高硬度、高溶点的硬质相愈多，合金的硬度与高温硬度愈高。含粘结剂愈多，强度也就愈高。常用的硬质合金牌号中含有大量的WC、TiN，因此硬度、耐磨性、耐热性均高于工具钢。常温硬度达89～94HRA，耐热性达800～1000℃。切削钢时，切削速度可达220m/min左右。在合金中加入熔点更高的TaC、NbC，可使耐热性提高到1000～1100℃，切削钢时，切削速度可进一步提高到200～300m/min。硬质合金是当今主要的刀具材料之一，大多数车刀、端铣刀和部分立铣刀等均已采用硬质合金制造。

硬质合金按其化学成分与使用性能分为四类：即钨钴类YG（WC＋Co）、钨钛钴类YT（WC＋TiC＋Co）、添加稀有金属碳化物类YW（WC＋TiC＋TaC（NbC）＋Co）及碳化钛基类YN（TiC＋WC＋Ni＋Mo）。常用硬质合金成分和性能见表1-5。

表1-5 硬质合金成分和性能

合金牌号		化学成分/%				物理力学性能							相近ISO牌号
		WC	TiC	TaC（NbC）	Co	硬度 HRA	硬度 HRC	抗弯强度 σ_{bb}/GPa	冲击韧性 α_k/（kJ·m^{-2}）	导热系数 κ/（W·m^{-1}·$℃^{-1}$）	线膨胀系数 α/（$\times10^{-6}$·$℃^{-1}$）	密度 ρ/（g·cm^{-3}）	
WC基合金													
WC＋Co	YG3	97	—	—	3	91	78	1.10	—	87.9	—	14.9～15.3	K01 K05
	YG6	94	—	—	6	89.5	75	1.40	26.0	79.6	4.5	14.6～15.0	K15 K20
	YG8	92	—	—	8	89	74	1.50	—	75.4	4.5	14.4～14.8	K30
	YG3X	97	—	—	3	92	80	1.00	—	—	4.1	15.0～15.3	K01
	YG6X	94	—	—	6	91	78	1.35	—	79.6	4.4	14.6～15.0	K10
WC＋TaC（NbC）＋Co	YG6A（YA6）	91～93	—	1～3	6	92	80	1.35	—	—	—	14.4～15.0	K10
WC＋TiC＋Co	YT30	66	30	—	4	92.5	80.5	0.90	3.00	20.9	7.00	9.35～9.7	P01
	YT15	79	15	—	6	91	78	1.15	—	33.5	6.51	11.0～11.7	P10
	YT14	78	14	—	8	90.5	77	1.20	7.00	33.5	6.21	11.2～12.7	P20
	YT5	85	5	—	10	89.5	75	1.30	—	62.8	6.06	12.5～13.2	P30

续　表

合金牌号		化学成分/%				物理力学性能							相近ISO牌号
		WC	TiC	TaC(NbC)	Co	硬度		抗弯强度 σ_{bb}/GPa	冲击韧性 α_k/(kJ·m^{-2})	导热系数 κ/(W·m^{-1}·$℃^{-1}$)	线膨胀系数 α/(×10^{-6}·$℃^{-1}$)	密度 ρ/(g·cm^{-3})	
						HRA	HRC						
WC+TiC+TaC(NbC)+Co	YW1	84	6	4	6	92	80	1.25				13.0～13.5	M10
	YW2	82	6	4	8	91	78	1.50				12.7～13.3	M20
TiC 基 合 金													
TiC+WC+Ni+Mo	YN10	15	62	1	Ni—12 Mo—10	92.5	80.5	1.10				6.3	P05
	YN05	8	71		Ni—7 Mo—14	93	82	0.90				5.9	P01

表中：Y—硬质合金；G—钴，其后数字表示含钴量（质量分数）；X—细晶粒；T—TiC，其后数字表示 TiC 含量（质量分数）；A—含 TaC（NbC）的钨钴类合金；W—通用合金；N—以镍、钼作粘结剂的 TiC 基合金。

1.6.5　其他刀具材料

1. 涂层硬质合金

涂层硬质合金是 20 世纪 60 年代出现的刀具材料。采用化学气相沉积（CVD）工艺，在硬质合金表面涂覆一层或多层（5～13μm）难溶金属碳化物。涂层合金有较好的综合性能，基体强度韧性较好，表面耐磨、耐高温。但涂层硬质合金刃口锋利程度与抗崩刃性不及普通合金，因此，多用于普通钢材的精加工或半精加工。

涂层硬质合金允许采用较高的切削速度，与未涂层硬质合金相比，能减小切削力，降低切削温度，改善已加工表面质量，提高通用性。

涂层硬质合金不能用于焊接结构，不能重磨，主要用于可转位刀片。

2. 陶瓷

陶瓷刀具是以氧化铝（Al_2O_3）或以氮化硅（Si_3N_4）为基体再添加少量金属，在高温下烧结而成的一种刀具材料。主要特点如下。

① 有高硬度与耐磨性，常温硬度达 91～95HRA，超过硬质合金，因此可用于切削 60HRC 以上的硬材料。

② 有高的耐热性，1200℃下硬度为 80HRA，强度、韧性降低较少。

③ 有高的化学稳定性。在高温下仍有较好的抗氧化、抗粘结性能，因此刀具的热磨损较少。

④ 有较低的摩擦系数，切屑不易粘刀，不易产生积屑瘤。

⑤ 强度与韧性低。强度只有硬质合金的 1/2。因此陶瓷刀具切削时需要选择合适的几何参

数与切削用量，避免承受冲击载荷，以防崩刃与破损。

⑥ 热导率低，仅为硬质合金的1/2～1/5，热胀系数比硬度合金高10％～30％，这就使陶瓷刀抗热冲击性能较差，故陶瓷刀切削时不宜有较大的温度波动。

陶瓷刀具一般适用于在高速下精细加工硬材料。但近年来发展的新型陶瓷刀也能半精加工或粗加工多种难加工材料，有的还可用于铣、刨等断续切削。其使用寿命、加工效率和已加工表面质量常高于硬质合金刀具。

3. 金刚石

金刚石是碳的同素异形体，是目前已知的最硬物质，显微硬度达10000HV。金刚石有天然和人造之分。

天然金刚石质量好，但价格昂贵，主要用于有色金属及非金属的精密加工。天然金刚石有一定的方向性，不同的晶面上硬度与耐磨性有较大的差异，刃磨时需选定某一平面，否则影响刃磨与使用质量。

人造金刚石是通过合金触媒的作用，在高温高压下由石墨转化而成。我国1993年成功获得第一颗人选金刚石。

金刚石刀具主要用于有色金属如铝硅合金的精加工、超精加工，高硬度的非金属材料如陶瓷、刚玉、玻璃等的精加工，以及难加工的复合材料的加工。金刚石耐热温度只有700～800℃，其工作温度不能过高。又易与碳亲合，故不宜加工含碳的黑色金属。

4. 立方氮化硼（CBN）

立方氮化硼是由六方氮化硼（白石墨）在高温高压下转化而成的，是20世纪70年代发展起来的新型刀具材料。

立方氮化硼刀具的主要优点是：有很高的硬度与耐磨性，硬度达8000～9000HV，仅次于金刚石；有很高的热稳定性，1300℃时不发生氧化，与大多数金属、铁系材料都不起化学作用。因此能高速切削高硬度的钢铁材料及耐热合金，刀具的粘结与扩散磨损较小；有较好的导热性，与钢铁的磨擦系数较小；抗弯强度与断裂韧性介于陶瓷与硬质合金之间。

由于CBN材料的一系列的优点，使它能对淬硬钢、冷硬铸铁进行粗加工与半精加工。同时还能高速切削高温合金、热喷涂材料等难加工材料。当对淬硬材料进行半精车和精车时，其加工精度与表面质量足以代替磨削加工。

任务七　刀具的种类及选用

在机械加工中，常用的金属切削刀具有车刀、孔加工刀具（中心钻、麻花钻、扩孔钻、铰刀等）、磨削刀具、铣刀和齿轮刀具等。在大批量生产和加工特殊形状零件时，还经常采用专用刀具、组合刀具和特殊刀具。在加工过程中，为了保证零件的加工质量、提高生产率和经济效益，需要恰当合理地选用相应的各种类型刀具。

1.7.1　车　刀

车削加工通常都是在车床上进行的，主要用于加工回转表面及其端面。在加工中一般工件作旋转运动，刀具作纵向和横向进给运动。

车刀的种类很多，一般可按用途和结构分类。

1. 按用途分类

车刀按其用途可分为外圆车刀、内孔车刀、端面车刀、切断车刀、螺纹车刀等，如图1-24所示。

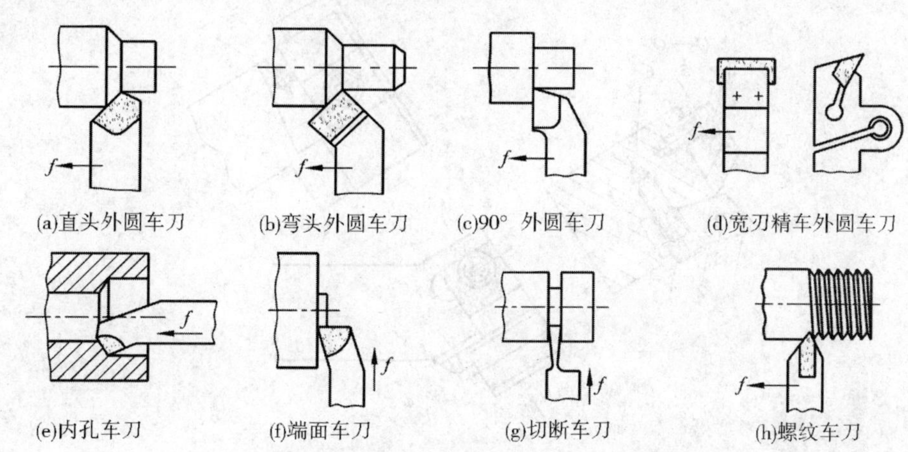

图 1-24　常用车刀的型式与用途

外圆车刀又分直头和弯头车刀，还常以主偏角的数值来命名，如 $\kappa_r=90^\circ$ 时称为 90°外圆车刀，$\kappa_r=45^\circ$ 时称为 45°外圆车刀。

2. 按结构分类

车刀按结构可分为整体车刀、焊接车刀、焊接装配车刀、机夹车刀、可转位车刀和成形车刀等。

(1) 整体车刀

如图 1-25 所示，整体车刀用整块高速钢做成长条形状，俗称“白钢刀”。刃口可磨得较锋利，主要用于小型车床或加工有色金属。

(2) 焊接车刀

如图 1-26 所示，焊接车刀是将一定形状的刀片和刀柄用紫铜或其他焊料通过镶焊连接成一体的车刀，一般刀片选用硬质合金，刀柄用 45 钢。

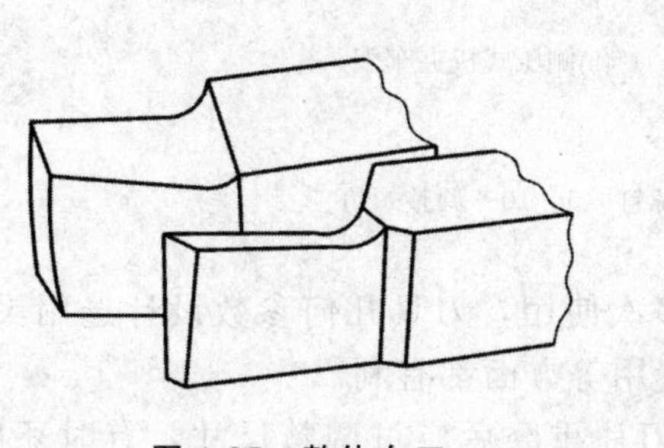

图 1-25　整体车刀

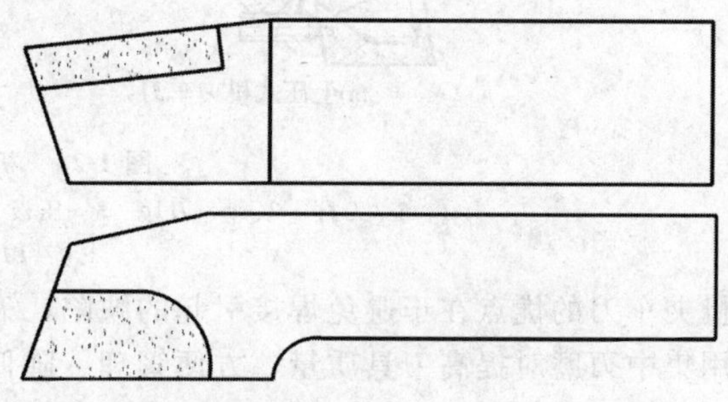

图 1-26　焊接车刀

焊接车刀结构简单，制造方便，可根据需要刃磨，硬质合金利用充分，但其切削性能取决于工人的刃磨水平，并且焊接时会降低硬质合金硬度，易产生热应力，严重时会导致硬质合金裂纹，影响刀具寿命。此外，焊接车刀刀杆不能重复使用，刀片用完后，刀杆也随之报废。一般车刀，特别是小车刀多为焊接车刀。

（3）焊接装配车刀

如图 1-27 所示，焊接装配车刀是将硬质合金刀片钎焊在小刀块上，再将小刀块装配到刀杆上。焊接装配车刀多用于重型车刀，采用装配式结构以后，可使刃磨省力，刀杆也可重复使用。

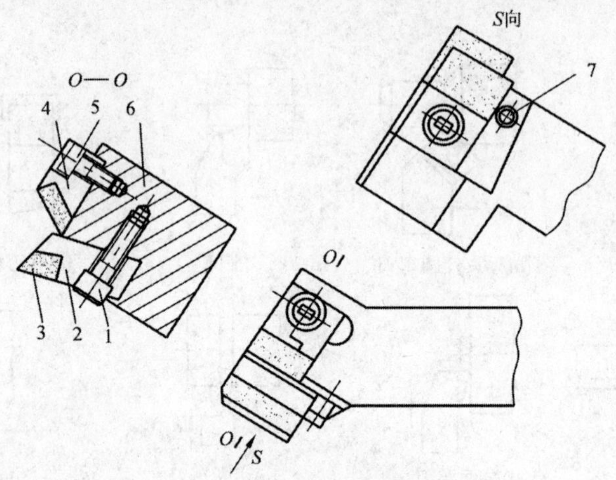

图 1-27 焊接装配车刀

1、5—螺钉 2—小刀块 3—刀片 4—断屑器 6—刀体 7—销

（4）机夹车刀

如图 1-28 所示，机夹车刀是指用机械方法定位，夹紧刀片，通过刀片体外刃磨与安装倾斜后，综合形成刀具角度的车刀。机夹车刀可用于加工外圆、端面、内孔以及车槽、车螺纹等。

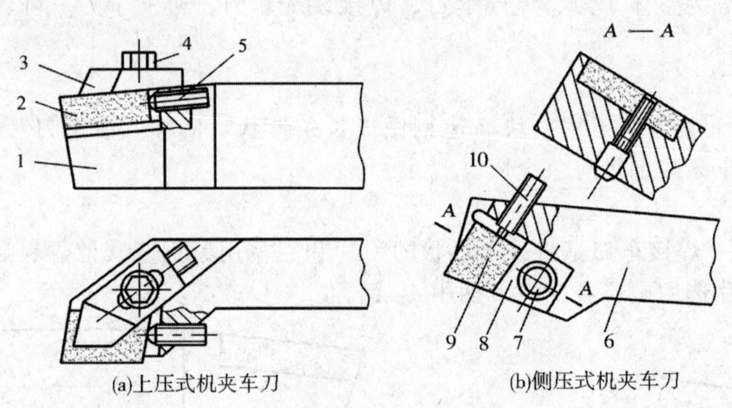

(a)上压式机夹车刀 (b)侧压式机夹车刀

图 1-28 机夹车刀

1、6—刀杆 2、9—刀片 3—压板 4、7—螺钉 5、10—调整螺钉 8—楔块

机夹车刀的优点在于避免焊接引起的缺陷，刀柄能多次使用，刀具几何参数设计选用灵活。如采用集中刃磨对提高刀具质量、方便管理、降低刀具费用等方面都有利。

机夹车刀设计时必须从结构上保证刀片夹固可靠，刀片重磨后应可调整尺寸，有时还应考虑断屑的要求。常用的刀片夹紧方式有上压式和侧压式两种。

（5）可转位车刀

如图 1-29 所示，可转位车刀是将可转位刀片用机械夹固的方法装夹在特制刀杆上的一种车刀。它由刀片、刀垫、刀柄及刀杆、螺钉等元件组成。刀片上压制出断屑槽，周边经过精磨，刃口磨钝后可方便地转位换刀，不需重磨就可使新的切削刃投入使用，只有当全部切削刃都用钝后才需更换新刀片。

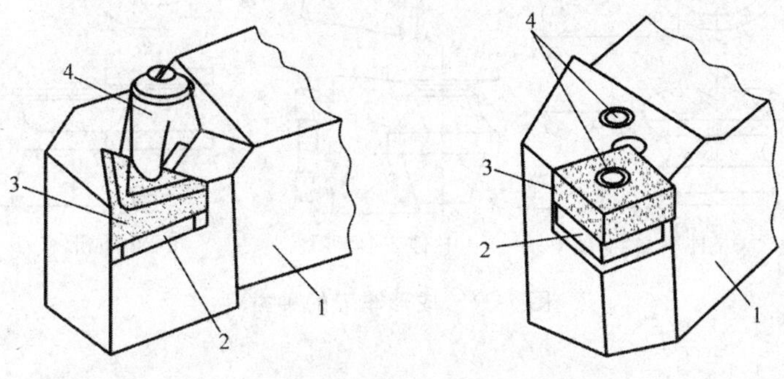

图 1-29　可转位车刀

1—刀杆　2—刀垫　3—刀片　4—夹固零件

可转位车刀是国家重点推广项目之一，它的主要优点是：不用焊接，避免了焊接、刃磨引起的热应力，提高刀具寿命及抗破坏能力；可使用涂层刀片，有合理槽形与几何参数，断屑效果好，能选用较高切削用量，提高生产率；刀片转位、更换方便，缩短了辅助时间；刀具已标准化，能实现一刀多用，减少刀具储备量，简化刀具管理等工作。

可转位车刀刀片形状很多，常用的有三角形、偏 8°三角形、凸三角形、正方形、五角形和圆形等，如图 1-30 所示。

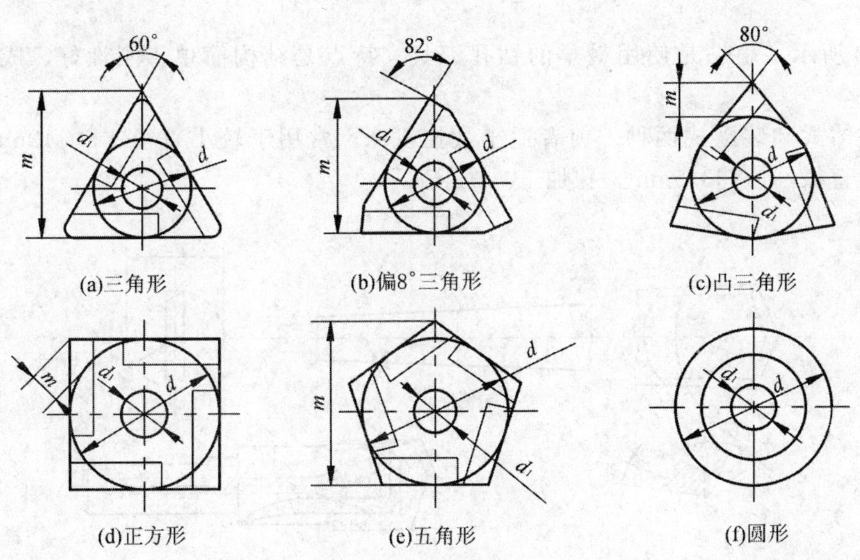

图 1-30　硬质合金可转位刀片的常用形状

(6) 成形车刀

如图 1-31 所示，成形车刀又称样板刀，是在普通车床、自动车床上加工内外成形表面的专用刀具。用它能一次切出成形表面，故操作简便、生产率高。用成形车刀加工零件可达到公差等级 IT10～IT8，粗糙度 R_a 值达 10～5μm。成形车刀制造较为复杂，当切削刃的工作长度过长时，易产生振动，故主要用于批量加工小尺寸的零件。

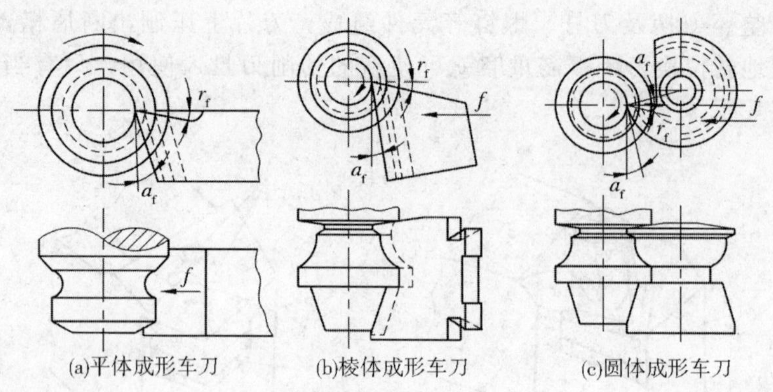

图 1-31　成形车刀的种类

1.7.2　孔加工刀具

机械加工中的孔加工分为两类：一类是在实体工件上加工出孔的刀具，如扁钻、麻花钻、中心钻及深孔钻等；另一类是对已有孔进行再加工的刀具，如扩孔钻、锪钻、铰刀及镗刀等。

这些孔加工刀具有着共同的特点，即刀具均在工件内表面切削，工作部分处于加工表面包围之中，刀具的强度、刚度及导向、容屑、排屑及冷却润滑等都比切削外表面时问题更突出。

1. 扁钻

如图 1-32 所示，扁钻是使用最早的钻孔刀具。特点是结构简单、刚性好、成本低、刃磨方便。

扁钻有整体式和装配式两种。前者适于数控机床，常用于较小直径（$<\phi12$mm）孔加工，后者适于较大直径（$>\phi63.5$mm）孔加工。

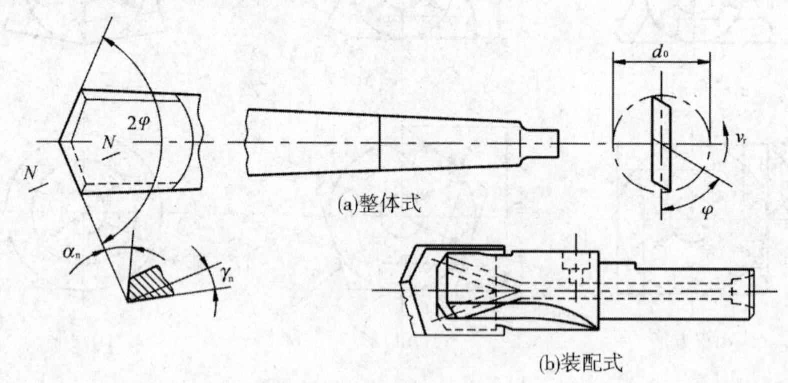

图 1-32　扁钻

2. 麻花钻

如图 1-33 所示，麻花钻是使用最广泛的一种孔加工刀具，不仅可以在一般材料上钻孔，经过修磨还可在一些难加工材料上钻孔。

麻花钻属于粗加工刀具，可达到的尺寸公差等级为 IT13～IT11，表面粗糙度 Ra 值为 25～12.5μm。麻花钻呈细长状，其工作部分包括切削部分和导向部分。两个对称的、较深的螺旋槽用来形成切削刃和前角，并起着排屑和输送切削液的作用。沿螺旋槽边缘的两条棱边用于减小钻头与孔壁的摩擦面积。切削部分有两个主切削刃、两个副切削刃和一个横刃。横刃处有很大的负前角，主切削刃上各点前角、后角是变化的，钻心处前角接近 0°，甚至负值，对切削加工十分不利。

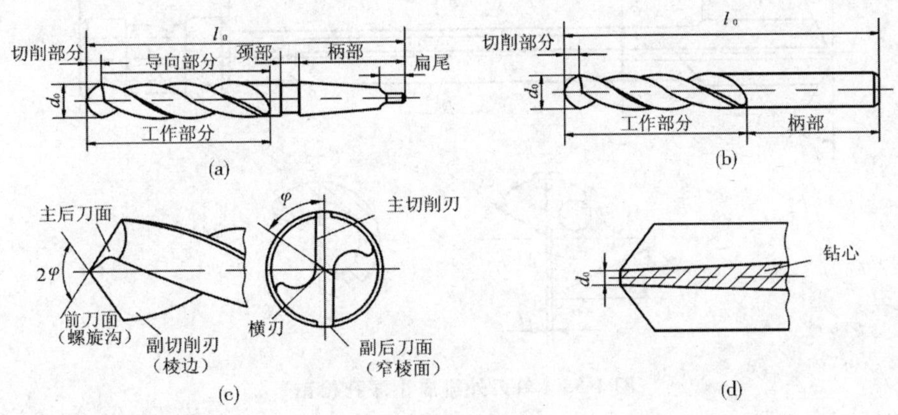

图 1-33　麻花钻

3. 中心钻

中心钻是用来加工轴类零件中心孔的刀具，其结构主要有三种形式：带护锥中心钻、无护锥中心钻和弧形中心钻，如图 1-34 所示。

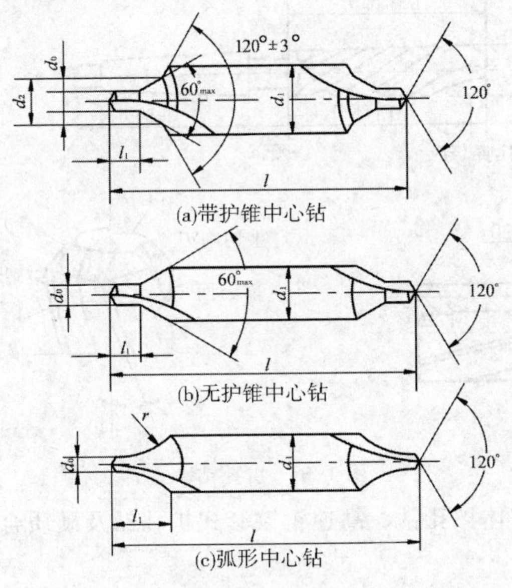

图 1-34　中心钻

4. 深孔钻

通常把孔深与孔径之比大于 5 倍的孔称为深孔，加工深孔所用的钻头称为深孔钻。

由于孔深与孔径之比大，钻头细长，强度和刚度均较差，工作不稳定，易引起孔中心线的偏斜和振动。为了保证孔中心线的直线性，必须很好地解决导向问题；由于孔深度大，容屑及排屑空间小，切屑流经的路程长，切屑不易排出，必须设法解决断屑和排屑问题；深孔钻头是在封闭状态下工作，切削热不易散出，必须设法采取措施确保切削液的顺利进入，充分发挥冷却和润滑作用。

深孔钻有很多种，常用的有外排屑深孔钻（见图 1-35）、内排屑深孔钻、喷吸钻及套料钻等。

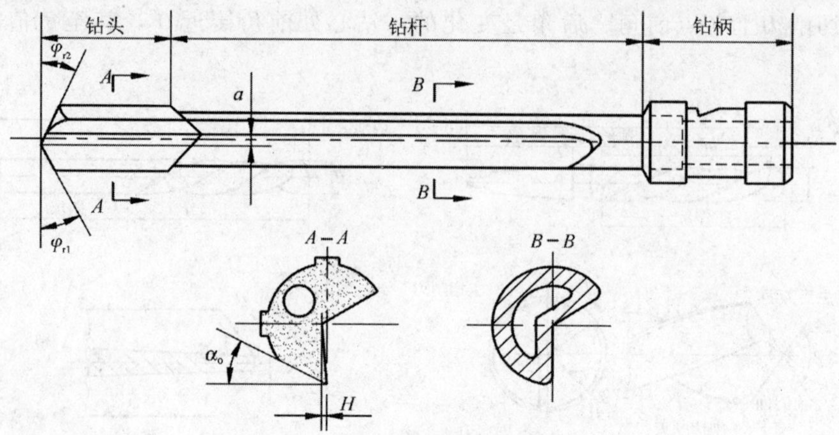

图 1-35　单刃外排屑小深孔枪钻

5. 扩孔钻

如图 1-36 所示，扩孔钻专门用来扩大已有孔，它比麻花钻的齿数多（$Z>3$），容屑槽较浅，无横刃，强度和刚度均较高，导向性和切削性较好，加工质量和生产效率比麻花钻高。扩孔的公差等级为 IT10～IT9，表面粗糙度 Ra 值为 6.3～3.2μm，属于半精加工。

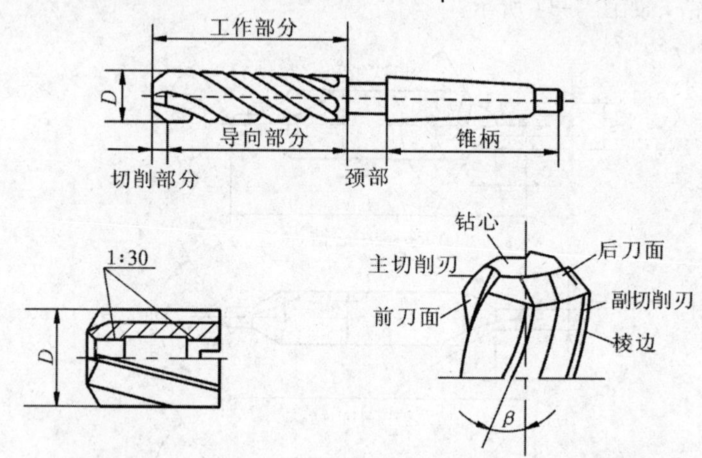

图 1-36　扩孔钻

常用的扩孔钻有高速钢整体扩孔钻、高速钢镶套式扩孔钻及硬质合金镶齿套式扩孔钻。

6. 锪钻

锪钻用于加工各种埋头螺钉沉孔、锥孔和凸台面等。常见的锪钻有三种：圆柱形沉头锪钻［图 1-37（a）］、锥形沉头锪钻［图 1-37（b）］及端面凸台锪钻［图 1-37（c）］。

7. 铰刀

铰刀常用来对已有孔进行最后精加工，也可对要求精确的孔进行预加工。其加工公差等级可达 IT8～IT6 级，表面粗糙度 Ra 值达 1.6～0.2μm。

铰刀可分为手动铰刀和机动铰刀。手动铰刀如图 1-38（a）所示，用于手工铰孔，柄部为直柄；机动铰刀如图 1-38（b）所示，多为锥柄，装在钻床或车床上进行铰孔。

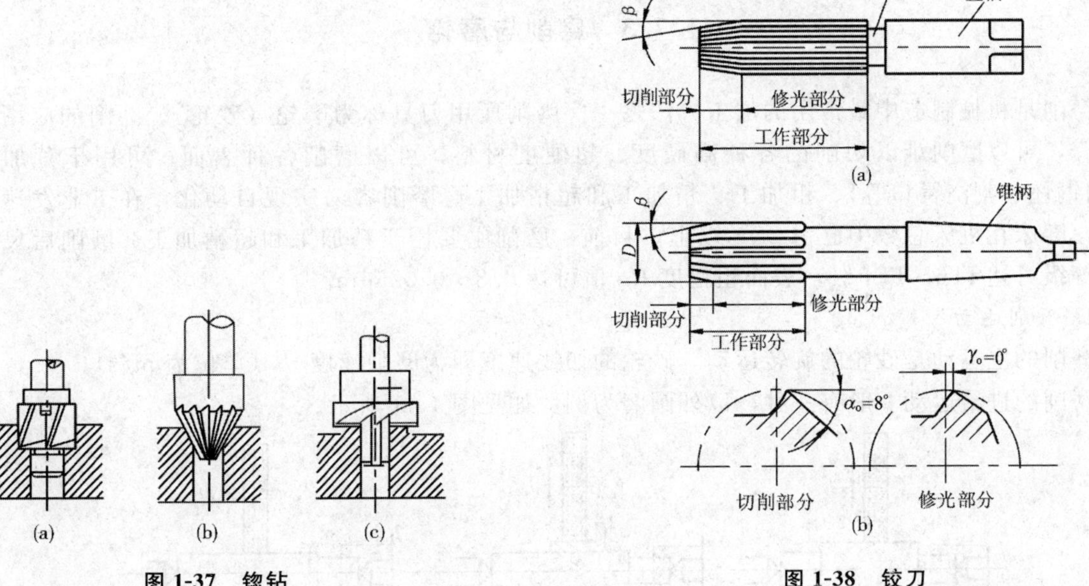

图 1-37　锪钻　　　　图 1-38　铰刀

8. 镗刀

镗刀是对已有的孔进行再加工的刀具。镗刀可在车床、镗床或铣床上使用，可加工精度不同的孔，加工精度可达 IT7～IT6 级，表面粗糙度 Ra 值达 6.3～0.8μm。

镗刀有单刃镗刀和多刃镗刀之分，单刃镗刀（图 1-39）与车刀类似，只在镗杆轴线的一侧有切削刃（见图 1-39），其结构简单，制造方便，既可粗加工，也可半精加工或精加工。一把镗刀可加工直径不同的孔。

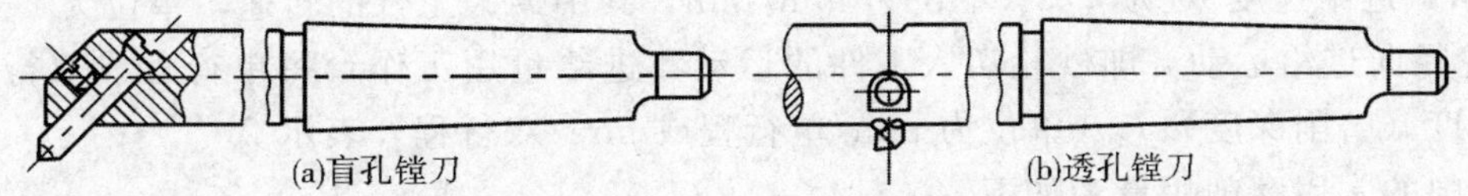

图 1-39　单刃镗刀

单刃镗刀的刚度比较低，为减少镗孔时镗刀的变形和振动，不得不采用较小的切削用量，加之仅有一个主切削刃参加工作，所以生产率比扩孔或铰孔低。因此，单刃镗刀比较适用于单件小批生产。

双刃镗刀是镗杆轴线两侧对称装有两个切削刃，可消除径向力对镗孔质量的影响，多采用装配式浮动结构，如图 1-40 所示。

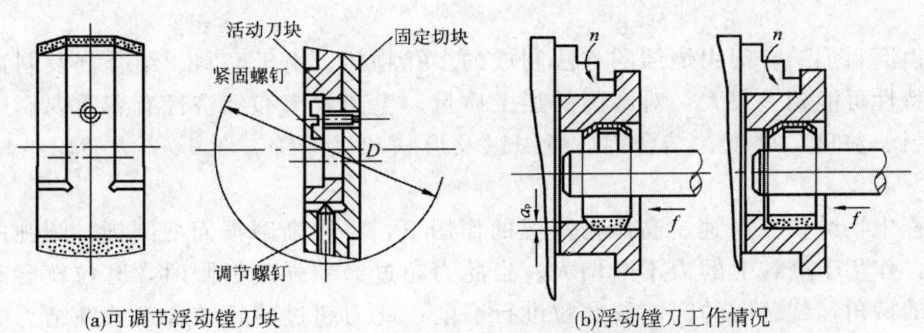

图 1-40　浮动镗刀及其工作情况

1.7.3 磨削与磨轮

磨削是机械制造中最常用的加工方法之一。磨削所用刀具称为磨轮（砂轮）。磨削的应用范围很广，可以磨削难以切削的各种高硬度、超硬度材料；可以磨削各种表面；可用于荒加工（磨削钢坯、割浇冒口等）、粗加工、精加工和超精加工。磨削容易实现自动化。在工业发达国家中，磨床在机床总数中已占25%以上。目前，磨削主要用于精加工和超精加工。磨削后尺寸公差等级可达IT6～IT4级，表面粗糙度 Ra 值可达0.8～0.025μm。

1. 磨削运动

磨削的主运动是砂轮的旋转运动，砂轮的切线速度即为磨削速度 v_c（单位为m/s）。

磨削的进给运动一般有三种，以外圆磨为例，如见图1-41所示。

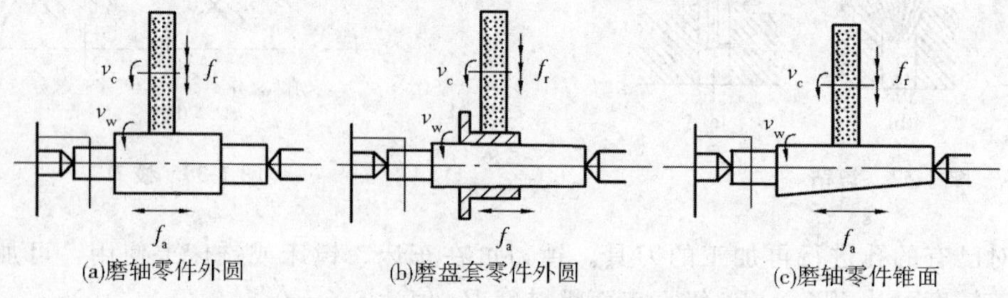

(a)磨轴零件外圆　(b)磨盘套零件外圆　(c)磨轴零件锥面

图1-41　外圆磨

① 工件旋转进给运动　进给速度为工件切线速度 u_w（单位为m/min）。

② 工件相对砂轮的轴向进给运动　进给量用工件每转相对砂轮的轴向移动量 f_a（单位为mm/r）表示，进给速度 v_a 为 nf_a（单位为mm/min，其中 n 为工件的转速，单位为r /min）。

③ 砂轮径向进给运动　即砂轮切入工件的运动，进给量用工作台每单行程或双行程砂轮切入工件的深度（磨削深度）f_r（单位为mm/单行程或mm/双行程）表示。

外圆磨削的常用磨削用量为如下。

v_c：25～35m/s。

v_w：粗磨，20～30m/min；精磨，20～60 m/min。

f_a：粗磨，（0.3～0.7）Bmm/r；精磨，（0.3～0.4）Bmm/r（B 为砂轮宽度，单位为mm）。

f_r：粗磨，0.015～0.05mm/单行程或0.015～0.05mm/双行程；精磨，0.005～0.01mm/单行程或0.005～0.01mm/双行程。

2. 砂轮

砂轮是由磨料加结合剂用烧结的方法制成的多孔物体。由于磨料、结合剂及制造工艺等的不同，砂轮特性可能相差很大，对磨削的加工质量、生产效率和经济性有着重要影响。砂轮的特性包括磨料、粒度、硬度、结合剂、组织以及形状和尺寸等。图1-42为砂轮结构及磨削示意图。

磨削过程中，磨粒在高速、高压与高温的作用下，将逐渐磨损而变圆钝。圆钝的磨粒，切削能力下降，作用于磨粒上的力不断增大。当此力超过磨粒强度极限时，磨粒就会破碎，产生新的较锋利的棱角，代替旧的圆钝的磨粒进行磨削；此力超过砂轮结合剂的粘结力时，圆钝的磨粒就会从砂轮表面脱落，露出一层新鲜锋利的磨粒，继续进行磨削。砂轮的这种自行推陈出

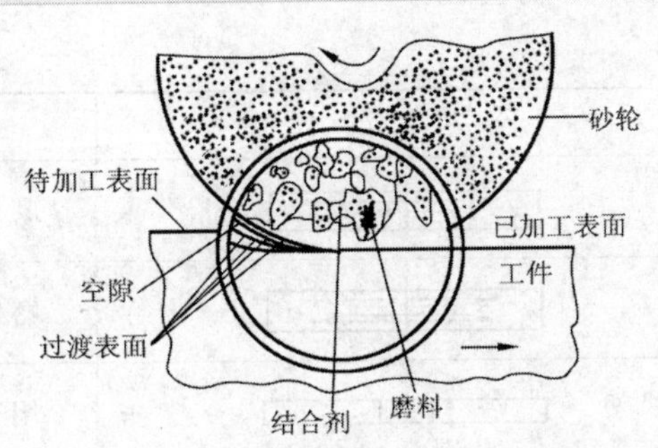

图 1-42　砂轮结构及磨削示意图

新、保持自身锋锐的性能，称为“自锐性”。

砂轮本身虽有自锐性，但由于切屑和碎磨粒会把砂轮堵塞，使它失去切削能力；磨粒随机脱落的不均匀性，会使砂轮失去外形精度。所以，为了恢复砂轮的切削能力和外形精度，在磨削一定时间后，仍需对砂轮进行修整。

为了适应在不同类型磨床上的各种使用需要，砂轮有许多形状，常用的砂轮形状、代号和用途见表 1-6（GB/T 2484—2006）。

砂轮的标志印在砂轮端面上。其顺序是：形状代号、尺寸、磨料、粒度号、硬度、组织号、结合剂和允许的最高线速度。

表 1-6　砂轮形状、代号和用途

名　称	代 号	断 面 图	基 本 用 途
平形砂轮	P		用于外圆、内圆、平面、无心、刃磨、螺纹磨削
双斜边一号砂轮	PSX_1		用于磨齿轮齿面和磨单线螺纹
双斜边二号砂轮	PSX_2		用于磨外圆单面
单斜边一号砂轮	PDX_1		45°角单斜边砂轮多用于磨削各种锯齿
单斜边二号砂轮	PDX_2		小角度单斜边砂轮多用于刃磨铣刀、铰刀、插齿刀等
单面凹砂轮	PDA		多用于内圆磨削，外径较大者都用于外圆磨削
双面凹砂轮	PSA		主要用于外圆磨削和刃磨刀具，还用作无心磨的导轮磨削轮

续 表

名 称	代 号	断面图	基本用途
单面凹带锥砂轮	PZA	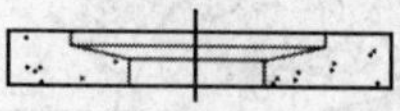	磨外圆和端面
双面凹带锥砂轮	PSZA		磨外圆和二端面
薄片砂轮	PB	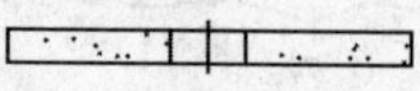	用于切断和开槽等
筒形砂轮	N	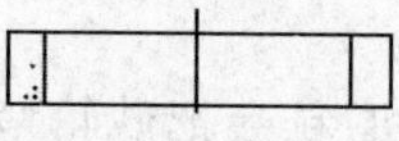	用在立式平面磨床
杯形砂轮	B	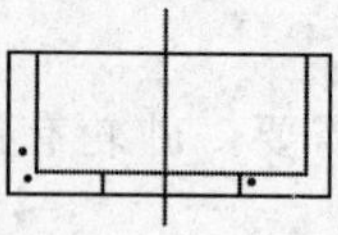	刃磨铣刀、铰刀、拉刀等
碗形砂轮	BW	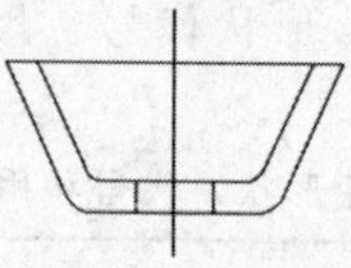	刃磨铣刀、铰刀、拉刀、盘形车刀等
碟形一号砂轮	D_1	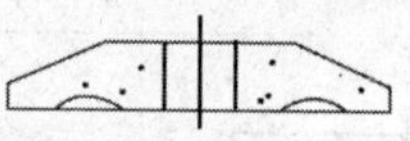	适于磨铣刀、铰刀、拉刀和其他刀具，大尺寸一般用于磨齿轮齿面

1.7.4 铣削与铣刀

铣削是被广泛应用的一种切削加工方法，是在铣床上利用铣刀的旋转（主运动）和工件的移动（进给运动）来加工工件的。铣削加工可以在卧式铣床、立式铣床、龙门铣床、工具铣床以及各种专用铣床上进行，对于单件小批量生产的中小型零件，以卧式铣床和立式铣床最为常用。在切削加工中，铣床的工作量仅次于车床。

铣削加工的范围比较广泛，可以加工平面、台阶面、沟槽和成形面等，如图 1-43 所示。此外，还可以进行孔加工和分度工作。铣削后平面的尺寸公差等级可达 IT9～IT8，表面粗糙度 Ra 值可达 3.2～1.6μm。

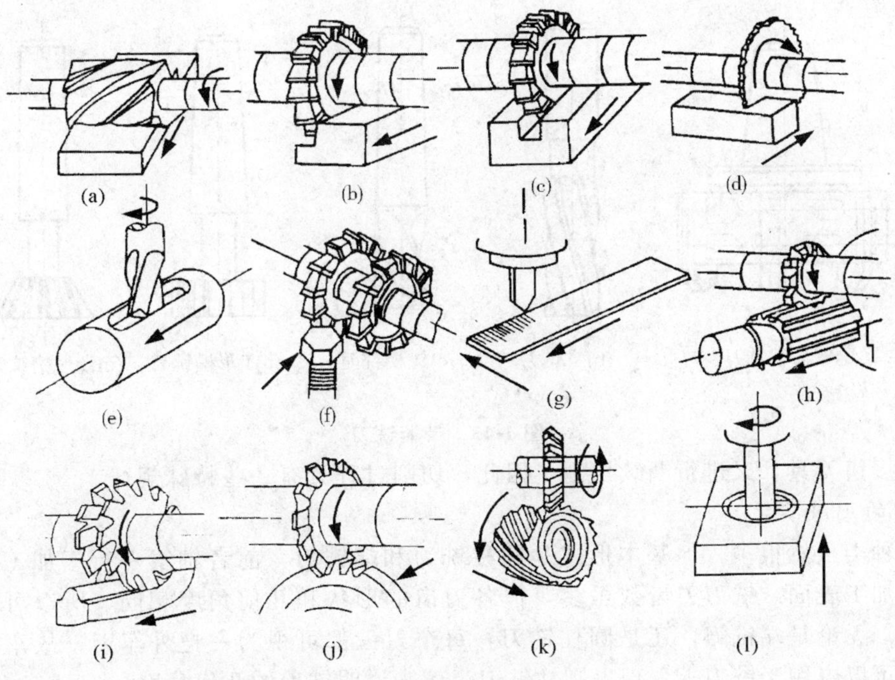

图 1-43　铣削加工的基本内容

铣刀的种类很多，按安装方法可分为带孔铣刀和带柄铣刀两大类。带孔铣刀（见图 1-44）一般用于卧式铣床，带柄铣刀（见图 1-45）多用于立式铣床。

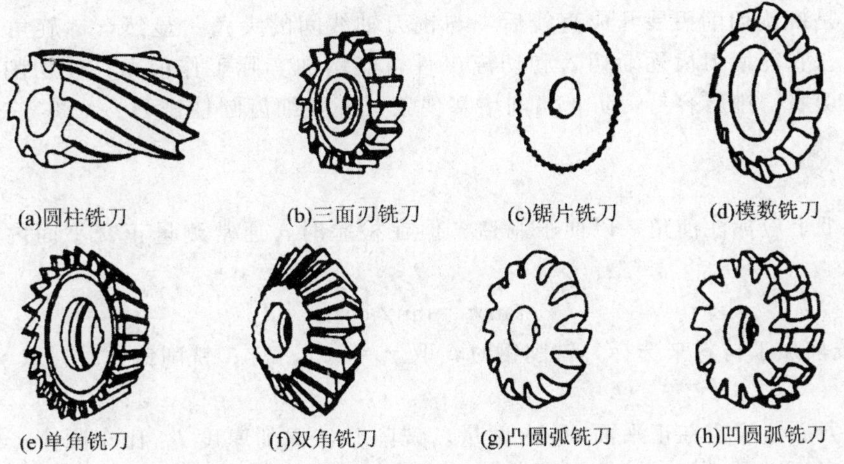

图 1-44　带孔铣刀

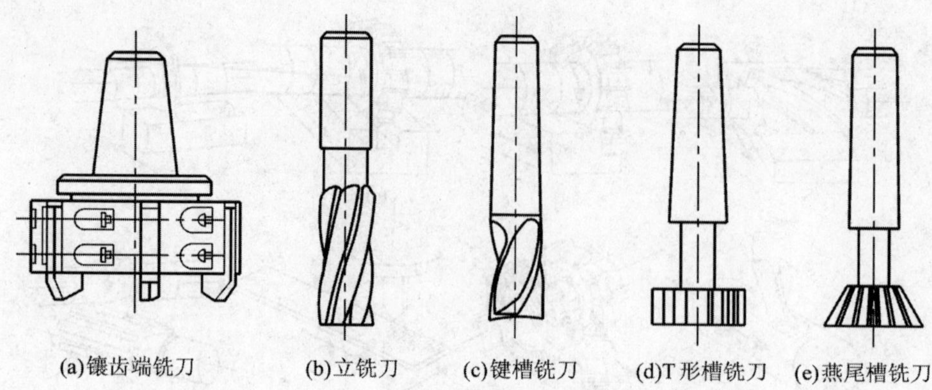

图 1-45 带柄铣刀

铣刀是多齿刀具，又进行断续切削，因此，切削过程具有一些特殊规律。

1. 铣刀的几何参数

铣刀的种类虽然很多，但基本形式是圆柱铣刀和端铣刀，前者轴线平行于加工表面，后者轴线垂直于加工表面。铣刀刀齿数虽多，但各刀齿的形状和几何角度相同，所以可以对一个刀齿进行研究。无论是端铣刀，还是圆柱铣刀，每个刀齿都可视为一把外车刀，故车刀几何角度的概念完全可以应用于铣刀上。现以圆柱铣刀为例来说明铣刀的几何角度。

圆周铣削时，铣刀旋转运动是主运动，工件的直线运动是进给运动。圆柱铣刀的几何角度主要有螺旋角、前角和后角。

(1) 螺旋角 ω

螺旋角 ω 是螺旋切削刃展开成直线后，与铣刀轴线间的夹角。显然，螺旋角 ω 等于圆柱铣刀的刃倾角 λ_s。它能使刀齿逐渐切入和切离工件，能增加实际工作前角，使切削轻快平稳；同时形成螺旋形切屑，排屑容易，防止切削堵塞现象。一般细齿圆柱铣刀 $\omega=30°\sim35°$，粗齿圆柱铣刀 $\omega=40°\sim45°$。

(2) 前角

通常在图纸上应标注前角，以便于制造。但在检验时，通常测量正交平面内前角。可按下式计算前角 γ_n

$$\tan\gamma_n=\tan\gamma_o\cos\omega \tag{1-23}$$

前角 γ_n 按被加工材料来选择，铣削钢时，取 $\gamma_n=10°\sim20°$；铣削铸铁时，取 $\gamma_n=10°\sim15°$。

(3) 后角

圆柱形铣刀后角规定在正平面 P_o 内度量。铣削时，切削厚度 h_D 比车削小，磨损主要发生在后面上，适当地增大后角 α_o，可以减少铣刀磨损。通常取 $\alpha_o=12°\sim16°$，粗铣时取小值，精铣时取大值。

2. 铣削用量与切削层参数

(1) 铣削用量

如图 1-46 所示，铣削用量包括铣削速度 v_c、进给量 f、待铣削层深度 t 和待铣削层宽度 B 等。

① 铣削速度 v_c　它是指铣刀最大直径处切削刃的圆周速度，单位为 m/min。

$$v_c=\frac{\pi Dn}{1000} \tag{1-24}$$

式中　D—铣刀外径，mm；

n—铣刀转速，r/min。

② 进给量 f　铣削的进给量有三种表示方法。铣刀每转过一齿，工件沿进给方向所移动的距离，称为每齿进给量，用 f_z 表示；铣刀每转一转，工件沿进给方向所移动的距离，称为每转进给量，用 f_n 表示；铣刀旋转一分钟，工件沿进给方向移动的距离，称为每分钟进给量，即进给速度，用 v_f 表示。三者的关系为

$$v_f = f_n \cdot n = f_z z n \text{（mm/min）}$$

式中 z——铣刀齿数。

③ 待铣削层深度 t　在垂直于铣刀轴线方向测量的切削层尺寸（mm）。

④ 待切削层宽度 B　在平行于铣刀轴线方向测量的切削层尺寸（mm）。

（2）切削层参数

如图 1-46 所示，铣削时的切削层为铣刀相邻两刀齿在工件上形成的过渡表面之间的金属层。切削层形状与尺寸规定在基面内度量，它对铣削过程有很大影响。切削层参数有以下几个。

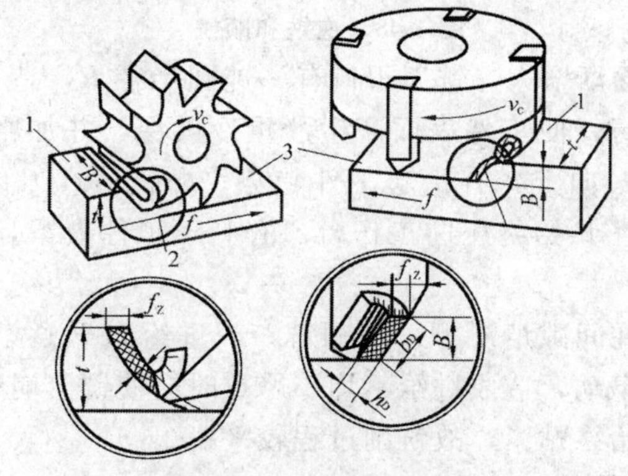

图 1-46　铣削用量要素

① 切削厚度 h_D　它是铣刀相邻两刀齿主切削刃运动轨迹（即切削平面）间的垂直距离（mm）。由图 1-46 可知，用圆柱铣刀铣削时，切削厚度在每一瞬间都是变化的。端铣时的切削厚度也是变化的。

② 切削宽度 b_D　它是铣刀主切削刃与工件的接触长度（mm），即铣刀主切削刃参加工作的长度。

③ 切削面积 A_c　铣刀每齿的切削面积等于切削宽度和切削厚度的乘积。铣削时，铣刀有几个刀齿同时参加切削，故铣削时的切削面积应为各力齿切削面积的总和。

由于切削厚度是个变值，使铣刀的负荷不均匀，在工作中易引起振动。而用螺旋圆柱铣刀加工时，不但切削厚度是个变值，而且切削宽度也是个变值，图 1-47 中Ⅰ、Ⅱ、Ⅲ三个工作刀齿的工作长度不同，因此有可能使切削层面积的变化大为减少，从而切削力的变化减小，实现较均衡的切削条件。

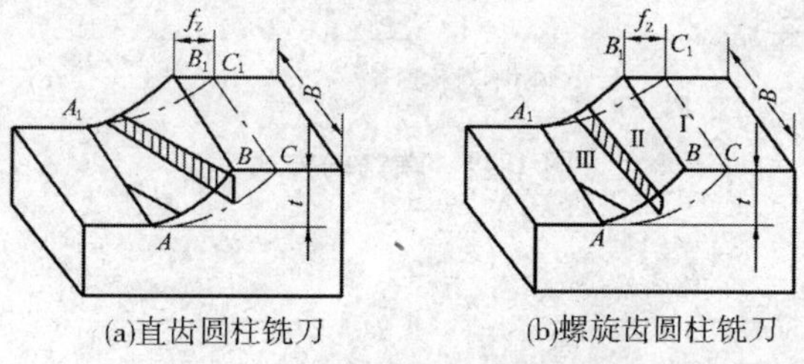

(a)直齿圆柱铣刀　(b)螺旋齿圆柱铣刀

图 1-47　螺旋齿和直齿圆柱铣刀的切削层形式

3. 铣削方式

平面铣削有周铣和端铣两种方式。周铣是用圆柱形铣刀圆周上的刀齿进行切削，端铣是用面铣刀端面上的刀齿进行切削。

(1) 圆周铣削方式

圆周铣削有两种铣削方式：逆铣和顺铣。铣刀的旋转方向和工件的进给方向相反时称为逆铣［如图 1-48 (a)］所示，相同时称为顺铣［图 1-48 (b)］。

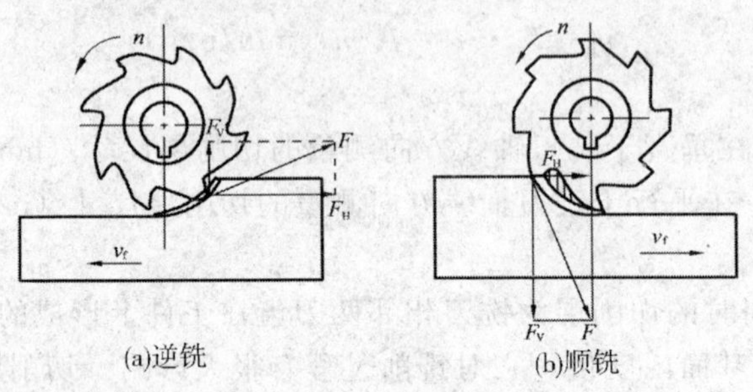

图 1-48　逆铣和顺铣

逆铣时，切削厚度从零逐渐增大。铣刀刃口有一钝圆半径 R，造成开始切削时前角为负值，刀齿在过渡表面上挤压、滑行，使工件表面产生严重冷硬层，并加剧了刀齿磨损。此外，当瞬时接触角大于一定数值后，F 向上，有抬起工件趋势；顺铣时，刀齿的切削厚度从最大开始，避免了挤压、滑行现象，并且 F 始终压向工作台，有利于工件夹紧，可提高铣刀寿命和加工表面质量。

若在丝杠与螺母副中存在间隙情况下采用顺铣，当进给力 F 逐渐增大，超过工作台摩擦力时，使工作台带动丝杆向左窜动，造成进给不均，严重时会使铣刀崩刃。逆铣时，由于进给力 F 作用，使丝杠与螺母传动面始终贴紧，故铣削过程较平稳。

(2) 端铣方式

在端铣时，根据面铣刀相对于工件安装位置不同，也可分为逆铣和顺铣。如图 1-49 (a) 所示，面铣刀轴线位于铣削弧长的中心位置，上面的顺铣部分等于下面的逆铣部分，称为对称端铣。图 1-49 (b) 中的逆铣部分大于顺铣部分，称为不对称逆铣。图 1-49 (c) 中的顺铣部分大于逆部分，称为不对称顺铣。

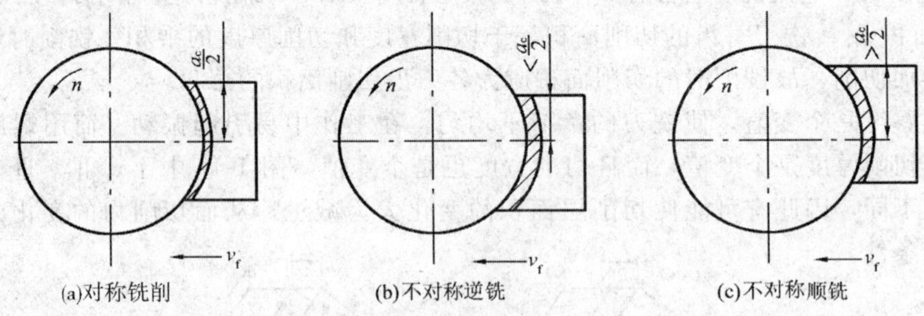

图 1-49　端铣的方式

1.7.5　切齿刀具

切齿刀具是指切削各种齿轮、蜗轮、链轮和花键等齿廓形状的刀具。切齿刀具种类繁多，按照齿形的形成原理，切齿刀具可分为成形法切齿刀具和展成法切齿刀具两大类。

1. 成形法切齿刀具

这类刀具切削刃的廓形与被切齿槽形状相同或近似相同。较典型的成形法切齿刀具有盘形齿轮铣刀和指形齿轮铣刀两类。

(1) 盘形齿轮铣刀

如图 1-50 所示，盘形齿轮铣刀是一种铲齿成形铣刀，可加工直齿与斜齿轮。工作时铣刀旋转并沿齿槽方向进给，铣完一个齿后进行分度，再铣第二个齿。

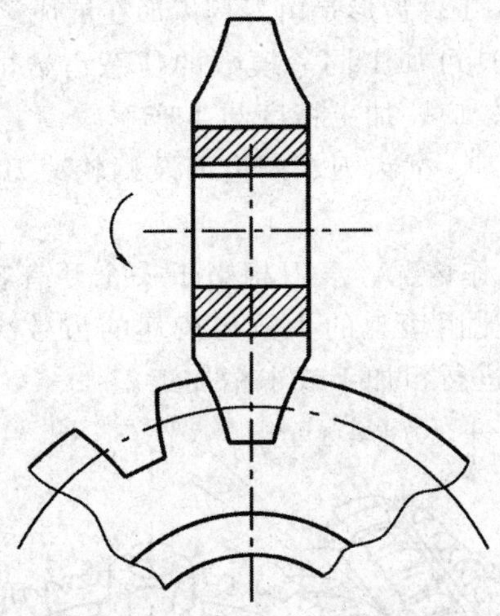

图 1-50　盘形齿轮铣刀

盘形齿轮铣刀前角为零时，其刃口形状就是被加工齿轮的渐开线齿形。齿轮齿形的渐开线形状由基圆大小决定，基圆愈小，渐开线愈弯曲；基圆愈大，渐开线愈平直；基圆无限大时，渐开线变为直线，即为齿条齿形。而基圆的直径又与齿轮的模数、齿数及压力角有关。当被加工的齿轮模数和压力角都相同，只有齿数不同时，渐开线开头显然不同，出于经济的考虑，不可能对每一种齿数的齿轮对应设计一把刀具，而是将齿数接近的几个齿轮用相同的一把铣刀去加工，这样虽然使被加工齿轮产生了一些齿形误差，但大大减少了铣刀的数量。加工压力角为20°的直齿渐开线圆柱齿轮用的盘形齿轮铣刀已经标准化，当模数为0.3～8mm 时，每种模数的铣刀由 15 把组成一套。一套铣刀中的每一把都有一个号码，称为刀号，使用时可以根据齿轮的齿数予以选取。这种铣刀加工精度不高，效率也较低，适合单件小批生产或修配工作。

(2) 指形齿轮铣刀

如图 1-51 所示，指形齿轮铣刀是一种成形立铣刀。工作时铣刀旋转并进给，工件分度。这种铣刀适合于加工大模数的直齿、斜齿轮，并能加工人字齿轮。

指形齿轮铣刀工作时相当于一个悬臂梁，几乎整个刃长都参加切削，因此切削力大，刀齿负荷重，宜采用小进给量切削。指形齿轮铣刀还没有标准化，需根据需要进行专门设计和制造。

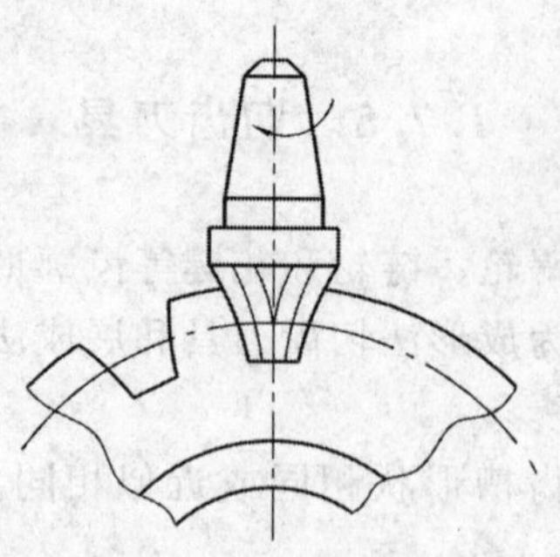

图 1-51　指形齿轮铣刀

2. 展成法切齿刀具

这类刀具切削刃的廓形不同于被切齿轮任何剖面的槽形。切齿时除主运动外，还需有刀具与齿坯的相对啮合运动，称展成运动。工件齿形是由刀具齿形在展成运动中若干位置包络切削形成的。

展成切齿法的特点是一把刀具可加工同一模数的任意齿数的齿轮，通过机床传动链的配置实现连续分度，因此刀具通用性较广，加工精度与生产率较高。在成批加工齿轮时被广泛使用。较典型的展成切齿刀具有齿轮滚刀、插齿刀、剃齿刀及蜗轮滚刀等。

(1) 齿轮滚刀

图 1-52 所示是齿轮滚刀的工作情况。滚刀相当于一个开有容屑槽的、有切削刃的蜗杆状的螺旋齿轮。滚刀与齿坯啮合传动比由滚刀的头数与齿坯的齿数决定，在展成滚切过程中切出齿轮齿形。滚齿可对直齿或斜齿轮进行粗加工或半精加工。

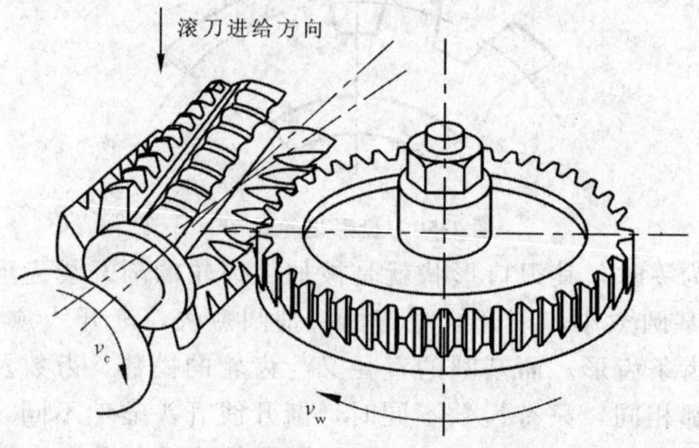

图 1-52　齿轮滚刀的滚齿情况

用齿轮滚刀加工齿轮的过程类似于交错轴螺旋齿轮的啮合过程，滚齿的主运动是滚刀的旋转运动，滚刀转一圈，被加工齿轮转过的齿数等于滚刀的头数，以形成展成运动；为了在整个齿轮宽上都加工出齿轮齿形，滚刀还要沿齿轮轴线方向进给；为了得到规定的齿高，滚刀还要相对于齿轮作径向进给运动；加工斜齿轮时，除上述运动外，齿轮还有一个附加转动，附加转动的大小与斜齿轮螺旋角大小有关。

(2) 插齿刀

图 1-53 所示是各种类型的插齿刀。插齿刀相当于一个有前后角的齿轮。插齿刀与齿坯啮合传动比由插齿刀的齿数与齿坯的齿数决定，在展成滚切过程中切出齿轮齿形。插齿刀常用于加工带台阶的齿轮，如双联齿轮、三联齿轮等，特别能加工内齿轮及无空刀槽的人字齿轮，故在齿轮加工中应用很广。

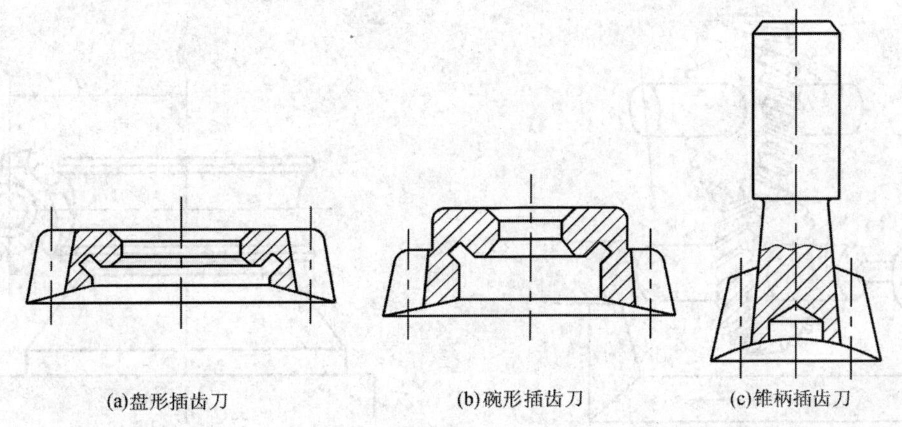

图 1-53 插齿刀的类型

常用的直齿插齿刀已标准化，直齿插齿刀有盘形、碗形和锥柄插齿刀。在齿轮加工过程中，插齿刀的上下往复运动是主运动，向下为切削运动，向上为空行程；此外还有插齿刀的回转运动与工件的回转运动相配合的展成运动；开始切削时，在机床凸轮的控制下，插齿刀还有径向的进给运动，沿半径方向切入工件至预定深度后径向进给停止，而展成运动仍继续进行，直至齿轮的牙齿全部切完为止；为避免插齿刀回程时与工件摩擦，还需有被加工齿轮随工作台的让刀运动，如图 1-54 所示。

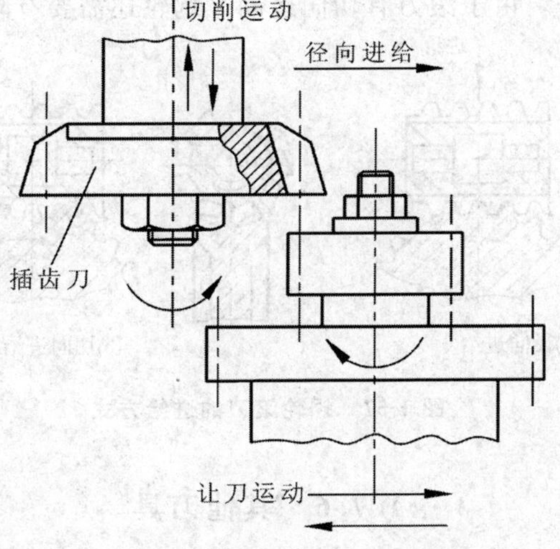

图 1-54 插齿刀的切削运动

(3) 剃齿刀

图 1-55 所示是剃齿刀的工作情况。剃齿刀相当于齿侧面开有屑槽形成切削刃的螺旋齿轮。剃齿时剃齿刀带动齿坯滚转，相当于一对螺旋齿轮的啮合运动。在一定啮合压力下剃齿刀与齿坯沿齿面的滑动将切除齿侧的余量，完成剃齿工作。剃齿刀常用于未淬火的软齿面的精加工，其精度可达 IT6 级以上，且生产效率很高，因此应用十分广泛。

(4) 蜗轮滚刀

如图 1-56 所示，蜗轮滚刀是利用蜗杆与蜗轮啮合原理工作的，所以蜗轮滚刀的蜗杆类型和基本参数均应与工作蜗杆相同，加工时，蜗轮滚刀与蜗轮的轴相交，中心距也应与蜗杆、蜗轮副工作状态相同。

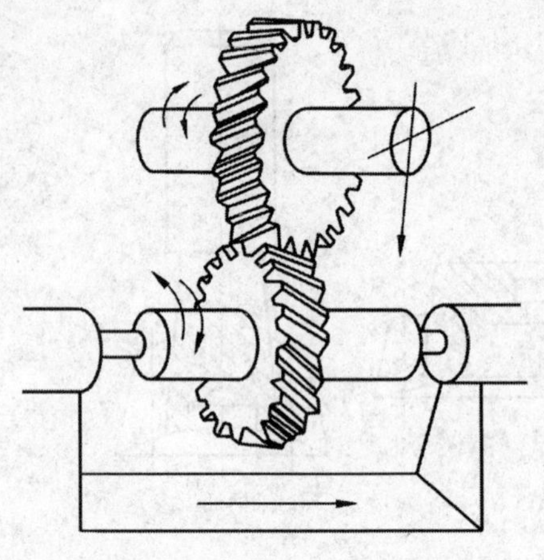

图 1-55 剃齿刀工作原理

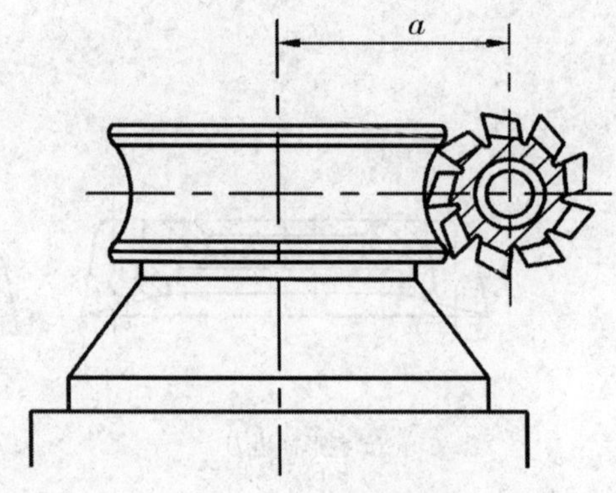

图 1-56 蜗轮的滚刀

蜗轮滚刀加工蜗轮可采用径向进给或切向进给，如图 1-57 所示。用径向进给方式加工蜗轮时，滚刀每转一转，蜗轮转动的齿数等于滚刀的头数，形成展成运动；滚刀在转动同时，沿着蜗轮方向进给，达到规定的中心距后停止进给，而展成运动继续，直到包络好蜗轮齿形。用切向进给方式加工蜗轮时，首先将滚刀和蜗轮的中心距调整到等于原蜗杆与蜗轮的中心距；滚刀和蜗轮除作展成运动外，滚刀还沿本身的轴线方向进给切入蜗轮，因此滚刀每转一转，蜗轮除需转过与滚刀相等的齿数外，由于滚刀有切向运动，蜗轮还需要有附加的转动。

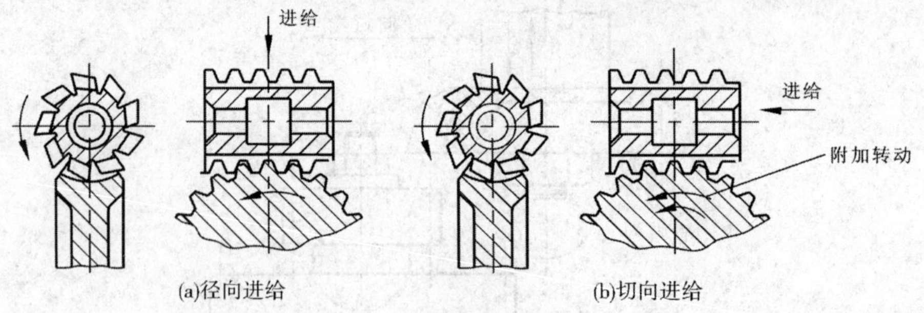

图 1-57 蜗轮滚刀的进给方式

1.7.6 其他刀具

1. 拉削及拉刀

拉削是用拉刀加工内、外成形表面的一种加工方法。如图 1-58 所示，拉刀是多齿刀具，拉削时，利用拉刀上相邻刀齿的尺寸变化来切除加工余量，使被加工表面一次成形，因此拉床只有主运动，无进给运动，进给量是由拉刀的齿升量来实现的。

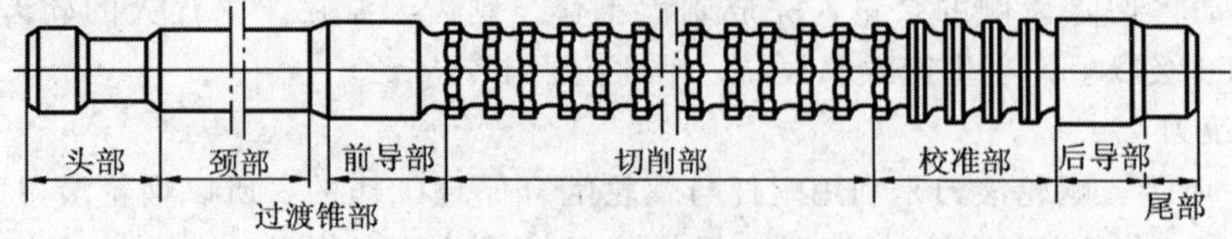

图 1-58 圆孔拉刀

拉刀的主要特点是：能加工各种形状贯通的内、外表面；拉削精度高，一般拉削圆孔可达的尺寸公差等级为IT8～IT7，表面粗糙度 Ra 值为1.6～0.4μm；生产率高，使用寿命长，但制造复杂，主要用于对大量、成批的零件进行加工。

2. 刨削及刨刀

刨削是平面加工的主要方法之一。刨削所用刀具称为刨刀（见图1-59)，常见刨刀有平面刨刀、偏刀、角度刀及成形刨刀。刨削属于断续切削，切削时冲击很大，容易发生“崩刃”和“扎刀”现象，因而刨刀刀杆截面比较粗大，以增加刀杆的刚性，而且往往做成弯头，使刨刀在碰到硬点时可适当产生弯曲变形而缓和冲击，以保护刀刃。

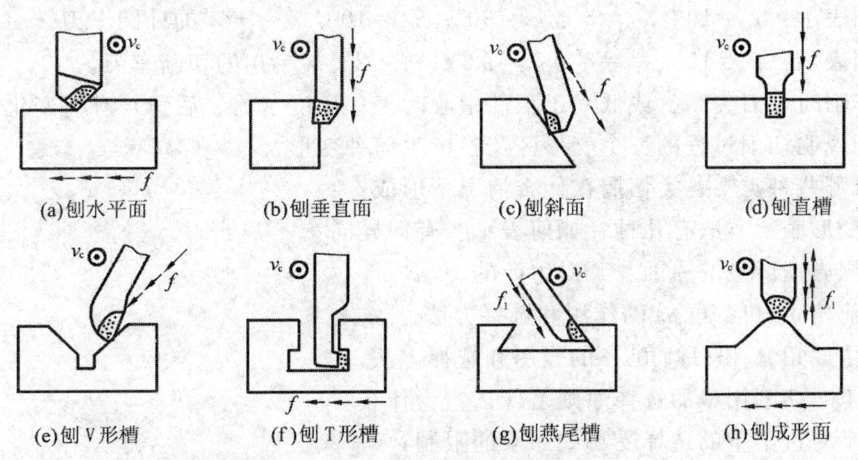

图1-59　刨削的应用

刨削加工的尺寸公差等级一般为IT13～IT7，表面粗糙度 Ra 值为25～1.6μm。用宽刀进行精刨，表面粗糙度 Ra 值为1.6～0.8μm。刨削所用的单刃刨刀与车刀基本相同，形状简单，制造、刃磨和安装皆较方便，但生产率较低 。

3. 插削及插刀

插削与刨削基本相同，只是插削是在垂直方向进给，主要用来加工工件的内表面，如键槽、花键槽等，也可用于加工多边形孔，如四方孔、六方孔等，特别适于加工盲孔或有障碍台阶的内表面。常用插刀形状如图1-60所示，插削时为了避免刀杆与工件相碰，插刀刀刃应该突出于刀杆。

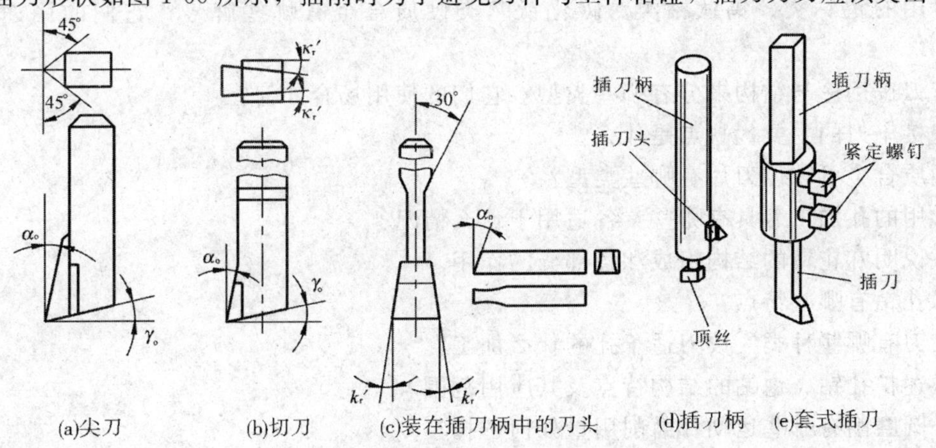

图1-60　常用插刀形状

习 题

1. 试说明外圆车削、端面车削、刨削、钻削、铣削的切削运动及工件上的各表面是什么？

2. 什么是切削用量三要素？

3. 车刀切削部分由哪些面和刃组成？

4. 刀具正交平面参考系平面 P_r、P_s、P_o 及其刀具角度 γ_o、α_o、κ_r、λ_s 如何定义？用图表示。

5. 试画图表示：$\gamma_o=10°$、$\alpha_o=6°$、$\kappa_r=90°$、$\kappa_r'=10°$、$\lambda_s=-5°$的外圆车刀。

6. 试画图表示：$\gamma_o=15°$、$\alpha_o=8°$、$\kappa_r=90°$、$\kappa_r'=2°$、$\lambda_s=0°$的切断车刀。

7. 端面车削时，刀尖高（或低）于工件中心时工作角度（前、后角）有何变化？

8. 试画图说明切削过程的三个变形区及各产生何种变形。

9. 切屑有哪些种类？各类切屑在什么情况下形成？

10. 切削变形表示方法有几种？如何表示？有何异同？

11. 分析积屑瘤产生的原因及其对生产的影响。

12. 试述前角 γ_o 和后角 α_o 的作用和选择方法。

13. 试述主偏角 κ_r 和刃倾角 λ_s 的作用和选择方法。

14. 粗加工时切削用量的选择原则是什么？为什么？

15. 粗加工时进给量的选择受哪些因素的限制？

16. 切削力的产生原因是什么？车削时切削力如何分解？

17. 切削用量是如何影响切削力的？

18. 背吃刀量和进给量对切削力和切削温度的影响是否一样？如何影响？

19. 刀具的磨损过程分几个阶段？各阶段的特点是什么？

20. 什么是刀具寿命？刀具寿命与哪些因素有关？

21. 刀具切削部分材料应具备哪些性能？

22. 普通高速钢有哪几种牌号？它们主要的物理力学性能如何？适合于做什么刀具？

23. 高性能高速钢有几种类型？与普通高速钢比较有什么特点？

24. 常用的钨钴类、钨钛钴类、碳化钛基类硬质合金有哪些牌号？它们的用途如何？为什么？

25. 车刀按用途与结构来分有哪些类型？它们的使用场合如何？

26. 焊接车刀的主要优缺点是什么？

27. 硬质合金可转位刀片有哪些类型？

28. 常用的孔加工刀具有哪些？各适用于什么情况？

29. 试说明麻花钻的结构组成和各部分的作用。

30. 深孔钻有哪些特点？

31. 铰刀有哪些种类？铰刀适于孔的什么加工？

32. 试述扩孔钻、锪钻的结构特点及其应用范围。

33. 外圆磨削有哪些运动？磨削用量如何选择？

34. 与车削相比，磨削有何特点？

35. 铣刀有哪些主要类型？它们的用途是什么？
36. 何谓顺铣与逆铣？它们各有什么优缺点？
37. 与其他加工方法相比，铣削有何特点？
38. 齿轮刀具如何分类？
39. 展成法加工齿轮刀具有哪些类型？
40. 插齿时需要哪些运动？
41. 试述拉削主要有哪些特点。
42. 试述刨削主要有哪些特点。

项目二

工件定位与夹紧

知识要点：机床夹具的概念、工件定位的基本原则、工件定位方式及采用的定位元件、工件夹紧的基本原理、夹紧的基本机构、专用夹具的设计方法及步骤、各种专用夹具的设计要点。

在机械制造中，用来固定加工对象，使之占有正确位置，以接受加工或检测的装置，统称为夹具。它广泛地应用于机械制造过程中，如焊接过程中用于拼焊的焊接夹具，零件检验过程中用的检验夹具，装配过程中用的装配夹具，机械加工过程中用的机床夹具等，都属于这一范畴。在金属切削机床上使用的夹具统称为机床夹具。在现代生产中，机床夹具是一种不可缺少的工艺装备，它直接影响着零件加工的精度、劳动生产率和产品的制造成本等。本章所讲述的仅限于机床夹具，以后简称为夹具。

任务一　机床夹具概述

2.1.1　夹具的作用

在机床上加工零件时，为了使该工序所要加工的表面能够达到图纸所规定的尺寸、几何形状及与其他表面间的相互位置精度等技术要求，在加工前首先应将工件装好、夹牢。

把工件装好，就是在机床上使工件相对于刀具及机床有正确的位置。工件只有在这个位置上接受加工，才能保证被加工表面达到所要求的各项技术要求。把工件装好这一过程称为定位。

把工件夹牢，就是指定位好的工件，在加工过程中不会受切削力、离心力、冲击、振动等外力的影响而变动位置。把工件夹牢这一过程称为夹紧。

因此，夹具的作用就是在加工过程中，对工件进行定位和夹紧，从而保证在加工过程中工件相对于机床保持正确的位置，保证达到该工序所规定的技术要求。

在机械加工过程中，工件的装夹方法按其实现工件定位的方式分为两种：一种是按找正方式定位的装夹方法；另一种是用专用夹具装夹工件的方法。

1. 按找正方式定位的装夹方法

这种装夹方法，一般是先按图样要求在工件表面划线，划出加工表面的尺寸和位置，装夹时用划针或百分表找正后再夹紧。如在金工实习时钻锤头上用于装锤柄的孔时，由于是单件，我们就采用先划线，再找正这种方法加工。

按找正方式装夹工件的方法，能够很好地适应工序或加工对象的变换，夹具结构简单，使用简便经济，适用于单件和小批生产。但这种方式生产效率低，劳动强度大，加工质量不高，往往需要增加划线工序。当生产数量大、质量要求高时，需要用专用夹具装夹。

2. 用专用夹具装夹工件的方法

成批生产中，加工图 2-1 所示零件，钻后盖上的 ϕ10mm 孔，保证距后端面距离为 (18±0.1) mm，ϕ10mm 孔轴心线与 ϕ30mm 孔中心线垂直，ϕ10mm 孔轴线与下面的 ϕ5.8mm 孔轴线在同一平面上。其钻床夹具如图 2-2 所示。ϕ10mm 孔径尺寸由钻头保证，钻头相对于夹具的位置由钻套 1 保证，距后端面距离 (18±0.1) mm 由支承板 4 保证，ϕ10mm 孔轴线与 ϕ30mm 孔轴线垂直由钻套和圆柱销 5 共同保证。ϕ10mm 孔轴线与下面的 ϕ5.8mm 孔轴线在同一平面上由菱形销 9 保证。加工时拧紧螺母 7，实现定位，松开螺母 7，拿开开口垫圈 6，实现快速更换工件。

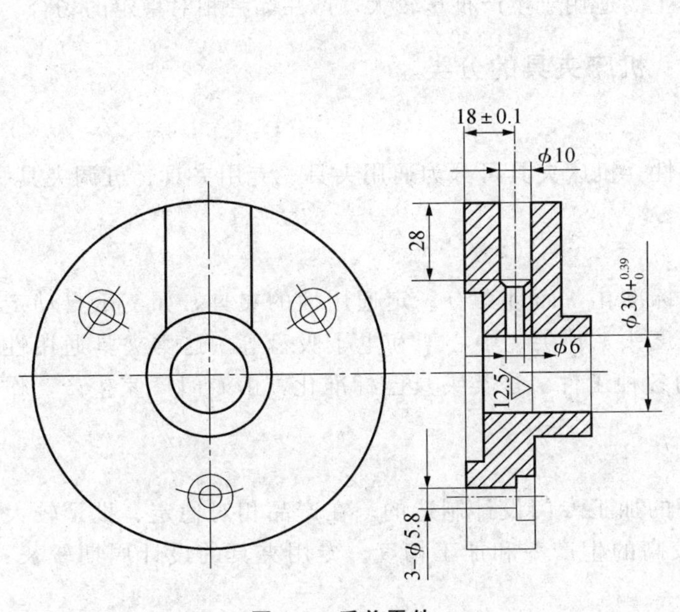

图 2-1 后盖零件

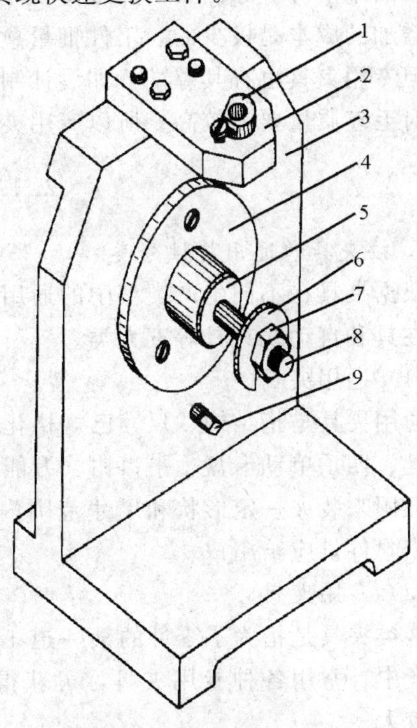

图 2-2 后盖零件钻床夹具

1—钻套 2—钻模板 3—夹具体
4—支承板 5—圆柱销 6—开口垫圈
7—螺母 8—螺杆 9—菱形销

通过上面的例子，不难看出使用专用夹具装夹工件的优点。

(1) 保证工件加工精度

用专用夹具装夹工件时，工件相对于刀具及机床的位置精度由夹具保证，不受工人技术水平的影响，使一批工件的加工精度趋于一致。

(2) 提高劳动生产率

使用专用夹具装夹工件方便、快速，工件不需要划线找正，可显著地减少辅助工时，提高劳动生产率；工件在专用夹具中装夹后提高了工件的刚性，因此可加大切削用量，提高劳动生产率；可使用多件、多工位装夹工件的夹具，并可采用高效夹紧机构，进一步提高劳动生产率。

(3) 扩大机床的使用范围

在通用机床上采用专用夹具可以扩大机床的工艺范围，充分发挥机床的潜力，达到一机多用的目的。例如，使用专用夹具可以在普通车床上很方便地加工小型壳体类工件。甚至在车床上拉出油槽，减少了昂贵的专用机床，降低了成本。这对中小型工厂尤其重要。

（4）改善了操作者的劳动条件

由于气动、液压、电磁等动力源在专用夹具中的应用，一方面减轻了工人的劳动强度；另一方面也保证了夹紧工件的可靠性，并能实现机床的互锁，避免事故，保证了操作者和机床设备的安全。

（5）降低了成本

在批量生产中使用专用夹具后，由于劳动生产率的提高、可以由技术等级较低的工人加工以及废品率下降等原因，明显地降低了生产成本。专用夹具制造成本分摊在一批工件上，每个工件增加的成本是极少的。工件批量愈大，使用专用夹具所取得的经济效益就愈显著。

但专用夹具也有其弊端，如设计制造周期长；因工件直接装在夹具体中，不需要找正工序，因此对毛坯质量要求较高；所以专用夹具主要适用于生产批量较大，产品品种相对稳定的场合。

2.1.2　机床夹具的分类

1. 按夹具的通用特性分类

根据夹具在不同生产类型中的通用特性，机床夹具可分为通用夹具、专用夹具、可调夹具、组合夹具和自动线夹具等五大类。

（1）通用夹具

通用夹具是指结构、尺寸已规格化、标准化，而且具有一定通用性的夹具，如三爪自动定心卡盘、四爪单动卡盘、平口钳、万能分度头、顶尖、中心架和电子吸盘等。这类夹具通用性强，可用来装夹一定形状和尺寸范围内的各种工件。这类夹具已标准化，由专门厂家生产，作为机床附件供应给用户。

（2）专用夹具

这类夹具是指为了零件的某一道工序的加工专门设计制造的。在产品相对稳定、批量较大的生产中，常用各种专用夹具，可获得较高的生产率和加工精度。专用夹具的设计周期较长、投资较大。

除大批大量生产之外，中小批量生产中也需要采用一些专用夹具。但在结构设计时要进行具体的技术经济分析。

（3）可调夹具

可调夹具是针对通用夹具和专用夹具的缺陷而发展起来的一类新型夹具。对不同类型和尺寸的工件，只需调整或更换原来夹具上的个别定位元件和夹紧元件便可使用。它一般又可分为通用可调夹具和成组夹具两种。前者的通用范围比通用夹具更大；后者则是一种专用可调夹具，它按成组原理设计并能加工一族相似的工件，故在多品种，中、小批量生产中使用有较好的经济效果。

（4）组合夹具

组合夹具是一种模块化的夹具。标准的模块元件具有较高精度和耐磨性，可组装成各种夹具。夹具用毕可拆卸，清洗后留待组装新的夹具。由于组合夹具具有组装迅速，周期短，能反复使用等优点，因此组合夹具在单件、小批量生产和新产品试制中，得到广泛应用。组合夹具也已标准化。

（5）自动线夹具

自动线夹具一般分为两大类，一是固定式夹具，它与专用夹具相似；另一种为随行夹具，使用中夹具随工件一起运动，并将工件沿自动线从一个工位移至下一个工位。

2. 按使用的机床分类

夹具按使用机床可分为车床夹具、铣床夹具、钻床夹具、镗床夹具、磨床夹具以及其他机床夹具等。

3. 按夹紧的动力源分类

夹具按夹紧的动力源可分为手动夹具、气动夹具、液压夹具、气液增力夹具、电动夹具、电磁夹具、真空夹具、离心力夹具等。

2.1.3　机床夹具的组成

机床夹具的种类和结构虽然繁多，但它们的组成均可概括为以下几个部分。

1. 定位元件

夹具的首要任务是定位，因此无论任何夹具，都有定位元件。当工件定位基准面的形状确定后，定位元件的结构也就基本确定了。图 2-2 中圆柱销 5、菱形销 9 和支承板 4 都是定位元件，通过它们使工件在夹具中占据正确的位置。

2. 夹紧装置

工件在夹具中定位后，在加工前必须将工件夹紧，以确保工件在加工过程中不因受外力作用而破坏其定位。图 2-2 中的螺杆 8（与圆柱销合成一个零件）、螺母 7 和开口垫圈 6 构成夹紧装置。

3. 夹具体

夹具体是夹具的基体和骨架，通过它将夹具所有元件构成一个整体，如图 2-2 中的件 3 。

以上这三部分是夹具的基本组成部分，也是夹具设计的主要内容。

4. 对刀或导向装置

对刀或导向装置用于确定刀具相对于定位元件的正确位置。图 2-2 中钻套 1 和钻模板 2 组成导向装置，确定了钻头轴线相对定位元件的正确位置。

5. 连接元件

连接元件是确定夹具在机床上正确位置的元件。图 2-2 中件 3 的底面为安装基面，保证了钻套 1 的轴线垂直于钻床工作台以及圆柱销 5 的轴线平行于钻床工作台。因此，夹具体可兼作连接元件。车床夹具上的过渡盘、铣床夹具上的定位键都是连接元件。

6. 其他装置或元件

根据加工需要，有些夹具分别采用分度装置、靠模装置、上下料装置、顶出器和平衡块等。这些元件或装置也需要专门设计。

图 2-3 表示了工件与夹具各组成部分，及工件通过夹具组成部分与机床、刀具间的相互联系。

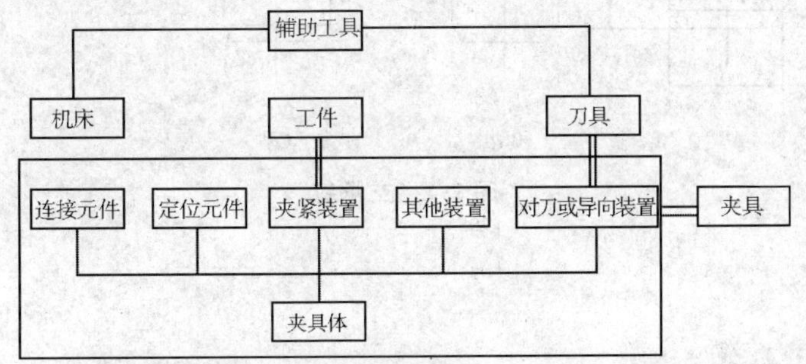

图 2-3　夹具的组成及各组成部分与机床、工件、刀具的相互关系

任务二　工件定位方法及定位元件

在设计零件的机械加工工艺规程时，工艺人员根据加工要求已经选择了各工序的定位基准和确定了各定位基准应当限制的自由度，并将它们标注在工序简图或其他工艺文件上。夹具设计的任务首先是选择和设计相应的定位元件来实现上述定位方案。

为了分析问题的方便，引入“定位基面”的概念。当工件以回转表面（如孔、外圆等）定位时，称它的轴线为定位基准，而回转表面本身则称为定位基面。与之相对应，定位元件上与定位基面相配合（或接触）的表面称为限位基面，它的理论轴线则称为限位基准。如工件以圆孔在心轴上定位时，工件内孔称为定位基面，其轴线称为定位基准。与之相对应，心轴外圆表面称为限位基面，其轴线称为限位基准。工件以平面定位时，其定位基面与定位基准，限位基面和限位基准则是完全一致的。工件在夹具上定位时，理论上定位基准与限位基准应该重合，定位基面与限位基面应该接触。

2.2.1　工件以平面定位

1. 主要支承

主要支承用来限制工件的自由度，起定位作用。

（1）固定支承

固定支承有支承钉和支承板两种型式，如图 2-4、图 2-5 所示。在使用过程中，它们都是固定不动的。

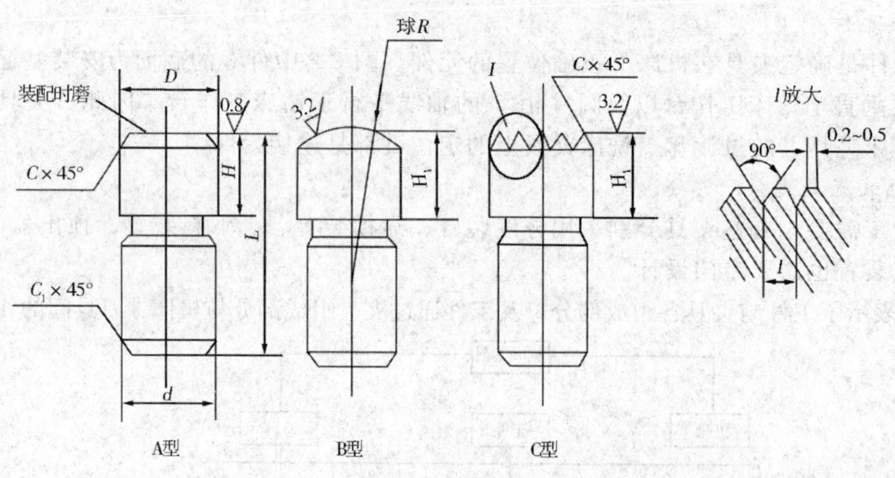

图 2-4　支承钉

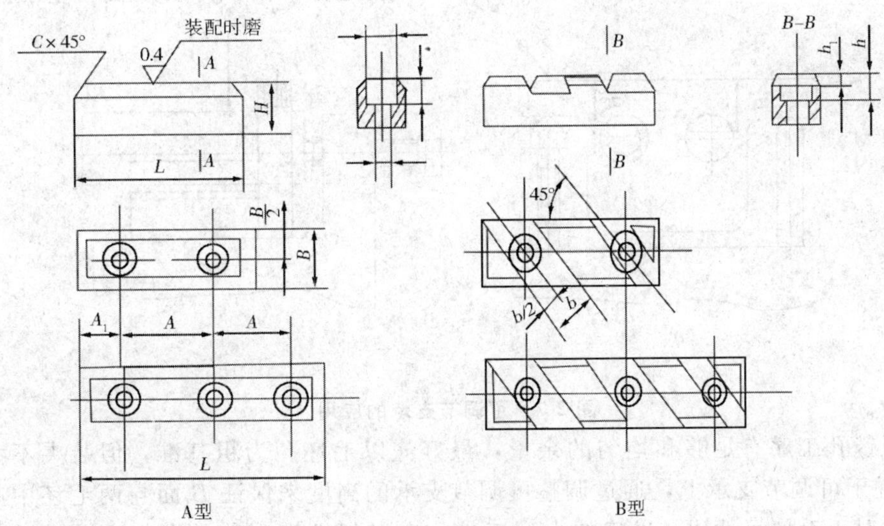

图 2-5　支承板

A 型支承钉是标准平面支承钉，常用于已经加工后的表面定位；当定位基准面是粗糙不平的毛坯表面时，应采用 B 型球头支承钉，使其与粗糙表面接触良好；C 型齿纹型支承钉常用于侧面定位，它能增大摩擦系数，防止工件受力后滑动。

大中型工件以精基准面定位时，多采用支承板定位，可使接触面增大，避免压伤基准面，减少支承的磨损。A 型支承板结构简单，便于制造。但沉头螺钉处的积屑难于清除，宜作侧面或顶面支承；B 型是带斜槽的支承板，因易于清除切屑和容纳切屑，宜作底面支承，常用于以推拉方式装卸工件的夹具和自动线夹具。

支承钉、支承板均已标准化，其公差配合、材料、热处理等可查阅机床夹具零件及部件国家标准。

工件以平面定位时，除采用上面介绍的标准支承钉和支承板之外，还可根据工件定位平面的具体形状设计相应的支承板，工件批量不大时，也可直接以夹具体作为限位平面。

(2) 可调节支承

在工件定位过程中，支承钉的高度需要调整时，采用图 2-6 所示的可调节支承。

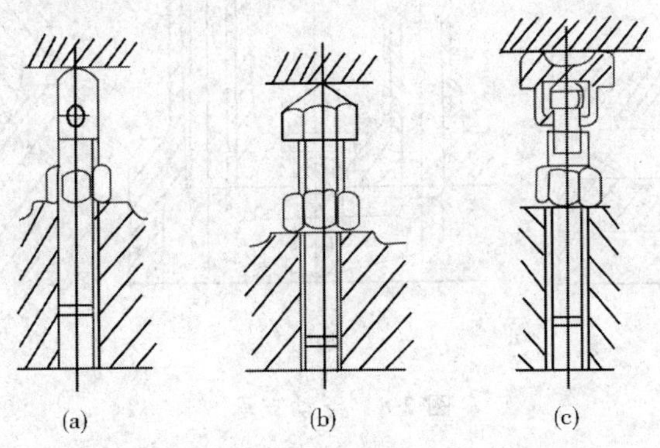

图 2-6　可调节支承

图 2-7（a）中工件为砂型铸件，加工过程中，一般先铣 B 面，再以 B 面为基准镗双孔。

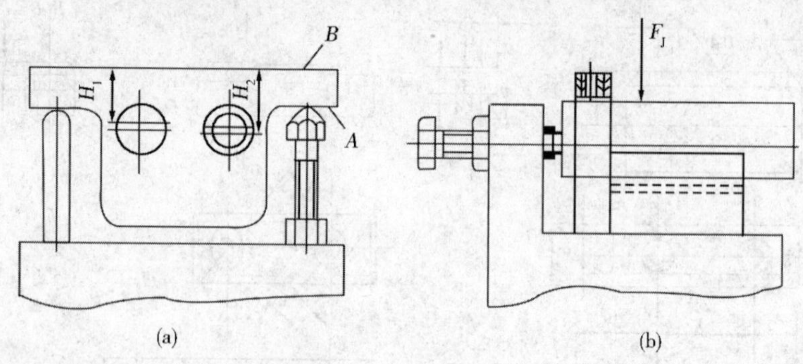

图 2-7　可调节支承的应用

为了保证镗孔工序有足够和均匀的余量，最好先以毛坯孔为粗基准，但装夹不太方便。此时可将 A 面置于可调节支承上，通过调整可调节支承的高度来保证 B 面与两毛坯中心的距离尺寸 H_1、H_2，对于毛坯尺寸比较准确的小型工件，有时每批仅调整一次，这样对于一批工件来说，调节支承即相当于固定支承。

在同一夹具上加工形状相似而尺寸不等的工件时，也常采用可调节支承。如图 2-7（b）所示，在轴上钻径向孔，对于孔至端面的距离不等的几种工件，只要调整支承钉的伸出长度，该夹具便都可适用。

（3）浮动支承（自位支承）

在工件定位过程中，能自动调整位置的支承称为浮动支承。

浮动支承的结构如图 2-8 所示，它们与工件的接触点数虽然是二点或三点或更多点，但仍只限制工件的一个自由度。浮动支承点的位置随工件定位基准面的变化而自动调节，当基面有误差时，压下其中一点，其余各点即上升，直到全部接触为止。由于增加了接触点数，可提高工件的安装刚性和定位的稳定性，但夹具结构较复杂。浮动支承适用于工件以毛坯定位或刚性不足的场合。

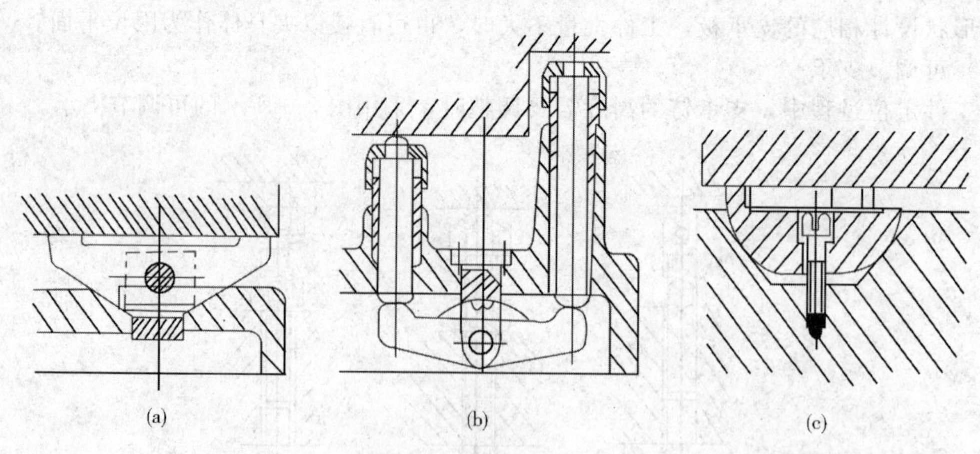

图 2-8　浮动支承

2. 辅助支承

生产中，由于工件形状以及夹紧力、切削力、工件重力等原因可能使工件在定位后还产生变形或定位不稳定，常需要设置辅助支承。辅助支承是用来提高工件的支承刚度和稳定性的，起辅助作用，决不允许破坏主要支承的主要定位作用。图 2-9 为几种常用的辅助支承。

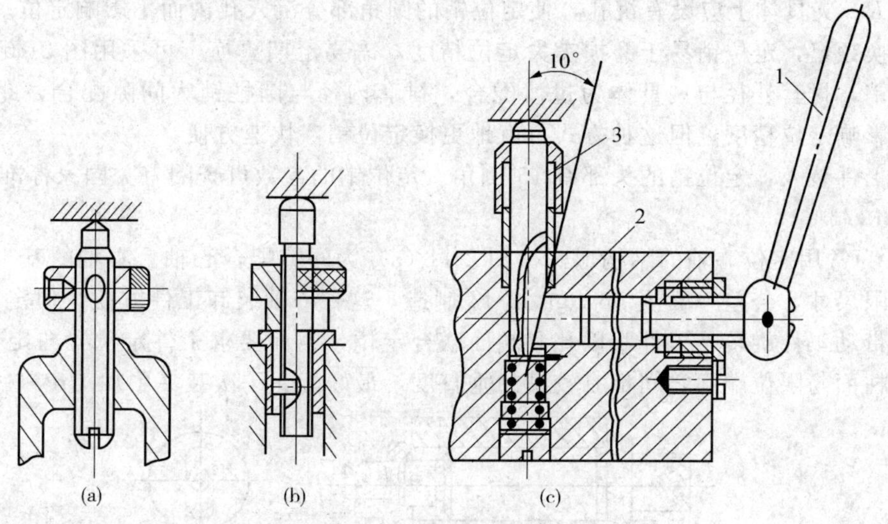

图 2-9　辅助支承

1—手柄　2—斜面顶销　3—滑柱支承

各种辅助支承在每次卸下工件后，必须松开，装上工件后再调整和锁紧。

由于采用辅助支承会使夹具结构复杂，操作时间增加，因此当定位基准面精度较高，允许重复定位时，往往用增加固定支承的方法增加支承刚度。

2.2.2　工件以内孔表面定位

在生产中常常遇到套筒、盘盖类零件，加工时是以内孔为定位基准的。工件以内孔定位是一种中心定位。定位面为圆柱孔，定位基准为中心轴线，通常要求内孔基准面有较高的精度。工件中心定位的方法是用定位销或心轴等与孔的配合实现的。有时采用自动定心定位。粗基准很少采用内孔定位。

1. 圆柱销（定位销）

定位销可分为固定式和可换式两种。图 2-10（a）（b）（c）为固定式定位销，固定式定位销是直接用过盈配合装在夹具体上。图 2-10（d）为可换式定位销。

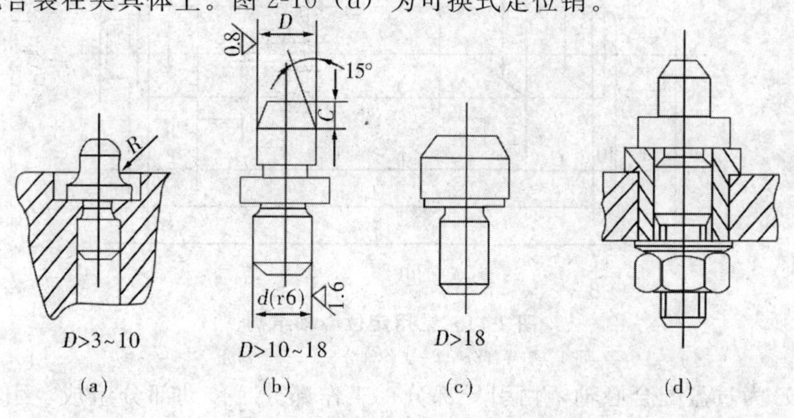

图 2-10　定位销

当定位销直径 D 为 3～10mm 时，为增加刚性，避免使用中折断或热处理时淬裂，通常把头部倒成圆角 R。夹具体上应设有沉孔，使定位销的圆角部分沉入孔内而不影响定位。在大量生产时，工件更换频繁，定位销易于磨损丧失定位精度，需要定期更换，可采用图 2-10（d）所示的可换式定位销，衬套外径与夹具体为过渡配合，衬套内径与圆柱销为间隙配合，此两者存在的定位间隙会影响定位精度。但这种方式可就地更换定位销，快速方便。

为便于工件装入，定位销的头部有 15°倒角。定位销的参数可查阅有关国家标准。

2. 定位心轴

图 2-11 为常用定位心轴的结构形式。图 2-11（a）为间隙配合心轴。心轴的基本尺寸取工件孔的最小极限尺寸，公差一般按 h6、g6 或 f7 制造，这种心轴装卸工件方便，但定心精度不高。加工中为能带动工件旋转，工件常以孔和端面联合定位，因而要求工件定位孔与定位端面之间、心轴限位圆柱面与限位端面之间都有较高的垂直度，最好能在一次装夹中加工出来。

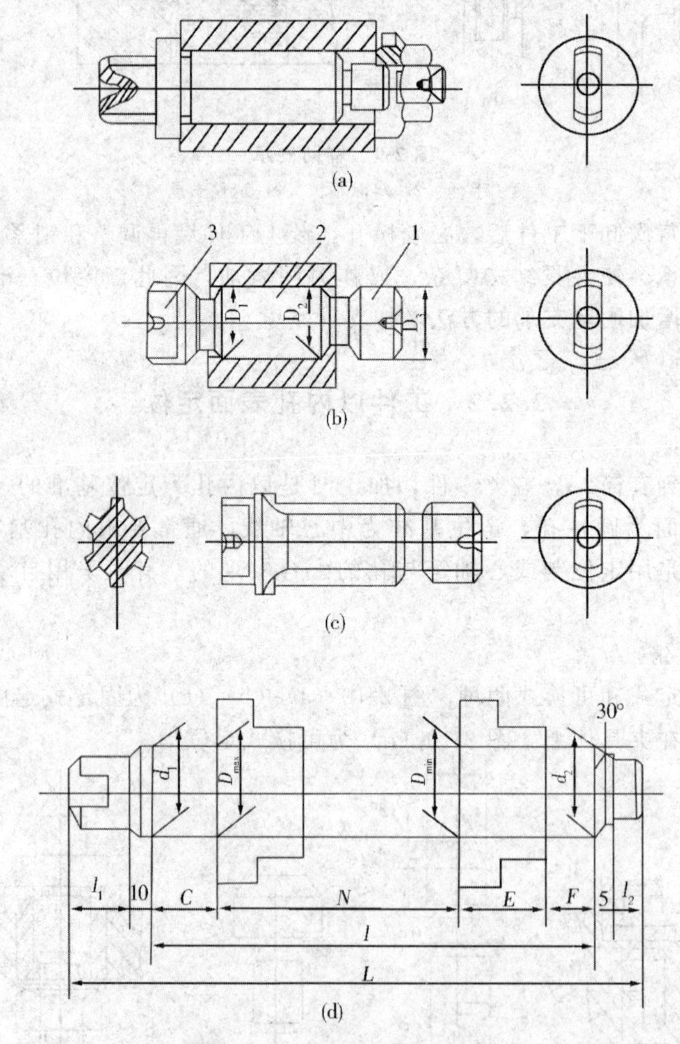

图 2-11　常用定位心轴结构

1—引导部分　2—工作部分　3—传动部分

图 2-11（b）为过盈配合心轴，由引导部分、工作部分、传动部分组成。引导部分 1 的作用是使工件迅速而准确地套入心轴，其直径 D_3 的基本尺寸取孔径的最小值，公差按 e8 制造，其长

度约为工件定位孔长度的一半。工作部分 2 的直径的基本尺寸取孔径的最大值，公差按 r6 制造。当工件定位孔的长度与直径之比 $L/D>1$ 时，心轴的工作部分应稍带锥度，直径 D_2 取基准孔直径的最小值，公差按 h6 确定；D_1 取基准孔直径的最大值，公差按 r6 确定。这种心轴制造简单，定心精度高，不用另设夹紧装置，但装卸工件不方便，易损伤定位孔。多用于定心精度要求高的精加工。

图 2-11（c）是花键心轴，用于加工以花键孔定位的工件。当工件的定位孔长度 $L/D>1$ 时，工作部分可稍带锥度。设计花键心轴时，应根据工件的不同定心方式来确定心轴的结构，其配合可参考上述两种心轴。

图 2-11（d）为锥度心轴（小锥度心轴），工件在小锥度心轴上定位，并靠工件定位圆孔与心轴限位圆锥面的弹性变形夹紧工件。这种定位方式的定心精度较高，同轴度可达 ϕ0.01～ϕ0.02mm，但工件的轴向位移较大，不适于轴向定距加工，广泛适用于短小工件高精度定心的精车和磨削加工中。

3. 圆锥销

如图 2-12 所示为工件的孔缘在圆锥销上定位的方式，限制工件的$\vec{x}$、$\vec{y}$、$\vec{z}$三个自由度。图 2-12（a)用于粗基准，图 2-12（b）用于精基准。

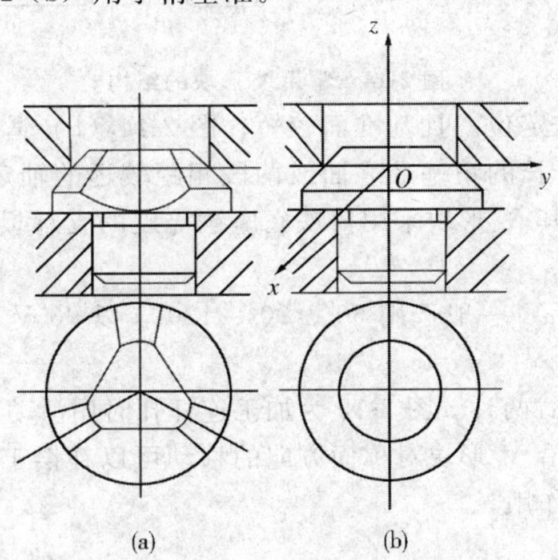

图 2-12　圆锥销

工件以单个圆锥销定位时容易倾斜，为此，圆锥销一般与其他定位元件组合使用，如图2-13 所示。

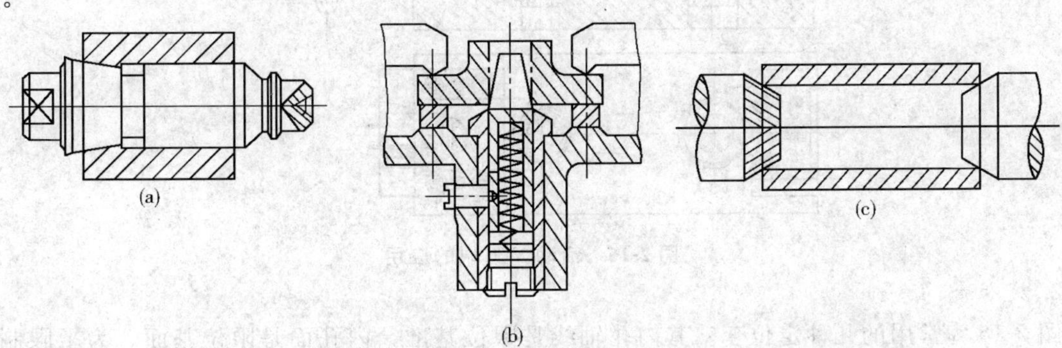

图 2-13　圆锥销组合定位

2.2.3 工件以外圆表面定位

以圆柱表面定位的工件有轴类、套类、盘类、连杆类以及小壳体类等。常用的定位元件有V形块、定位套、半圆套、圆锥套等。

1. V形块

不论定位基准是否经过加工、是完整的圆柱面还是圆弧面，都可以采用V形块定位。其优点是对中性好，即能使工件的定位基准轴线对中在V形块两斜面的对称面上，而不受定位基面直径误差的影响，并且安装方便。

常用V形块结构如图2-14所示。

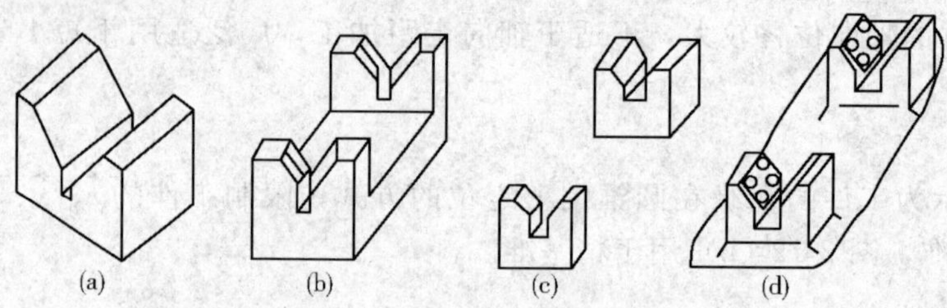

图2-14 常用V形块的结构

图2-14（a）用于精基准定位，且基准面较短；图2-14（b）适用于粗基准或阶梯形圆柱面的定位；图2-14（c）适用于长的精基准表面或两段相距较远的轴定位；图2-14（d）适用于直径和长度较大的重型工件，其V形块采用铸铁底座镶淬硬的支承板或硬质合金的结构，以减少磨损，提高寿命和节省钢材。

V形块两斜面间的夹角α，一般选用60°、90°、120°，以90°V形块应用最广。其结构和尺寸均已标准化。

V形块有固定式和活动式两种。图2-15为加工连杆孔时用活动V形块定位，活动V形块限制工件一个转动自由度，其沿V形块对称面方向的移动可以补偿工件因毛坯尺寸变化而对定位的影响，同时还兼有夹紧的作用。

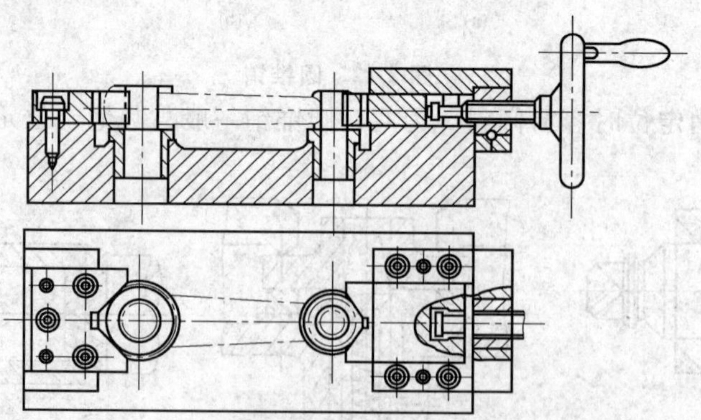

图2-15 活动V形块的应用

2. 定位套

图2-16为常用的几种定位套。其内孔轴线是限位基准，内孔面是限位基面。为了限制工件沿轴向的自由度，常与端面联合定位。用端面作为主要限位面时，应控制套的长度，以免夹紧

时工件产生不允许的变形。

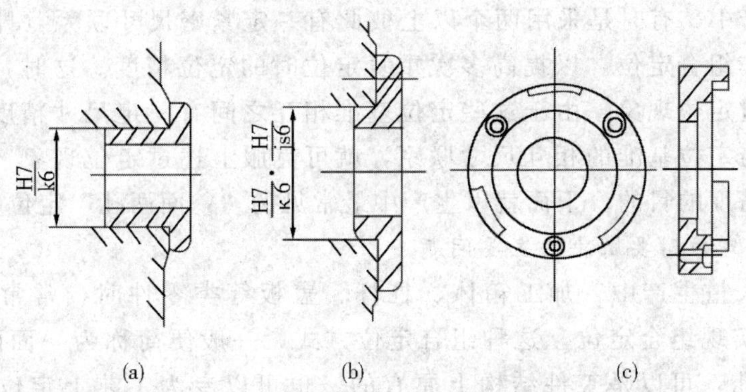

图 2-16 常用定位套

定位套结构简单、容易制造，但定心精度不高，故只适用于精定位基面。

3. 半圆套

图 2-17 为外圆柱面用半圆套定位的结构。下面的半圆套是定位元件，上面的半圆套起夹紧作用。其最小直径应取工件定位外圆的最大直径。这种定位方式主要用于大型轴类零件及不便于轴向装夹的零件。定位基面的精度不低于 IT8～IT9。其定位的优点是夹紧力均匀，装卸工件方便。

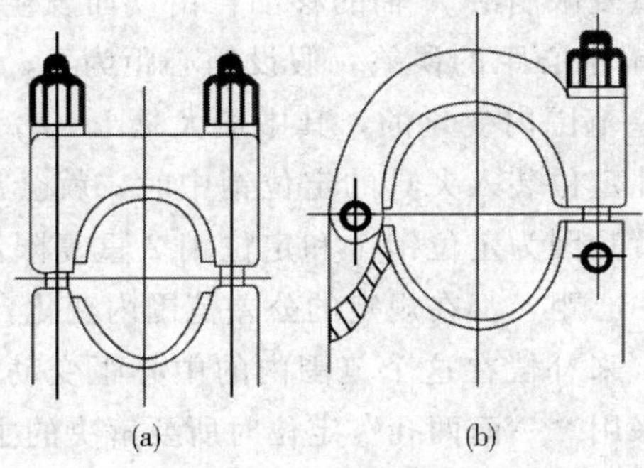

图 2-17 半圆套定位装置

2.2.4 工件以组合表面定位

前面介绍了一些常见的典型定位方式，我们从中可以看出，它们都是以一些简单的几何表面（如平面、内外圆柱面、圆锥面等）作为定位基准的。因为尽管机器零件的结构形状千变万化，但是它们只是由一些简单的几何表面作各种不同的组合而构成的。因此，只要掌握住简单几何表面的典型定位方式后，也就可以根据各种复杂零件的表面组成情况，把它们的定位问题简化为一些简单几何表面的典型定位方式的各种不同组合。从前面所列举的一些定位实例中，也可看到，一般机器零件很少以单一几何表面作为定位基准来定位，通常都是以两个以上的几何表面作为定位基准而采取组合定位。

采用组合定位时，如果各定位基准之间彼此无紧密尺寸联系（即没有尺寸精度要求）时，那么，这些定位基准的组合定位，就只能是把各种单一几何表面的典型定位方式直接予以组合，而不能彼此发生重复限制自由度的过定位情况。

但是在实际生产中，有时是采用两个以上彼此有一定紧密尺寸联系（即有一定尺寸精度要求）的定位基准作组合定位，以提高多次重复定位时的定位精度。这时，也常会发生相互重复限制自由度的过定位现象。由于这些定位基准相互之间有一定尺寸精度联系，因此只要设法协调定位元件与定位基准的相互尺寸联系，就可克服上述过定位现象，以达到多次重复定位时，提高定位精度的目的。下面就以生产中最常见的“一面两孔”定位为例来进行分析。

1.“一面两孔”定位时要解决的主要问题

在成批生产和大量生产中，加工箱体、杠杆、盖板等类零件时，常常以一平面和两定位孔作为定位基准实现组合定位。这种组合定位方式，一般便简称为一面两孔定位。这时，工件上的两个定位孔，可以是工件结构上原有的，也可以专为工艺上定位需要而特地加工出来。

“一面两孔”定位时所用的定位元件是：平面采用支承板定位，两孔采用定位销定位，如图2-18所示。

“一面两孔”定位中，支承板限制了3个自由度，短圆柱定位销1限制了2个自由度，还剩下一个绕垂直图面轴线的转动自由度需要限制。短圆柱定位销2也要限制2个自由度，它除了限制这个转动自由度外，还要限制一个沿 X 轴的移动自由度。但这个移动自由度已被短圆柱定位销1所限制，于是两个定位销重复限制沿 X 轴的移动自由度而发生矛盾。最严重时，便如图2-19所示。我们先不考虑两定位销中心距的误差，假设销心距为 L；一批工件中每个工件上的两定位孔的孔心距是在一定的公差范围内变化的，其中最大是 $L+\delta$，最小是 $L-\delta$，即在 2δ 范围内变化。当这样一批工件以两孔定位装入夹具的定位销中时，就会出现像图2-19所示那样工件根本无法装入的严重情况，这就是因为定位销1和定位销2重复限制了 X 自由度所引起的。由于两定位销中心距和两定位孔中心距，都在规定的公差范围内变化，因而只要设法改变定位销2的尺寸偏差或定位销2的结构，来补偿在这个范围内的中心距变动量，便可消除因重复限制 X 自由度所引起的矛盾。这就是采用“一面两孔”定位时所要解决的主要问题。

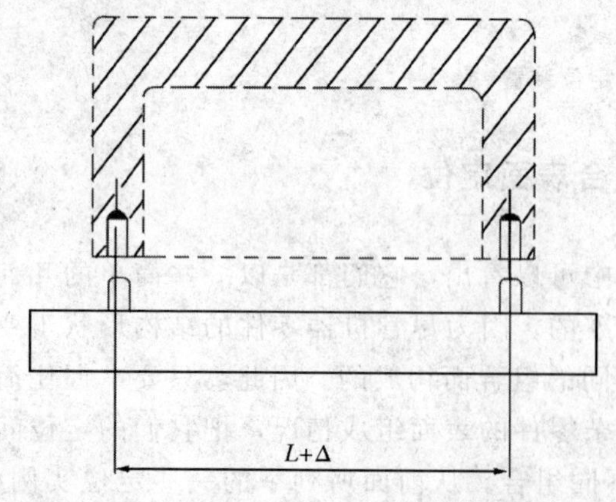

图2-18 “一面两孔”的组合定位

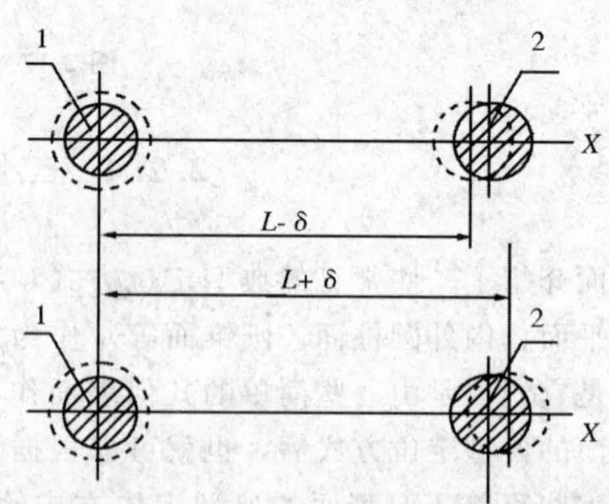

图2-19 两定位销重复限制移动自由度

2. 解决两孔定位问题的两种方法

(1) 采用两个圆柱定位销作为两孔定位时所用的定位元件

当选用两个圆柱定位销作为两孔定位所用的定位元件时，我们采用缩小定位销2的直径的方法来解决上述两孔装不进定位销的矛盾，如图 2-20 所示。

(2) 采用一个圆柱定位销和一个削边（菱形）定位销作为两孔定位时所用的定位元件

如图 2-21 所示，假定定位孔 1 和定位销 1 的中心完全重合，则两定位孔间的中心距差和两定位销间的中心距误差，全部由定位销 2 来补偿。

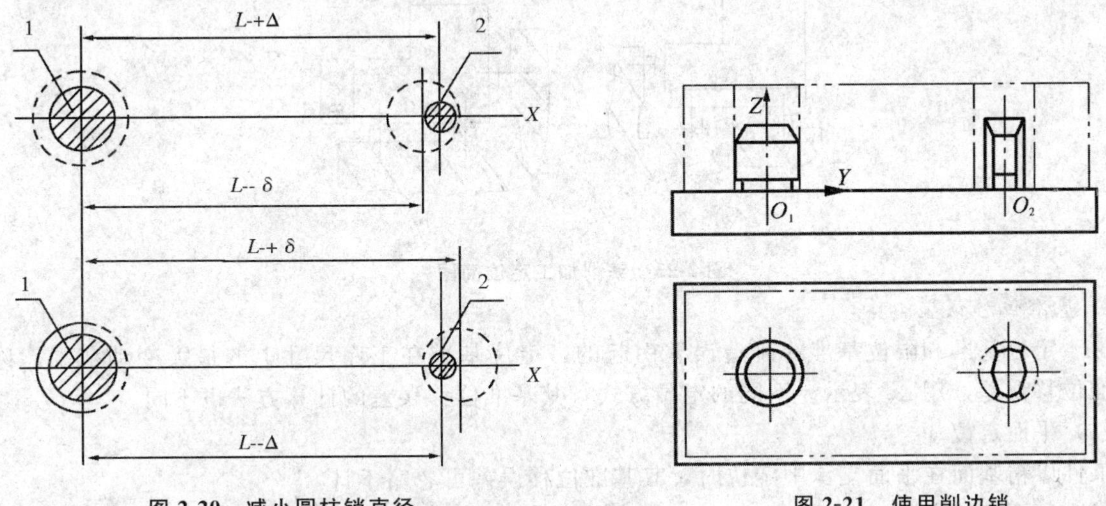

图 2-20　减小圆柱销直径　　图 2-21　使用削边销

常用的削边定位销结构有图 2-22 所示的三种。图 2-22（a）型用于定位孔直径很小时，为了不使定位销削边后的头部强度过分减弱，所以不削成菱形。图 2-22（c）型是用于孔径大于 50mm 时，这时销钉本身强度已足够，主要是为了求得制造更为简便。直径为 3～50mm 的标准削边定位销都是做成菱形的。

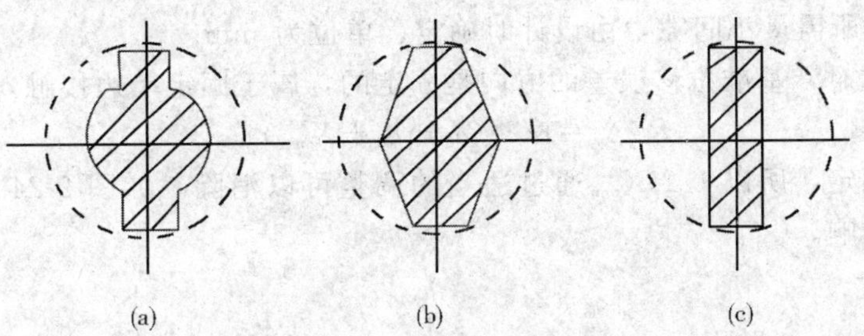

图 2-22　削边定位销的形式

2.2.5　定位误差计算

一批工件逐个在夹具上定位时，各个工件在夹具上占据的位置不可能完全一致，以致使加工后各工件的加工尺寸存在误差，这种因工件定位而产生的工序基准在工序尺寸上的最大变动量，称为定位误差，用 Δ_D 表示。主要包括基准不重合误差和基准位移误差。

定位误差研究的主要对象是工件的工序基准和定位基准。工序基准的变动量将影响工件的尺寸精度和位置精度。

1. 基准不重合误差

由于定位基准和工序基准不重合而造成的定位误差，称为基准不重合误差，用 Δ_b 表示。其大小为定位基准到工序基准之间的尺寸变化的最大范围。如图 2-23 所示，由于基准不重合而产生的基准不符误差 $\Delta_b = 2_{\delta e}$。

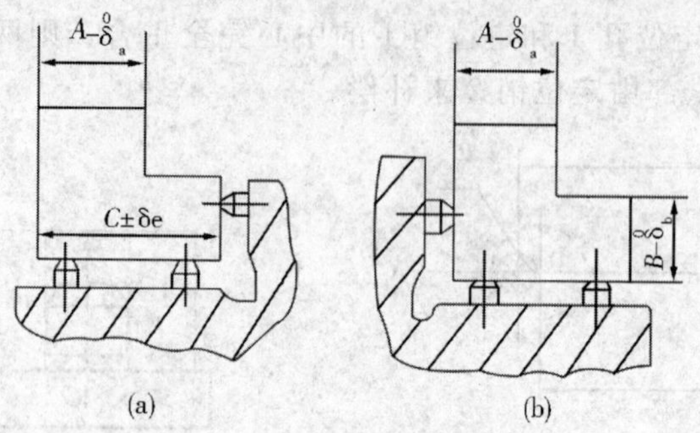

图 2-23　铣削加工定位简图

2. 基准位移误差

由于定位基准和限位基准的制造误差引起的，定位基准在工序尺寸上的最大变动范围，称为基准位移误差，用 Δ_y 表示。不同的定位方式，其基准位移误差的计算方法也不同。

(1) 平面定位

工件以精基面在平面支承中定位时，其基准位移误差可忽略不计。

(2) 用圆柱销定位

当销垂直放置时，基准位移误差的方向是任意的，故其位移误差可按下式计算

$$\Delta_y = X_{max} = \delta_D + \delta_d + X_{min}$$

式中　X_{max}——定位最大配合间隙，mm；

δ_D——工件定位基准孔的直径公差，mm；

δ_d——圆柱定位销或圆柱心轴的直径公差，mm；

X_{min}——定位所需最小间隙，由设计时确定，单位为 mm。

当销是水平放置时，基准位移误差的方向是固定的，属于固定单边接触，其位移误差为

$$\Delta_y = 1/2\ (\delta_D + \delta_d + X_{min})$$

其中因为方向固定，所以 1/2 X_{min} 通过适当的调整可以消除。如图 2-24 所示，利用对刀装置消除最小间隙的影响。

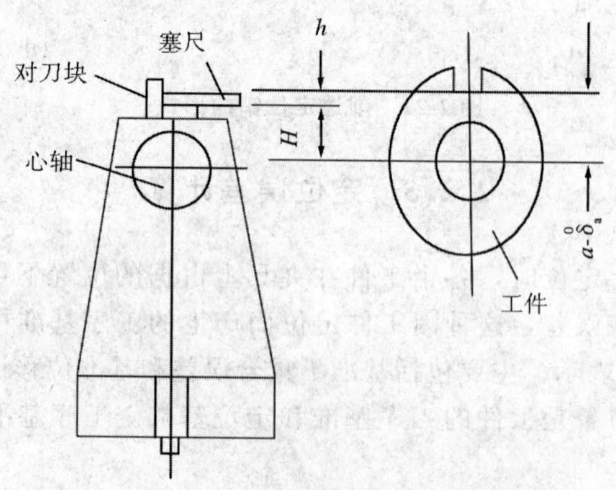

图 2-24　利用对刀装置消除最小间隙的影响

其中 H 为对刀工作表面至心轴中心距离的基本尺寸

$$H=a-h-\frac{X_{\min}}{2}$$

(3) 用 V 形块定位

如图 2-25 所示，若不计 V 形块的误差而仅有工件基准面的圆度误差时，其工件的定位中心会发生偏移，产生基准位移误差。由此产生的基准位移误差为

$$\Delta_{y}=\frac{\delta d}{2\sin\frac{\alpha}{2}}$$

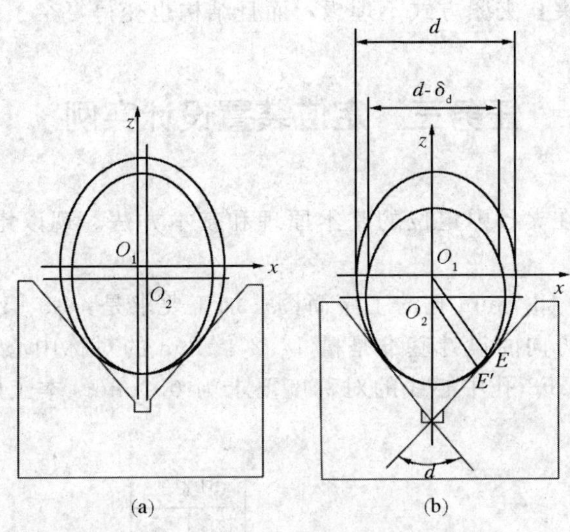

图 2-25 V 形块定心定位的位移误差

式中 δ_{d}——工件定位基准的直径公差，mm；

$\alpha/2$——V 形块的半角，一般情况下 $\alpha=60°$、$90°$、$120°$。

V 形块的对中性好，即沿 x 向的位移误差为零。

下面通过一个例子说明以平面定位时，定位误差的计算方法。

按图 2-26 (a) 所示定位方案铣工件的台阶面，要求保证尺寸 20±0.15。试分析和计算这时的定位误差，并判断这一方案是否可用。

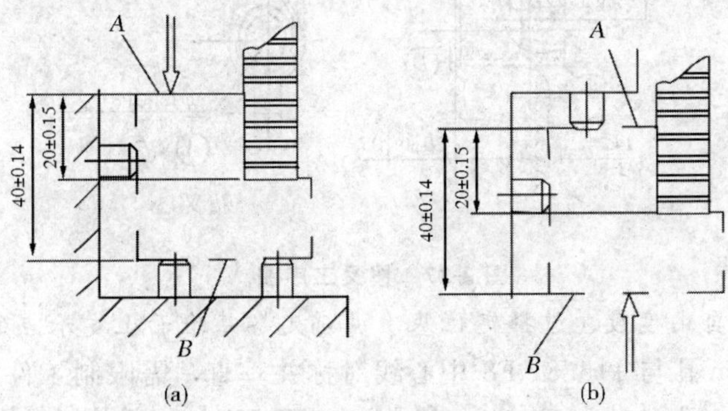

图 2-26 铣台阶面两种定位方法

由于这时工件是以 B 面为定位基准，而欲保持的加工尺寸 20±0.15 的设计基准为 A 面，因此必然出现基准不重合定位误差。定位误差的大小由定位尺寸公差确定。定位尺寸 40±0.14 的公差值为 0.28mm，此值即为定位误差 Δ_b。本工序要求保持的尺寸 20±0.15，其允差为

$$\delta k = 0.03\text{mm}$$

$$\delta k - \Delta_b = 0.03 - 0.28 = 0.02\ (\text{mm})$$

从以上计算中可以看出，Δ_b 在加工误差中所占的比重太大，以至留给其他加工误差的允差仅有 0.02mm，此值太小，在实际加工中难以保证，极易超差和产生废品。因此，对此定位方案不宜采用。最好改用基准重合的定位方案，如图 2-26（b）所示，此时 $\Delta_b = 0$。当然，改用这种方案后，工件由上向下装夹，夹紧方式不理想，而且结构也变得复杂了。

任务三　定位装置设计实例

前面各节阐述了工件在夹具中定位的基本原理和基本方法。现以定位方案设计实例来说明定位原理和方法的运用。

图 2-27 为在拨叉上钻 ϕ8.4mm 孔的工序简图。加工要求是：ϕ8.4mm 孔为自由尺寸，可一次钻削保证。该孔在轴线方向的设计基准是槽 $14.2^{+0.1}_{0}$ mm 的对称中心线，要求距离为（3.1±0.1）mm；相对于 ϕ15.81 F8 孔中心线的对称度要求为 0.2mm。本工序所用设备为 Z525 立式钻床。试设计其定位方案。

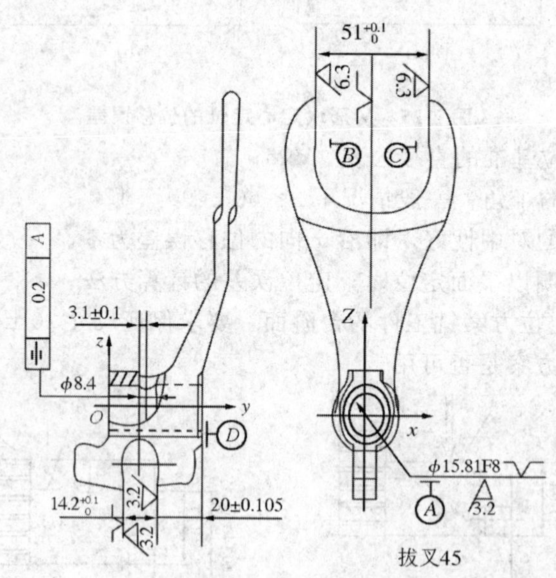

图 2-27　拨叉工序图

1. 确定所需限制的自由度数、选择定位基准并确定各基准面上支承点的分布

为保证所钻 ϕ8.4mm 孔与 ϕ15.81 F8 中心线对称并垂直，需限制工件的$\overrightarrow{x}$、$\widehat{x}$、$\widehat{z}$三个自由度；为保证所钻 ϕ8.4mm 孔在对称面（yz 面）内，还需限制$\overrightarrow{y}$自由度；为保证尺寸（3.1±0.1）mm，还需限制$\overrightarrow{y}$自由度。综上所述，应限制工件的$\overrightarrow{x}$、$\overrightarrow{y}$、$\widehat{x}$、$\widehat{y}$、$\widehat{z}$五个自由度。

定位基准的选择应尽可能遵循基准重合原则，并尽量选用精基准定位。故以 ϕ15.81 F8 孔

作为主要定位基准，设置四支承点限制工件的$\vec{x}$、$\vec{z}$、$\widehat{x}$、$\widehat{z}$四个自由度，以保证所钻孔与基准孔的对称度和垂直度要求；以 $51^{+0.1}_{0}$ mm 槽面作定位基准，设置一点，限制$\widehat{y}$自由度，由于它离 ϕ15.81 F8 距离较远，故定位准确且稳定可靠；以槽面 B、C 或端面 D 作为止推定位基准，设置一点，限制$\vec{y}$自由度。在 B、C、D 面上定位元件的布置有三种方案：一是以 D 面定位；二是以槽面 B、C 中的一个面定位；三是以槽面 B、C 的对称平面定位。

①若以 D 面定位，因工序基准为 $14.2^{+0.1}_{0}$ mm 槽的对称面（对称面至 B 面距离尺寸为 $7.1^{+0.05}_{0}$ mm），故其基准不符，误差为

$$\Delta_{b1}=0.05+0.105\times2=0.26\text{mm}$$

已超过尺寸（3.1±0.1）mm 的加工公差 0.02mm 的要求，故此方案不能采用。

②若以 B、C 面的一个侧面定位，则基准不符误差为

$$\Delta_{b2}=0.05\text{mm}$$

③若以 B、C 面的对称平面定位，则

$$\Delta_{b3}=0$$

在上述三个方案中，第一方案不能保证加工精度；第二方案具有结构简单、加工精度可以保证的优点；第三种方案定位误差为零，但结构比前两方案复杂。从大批量生产的条件考虑，第三方案的定位元件使用偏心轮，虽然结构复杂，但能完成夹紧任务，因此第三方案较恰当。

2. 选择定位元件结构

ϕ15.81 F8 孔采用长圆柱销定位，其配合选为 15.81F8/h7。$51^{+0.1}_{0}$ mm 槽面的定位可采用两种方案，如图 2-28 所示。一种方案是在其中一个槽面上布置一个防转销；另一方案是利用槽两侧面布置一个大削边销，与长销构成两销定位。从定位稳定性及有利于夹紧等考虑，后一方案较好。

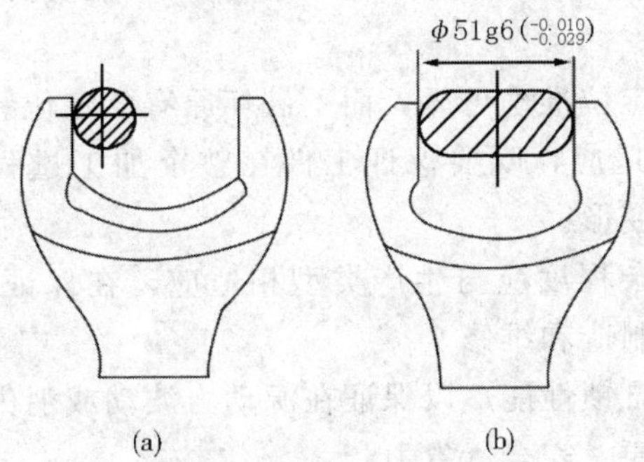

图 2-28　防转定位方案分析

工件沿 y 轴的位置可采用如图 2-29 所示的圆弧偏心轮定心夹紧装置，实现 B、C 的对称面定位。如以 B 或 C 面定位，为了装卸工件，应采用可伸缩的定位销。这将会增加夹具结构的复杂性。

为了引导钻头，钻套在夹具中的布置如图 2-29 所示。

以上步骤是设计定位装置的一般过程。在实际工作中，其先后顺序可有差异。又由于生产条件等不同，其具体结构也将各异，但分析问题的基本原理和方法是一致的。

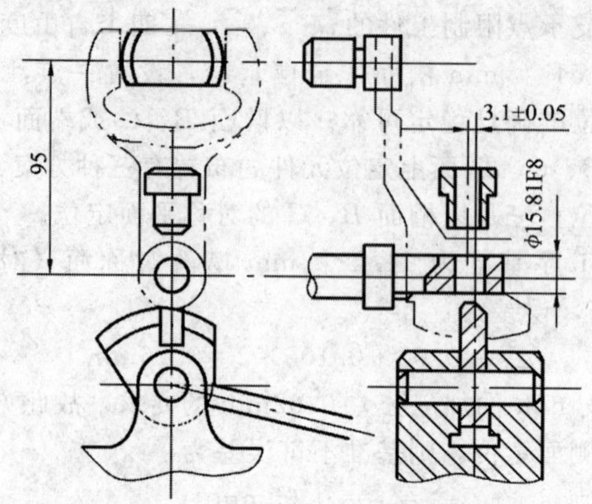

图 2-29　定位夹紧元件的布置

任务四　夹紧机构原理

2.4.1　对夹紧装置的基本要求

机械加工过程中，为保持工件定位时所确定的正确加工位置，防止工件在切削力、惯性力、离心力及重力等作用下发生位移和振动，机床夹具应设有夹紧装置，将工件压紧夹牢。夹紧装置是否合理、可靠及安全，对工件加工的精度、生产率和工人的劳动条件有着重大的影响，因此，夹紧机构应满足下面要求。

①夹紧过程中，必须保证定位准确可靠，而不破坏原有的定位。

②夹紧力的大小要可靠、适应，既要保证工件在整个加工过程中位置稳定不变、振动小，又要使工件不产生过大的夹紧变形。

③夹紧装置的自动化和复杂程度应与生产类型相适应，在保证生产效率的前提下，其结构要力求简单，工艺性好，便于制造和维修。

④夹紧装置应具有良好的自锁性能，以保证在源动力波动或消失后，仍能保持夹紧状态。

⑤夹紧装置的操作应当方便、安全、省力。

2.4.2　夹紧装置的组成

1. 力源装置

产生夹紧作用力的装置称为力源装置。常用的力源有人力和动力。力源来自人力的称为手动夹紧装置；力源来自气压、液压、电力等动力的称为动力传动装置。如图 2-30 所示为气压传动装置。

2. 夹紧部分

接受和传递原始作用力使之变为夹紧力并执行夹紧任务的部分，一般由下列元件或机构组成。

（1）夹紧元件

夹紧元件是实现夹紧作用的最终执行元件，如各种螺钉、压板等。

（2）中间递力机构

通过它将力源产生的夹紧力传给夹紧元件，然后由夹紧元件最终完成对工件的夹紧。

一般中间递力机构可以在传递夹紧力的过程中，改变夹紧力的方向和大小，保证夹紧机构的工作安全可靠，并具有一定的自锁性能。

如图 2-30 中的单铰链连杆 6 作为中间递力机构，当利用螺钉直接夹紧工件时，就没有中间递力元件。

（3）夹紧机构

夹紧机构是指手动夹紧时所使用的装置，由中间递力机构和夹紧元件组成，如手柄、螺母、压板等。

以上各部分之间的关系，可用框图表示，如图 2-31 所示。

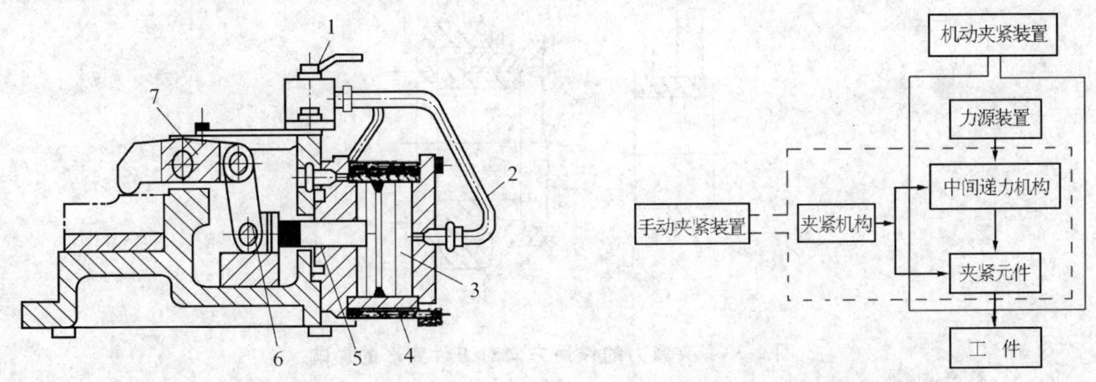

图 2-30　气动铣床夹具

1—配气阀　2—管道　3—气缸　4—活塞

5—活塞杆　6—单铰链连杆　7—压板

图 2-31　夹紧装置组成框图

2.4.3　夹紧力的确定原则

确定夹紧力必须从力的三要素考虑，即力的大小、方向和作用点。它是一个综合性问题，必须结合工件的形状、尺寸、质量和加工要求，定位元件的结构及其分布方式，切削条件及切削力的大小等具体情况来确定。

1. 夹紧力方向的确定原则

夹紧力的作用方向不仅影响加工精度，而且还影响夹紧的实际效果。具体应考虑如下几点。

（1）夹紧力的作用方向应保证定位准确可靠，而不破坏工件的原有定位精度

工件在夹紧力作用下，应确保其定位基面贴在定位元件的工作表面上。为此要求主夹紧力的方向应指向主要定位基准面，其余夹紧力方向应指向工件的定位支承。如图 2-32 所示，在角铁形工件上镗孔。加工要求孔中心线垂直 A 面，因此应以 A 面为主要定位基面，并使夹紧力垂直于 A 面，如图 2-32（a）所示。但若使夹紧力指向 B 面，如图 2-32（b）所示，则由于 A 面与 B 面间存在垂直度误差，就无法满足加工要求。当夹紧力垂直指向 A 面有困难而必须指向 B 面时，则必须提高 A 面与 B 面间的垂直度精度。

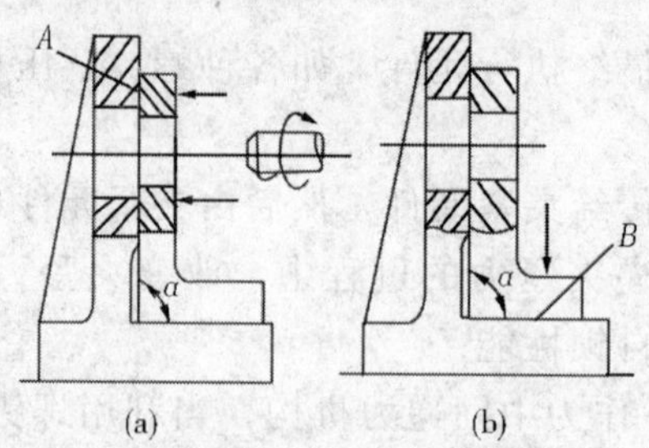

图 2-32 夹紧力垂直指向主要定位支承表面示例

(2) 夹紧力的作用方向应使工件的夹紧变形尽量小

如图 2-33 所示为加工薄壁套筒，由于工件的径向刚度很差，用图 2-33 (a) 的径向夹紧方式将产生过大的夹紧变形。若改用图 2-33 (b) 的轴向夹紧方式，则可减少夹紧变形，保证工件的加工精度。

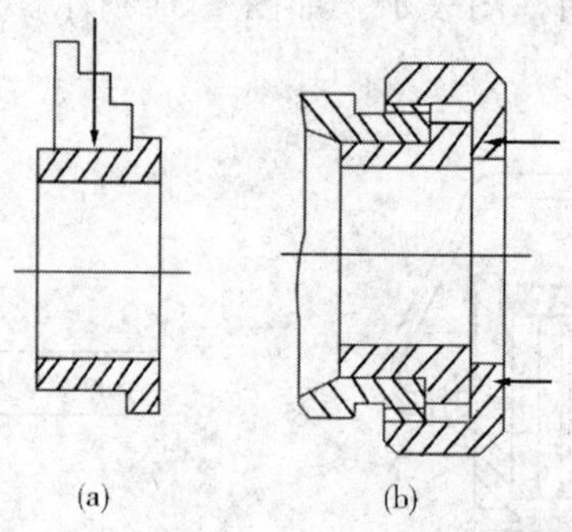

图 2-33 夹紧力的作用方向对工件变形的影响

(3) 夹紧力作用方向应使所需夹紧力尽可能小

如图 2-34 所示为夹紧力 F_w、工件重力 G 和切削力 F 三者关系的几种典型情况。为了安装方便及减少夹紧力，应使主要定位支承表面处于水平朝上位置。如图 2-34 (a) (b) 所示工件安装既方便又稳定，特别是图 2-34 (a)，其切削力 F 与工件重力 G 均朝向主要支承表面，与夹紧力 F_w 方向相同，因而所需夹紧力为最小。此时的夹紧力 F_w 只要防止工件加工时的转动及振动即可。图 2-34 (c) (d) (e) (f) 所示的情况就较差，特别是图 2-34 (d) 所示情况所需夹紧力为最大，一般应尽量避免。

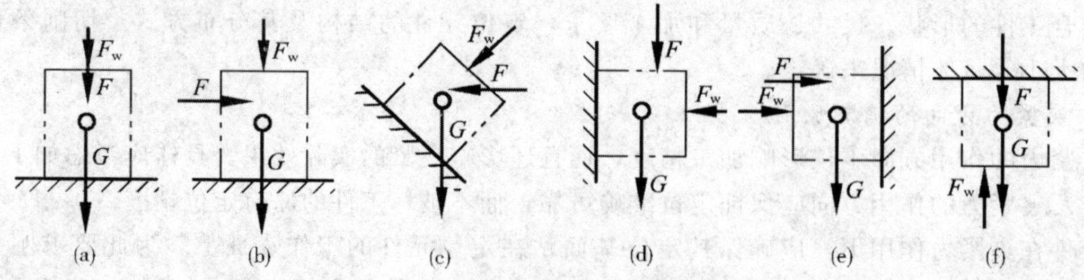

图 2-34 夹紧力方向与夹紧力大小的关系

2. 选择夹紧力作用点的原则

夹紧力作用点的位置、数目及布局同样应遵循保证工件夹紧稳定、可靠、不破坏工件原来的定位以及夹紧变形尽量小的原则，具体应考虑如下几点。

(1) 夹紧力作用点应能保持工件定位稳固而不至引起工件发生位移或偏转

根据这一原则，夹紧力作用点必须作用在定位元件的支承表面上或作用在几个定位元件所形成的稳定受力区域内。如图 2-35（b）的作用点，会使原定位受到破坏。

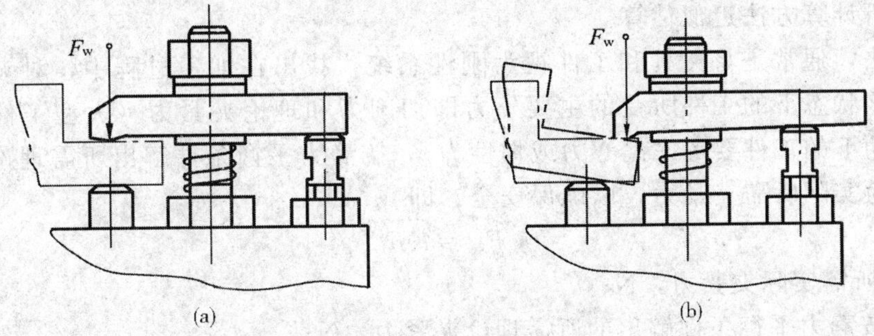

图 2-35 夹紧力作用点与定位支承的位置关系

(2) 夹紧力作用点应使夹紧变形尽量小

夹紧力应作用在工件刚性好的部位上。对于壁薄易变形的工件，应采用多点夹紧或使夹紧力均匀分布，以减少工件的夹紧变形。如图 2-36（a）（b）为合理方案。如采用图 2-36（c）（d）的夹紧方案，将使工件产生变形。

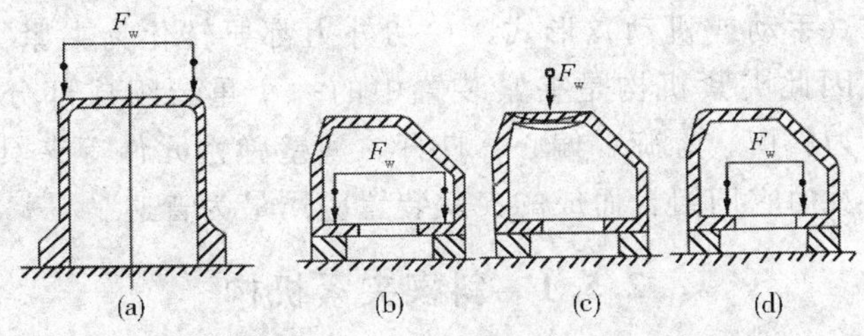

图 2-36 夹紧力作用点应在工件刚性好的部位

(3) 夹紧力的作用点应保证定位稳定、夹紧可靠

夹紧力的作用点应尽可能靠近被加工表面，以提高定位的稳定性和夹紧的可靠性，如图2-37所示。有的工件由于结构形状所限，加工表面与夹紧力作用点较远且刚性又较差时，应在加工表面附近增加辅助支承及对应的附加夹紧力。如图 2-37（c）所示，在加工表面附近增加了辅助支承，而 F_{w1} 为对应的附加夹紧力。

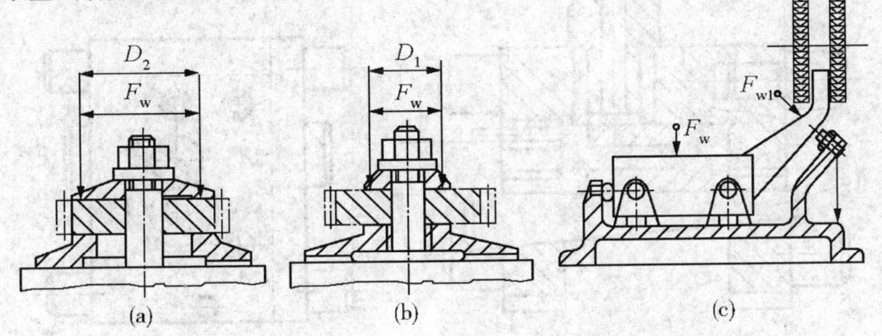

图 2-37 夹紧力作用点应靠近工件加工部位

3. 夹紧力大小的确定原则

当夹紧力的方向和作用点确定后，就应计算所需夹紧力的大小。夹紧力的大小直接影响夹具使用的安全性、可靠性。夹紧力过小，则夹紧不稳固，在加工过程中工件仍会发生位移而破

坏定位。结果，轻则影响加工质量，重则发生安全事故。夹紧力过大，无必要，反而增加夹紧变形，对加工质量不利，同时夹紧机构的尺寸也会相应加大。所以夹紧力的大小应适当。

在实际设计工作中，夹紧力的大小可根据同类夹具的实际使用情况，用类比法进行经验估计，也可用分析计算方法近似估算。

分析计算法，通常是将夹具和工件视为刚性系统，找出在加工过程中，对夹紧最不利的瞬时状态。根据该状态下的工件所受的主要外力即切削力和理论夹紧力（大型工件要考虑工件的重力，调整运动下的工件要考虑离心力或惯性力），按静力平衡条件解出所需理论夹紧力，再乘以安全系数作为实际所需夹紧力，以确保安全。即

$$F_{sw}=KF_{w}$$

式中 F_{sw}——所需实际夹紧力，N；

F_{w}——按静力平衡条件解出的所需理论夹紧力，N；

K——安全系数，根据经验一般粗加工时取 2.5～3，精加工时取 1.5～2。

实际所需夹紧力的具体计算方法可参照机床夹具设计手册等资料。

任务五　基本夹紧机构

不论采用何种力源（手动或机动）形式，一切外力都要转化为夹紧力，这一转化过程都是通过夹紧机构实现的，因此夹紧机构是夹紧装置中的一个重要组成部分。在各种夹紧机构中，起基本夹紧作用的，多为斜楔、螺旋、偏心、杠杆、薄壁弹性元件等夹具元件，而其中以斜楔、螺旋、偏心夹紧机构以及由它们组合而成的夹紧装置应用最为普遍。

2.5.1　斜楔夹紧机构

1. 作用原理

图 2-38 为一种斜楔夹紧机构。需要在工件上钻削互相垂直的 ϕ8mm 与 ϕ5mm 小孔，工件装入夹具，在夹具体上定位后，锤击楔块大头，则楔块对工件产生夹紧力和对夹具体产生正压力，从而把工件楔紧。加工完毕后锤击楔块小头即可松开工件。

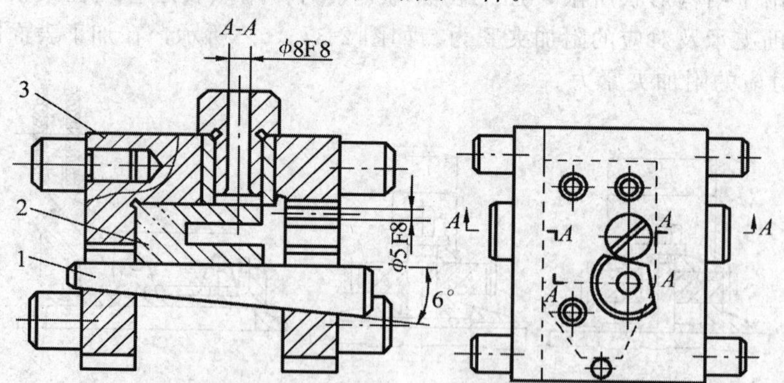

图 2-38　手动斜楔夹紧机构

1—斜楔　2—工件　3—夹具体

由此可见，斜楔主要是利用其斜面的移动和所产生的压力来夹紧工件的，即楔紧作用。

2. 夹紧力的计算

斜楔夹紧时的受力情况如图 2-39（a）所示，斜楔受外力为 F_Q，产生的夹紧力为 F_w，按斜楔受力的平衡条件，可推导出斜楔夹紧机构的夹紧力计算公式

$$F_Q = F_w \tan\varphi_1 + F_w \tan(\alpha + \varphi_2)$$

$$F_w = \frac{F_Q}{\tan\varphi_1 + \tan(\alpha + \varphi_2)}$$

当 α、φ_1、φ_2 均很小且 $\varphi_1 = \varphi_2 = \varphi$ 时，上式可近似地简化为

$$F_w = \frac{F_Q}{\tan(\alpha + 2\varphi)}$$

式中　F_w——夹紧力，N；

F_Q——作用力，N；

φ_1、φ_2——斜楔与支承面及与工件受压面间的摩擦角，常取 $\varphi_1 = \varphi_2 = 5° \sim 8°$；

α——斜楔的斜角，常取 $\alpha = 6° \sim 10°$。

3. 斜楔的自锁条件

如图 2-39（b）所示，当作用力消失后，斜楔仍能夹紧工件而不会自行退出。根据力的平衡条件，可推导出自锁条件

$$F_1 \geqslant F_{R2} \sin(\alpha - \varphi_2) \tag{2-1}$$

$$F_1 = F_w \tan\varphi_1 \tag{2-2}$$

$$F_w = F_{R2} \cos(\alpha - \varphi_2) \tag{2-3}$$

将式（2-2）、式（2-3）代入式（2-1），得

$$F_w \tan\varphi_1 \geqslant F_w \tan(\alpha - \varphi_2)$$

$$\alpha \leqslant \varphi_1 + \varphi_2 = 2\varphi \qquad (\text{设 } \varphi_1 = \varphi_2 = \varphi)$$

一般钢铁的摩擦系数 $\mu = 0.1 \sim 0.15$。摩擦角 $\varphi = \arctan(0.1 \sim 0.15) = 5°43' \sim 8°32'$，故 $\alpha \leqslant 11° \sim 17°$。但考虑到斜楔的实际工作条件，为自锁可靠起见，取 $\alpha = 6° \sim 8°$。当 $\alpha = 6°$ 时，$\tan\alpha \approx 0.1 = \frac{1}{10}$，因此斜楔机构的斜度一般取 1:10。

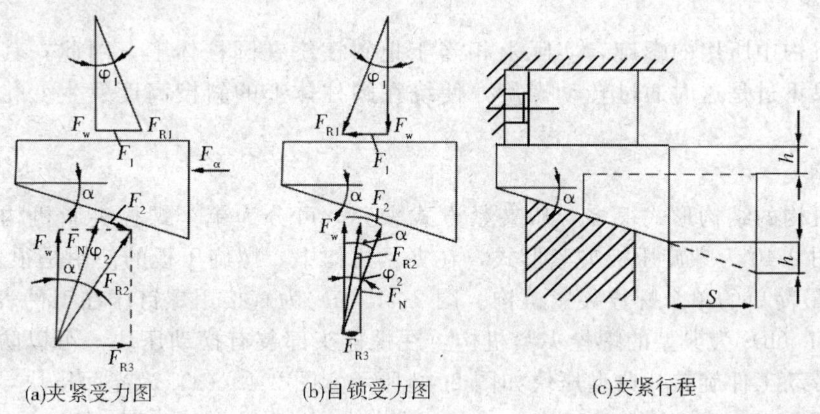

图 2-39　斜楔的受力分析

4. 斜楔机构的结构特点

（1）斜楔机构具有自锁的特性

当斜楔的斜角小于斜楔与工件以及斜楔与夹具体之间的摩擦角之和时，满足斜楔的自锁条件。

(2) 斜楔机构具有增力特性

斜楔的夹紧力与原始作用力之比称为增力比 i_F（或称为增力系数）。

即
$$i_F=\frac{F_w}{F_Q}=\frac{1}{\tan\varphi_1+\tan(\alpha+\varphi_2)}$$

当不考虑摩擦影响时，$i_F=1/\tan\alpha$，此时 α 愈小，增力作用愈大。

(3) 斜楔机构的夹紧行程小

工件所要求的夹紧行程 h 与斜楔相应移动的距离 s 之比称为行程比 i_s

$$i_s=\frac{h}{s}=\tan\alpha$$

因 $i_F=1/i_s$，故斜楔理想增力倍数等于夹紧行程的缩小倍数。因此，选择升角 α 时，必须同时考虑增力比和夹紧行程两方面的问题。

(4) 斜楔机构可以改变夹紧力作用方向

由图 2-39 可知，当对斜楔机构外加一个水平方向的作用力时，将产生一个垂直方向的夹紧力。

5. 适用范围

由于手动斜楔夹紧机构在夹紧工件时，费时费力，效率极低，所以很少使用。因其夹紧行程较小，因此对工件的夹紧尺寸（工件承受夹紧力的定位基准至其受压面间的尺寸）的偏差要求很高，否则将会产生夹不着或无法夹紧的状况。因此，斜楔夹紧机构主要用于机动夹紧机构中，且毛坯的质量要求很高。

2.5.2 螺旋夹紧机构

螺旋夹紧机构由螺钉、螺母、螺栓或螺杆等带有螺旋的结构件与垫圈、压板或压块等组成。它不仅结构简单、制造方便，而且由于缠绕在螺钉面上的螺旋线很长，升角小，所以螺旋夹紧机构的自锁性能好，夹紧力和夹紧行程都较大，是目前应用较多的一种夹紧机构。

1. 作用原理

螺旋夹紧机构中所用的螺旋，实际上相当于把斜楔绕在圆柱体上，因此，其作用原理与斜楔是一样的。只不过是这时通过转动螺旋，使绕在圆柱体上的斜楔高度发生变化，而产生夹紧力来夹紧工件。

2. 结构特点

螺旋夹紧机构的结构形式很多，从夹紧方式来分，可分为单个螺栓夹紧机构和螺旋压板夹紧机构两种。图 2-40 为螺旋压板夹紧形式，在夹紧机构中，螺旋压板的使用是很普遍的。

图 2-41 为最简单的单个螺栓夹紧机构。图 2-41（a）为直接用螺钉压在工件表面，易损伤工件表面；图 2-41（b）为典型的螺栓夹紧机构，在螺栓头部装有摆动压块，可以防止螺钉转动损伤工件表面或带动工件旋转。典型压块如图 2-42 所示。图 2-42（a）为光面压块，用于压紧已加工过的表面；图 2-42（b）为槽面压块，用于未加工过的毛坯表面；图 2-42（c）为球面压块，可自动调心。压紧螺钉及压块已标准化，可查阅相关手册。

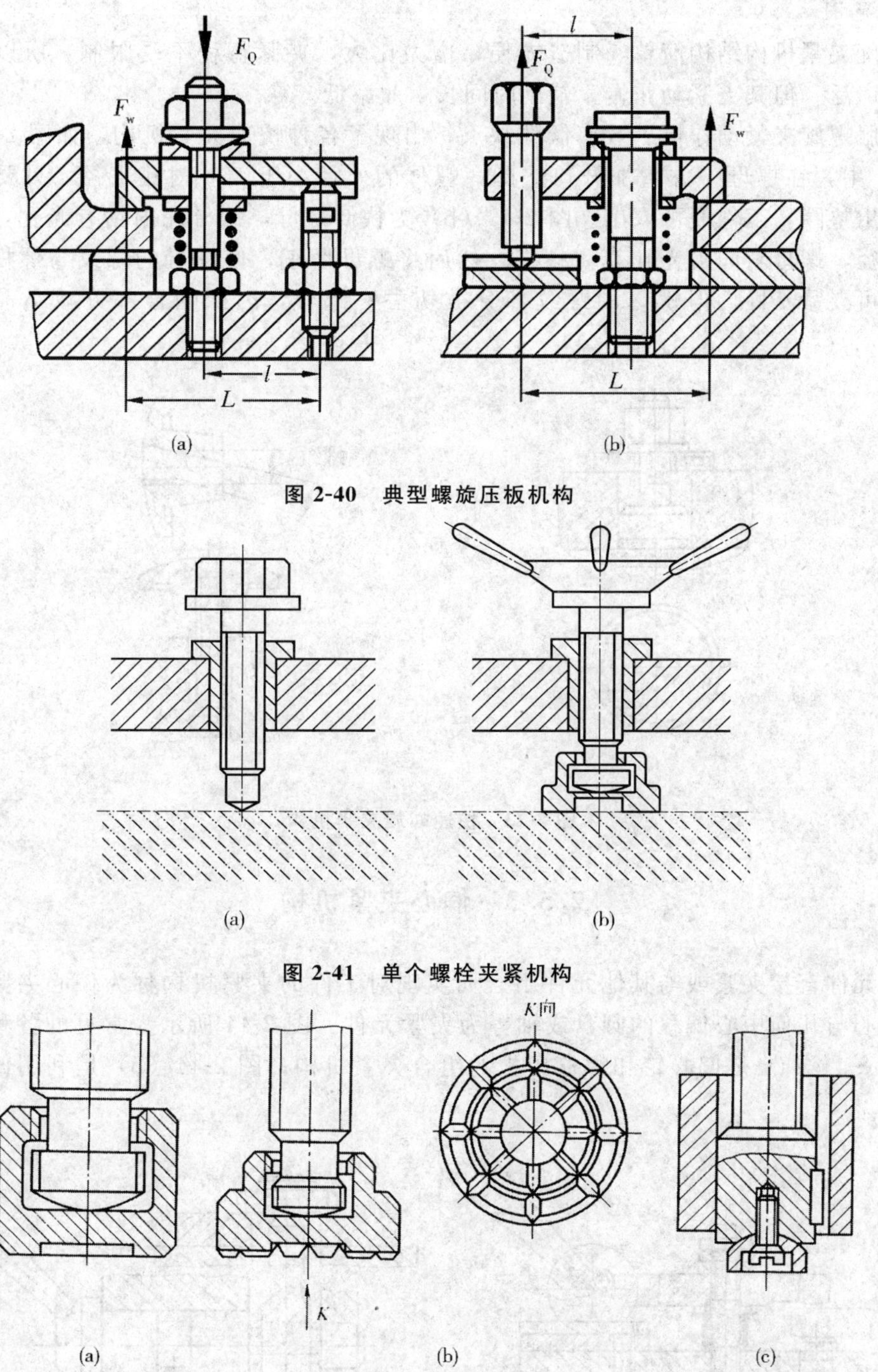

图 2-40　典型螺旋压板机构

图 2-41　单个螺栓夹紧机构

图 2-42　摆动压块

螺旋夹紧机构中，螺旋升角 $\alpha \leqslant 4°$，因此自锁性能好，能耐振动。由于螺旋相当于长斜楔绕在圆柱体上，所以夹紧行程不受限制，可以任意加大，不会使机构增大。

设计螺旋夹紧机构时应根据所需的夹紧力的大小选择合适的螺纹直径。

3. 适用范围

由于螺旋夹紧机构结构简单，制造方便，增力比大，夹紧行程不受限制，所以在手动夹紧机构中应用广泛。但其夹紧动作慢，辅助时间长，效率低。

为了克服螺旋夹紧动作慢、效率低的缺点，出现了各种快速夹紧机构，如图 2-43 所示。在图 2-43（a）中，在螺母一方增加开口垫圈，螺母的外径小于工件内孔直径，只要稍微放松螺母，即可抽出垫圈，工件便可取出。图 2-43（b）为快卸螺母，螺母孔内钻有光孔，其孔径略大于螺纹的外径，螺母斜向沿光孔套入螺杆，然后将螺母摆正，使螺母的螺纹与螺杆啮合，再拧动螺母，便可夹紧工件。但螺母的螺纹部分被切去一部分，因此啮合部分减小，夹紧力不能太大。

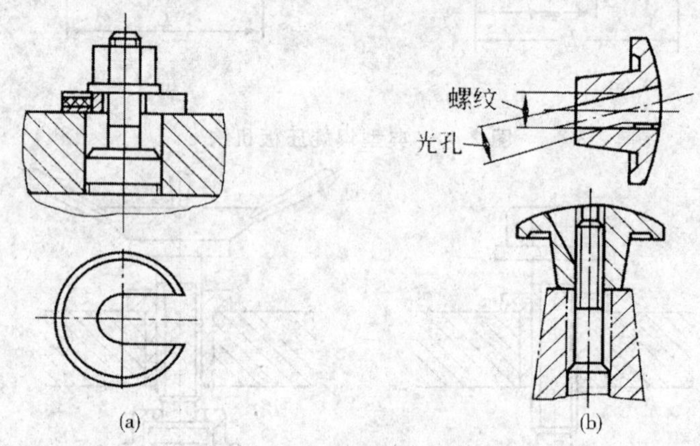

图 2-43 快速螺旋夹紧机构

2.5.3 偏心夹紧机构

用偏心元件直接夹紧或与其他元件组合而实现对工件的夹紧机构称为偏心夹紧机构，它是利用转动中心与几何中心偏移的圆盘或轴等为夹紧元件。图 2-44 所示为常见的各种偏心夹紧机构，其中图 2-44（a）是偏心轮和螺栓压板的组合夹紧机构；图 2-44（b）是利用偏心轴夹紧工件的。

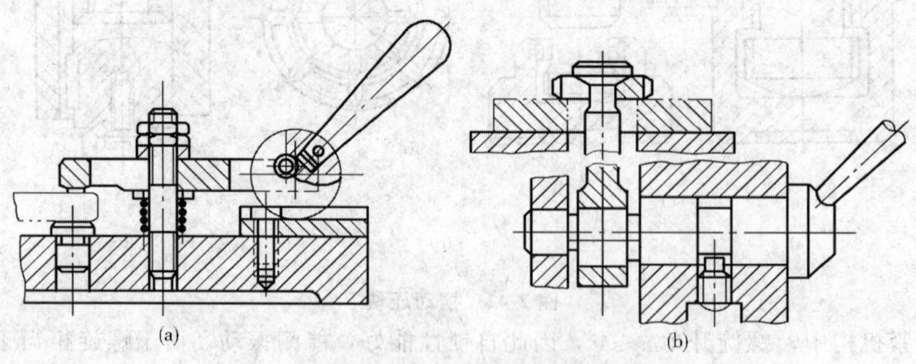

图 2-44 偏心夹紧机构实例

1. 偏心夹紧的工作特性

如图 2-45（a）所示的圆偏心轮，其直径为 D，偏心距为 e，由于其几何中心 C 和回转中心 O 不重合，当顺时针方向转动手柄时，就相当于一个弧形楔卡紧在转轴和工件受压表面之间而产生夹紧作用。将弧形楔展开，则得如图 2-45（b）所示的曲线斜楔，曲线上任意一点的切线和水平线的夹角即为该点的升角。设 αx 为任意夹紧点 x 处的升角，其值可由 $\triangle OxC$ 中求得

$$\frac{\sin\alpha_x}{e}=\frac{\sin\ (180°-\varphi_x)}{D/2}$$

$$\sin\alpha_x=\frac{2e}{D}\sin\varphi_x$$

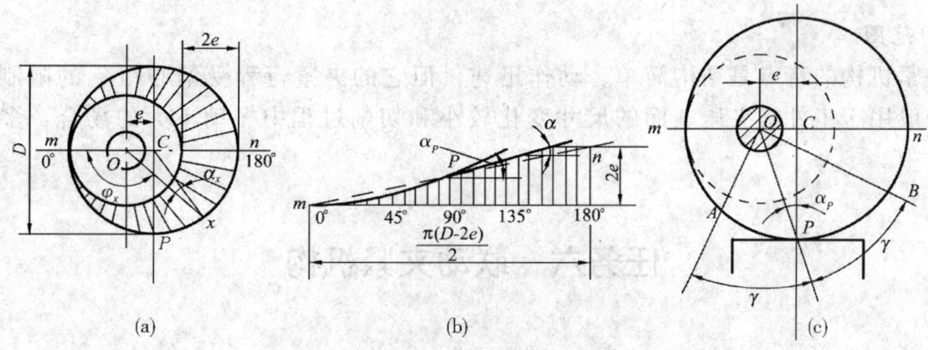

图 2-45　圆偏心特性及工作段

式中转角 φ_x 的变化范围为 $0°\leqslant\varphi_x\leqslant180°$，由上式可知，当 $\varphi_x=0°$ 时，m 点的升角最小，$\alpha_m=0°$；随着转角 φ_x 的增大，升角 α_x 也增大，当 $\varphi_x=90°$时（即 P 点），升角 α 为最大值，此时

$$\sin\alpha_T=\sin\alpha_{\max}=\frac{2e}{D}$$

$$\alpha_T=\alpha_{\max}=\arcsin\frac{2e}{D}$$

因 α 很小，故取 $\alpha_{\max}\approx2e/D$。

当 φ_x 继续增大时，α_x 将随着 φ_x 的增大而减小，$\varphi_x=180°$，即 n 点处，此处的 $\alpha_n=0°$。

偏心轮的这一特性很重要，因为它与工作段的选择、自锁性能、夹紧力的计算以及主要结构尺寸的确定关系极大。

2. 偏心轮工作段的选择

从理论上讲，偏心轮下半部整个轮廓曲线上的任何一点都可以用来做夹紧点，相当于偏心轮转过 180°，夹紧的总行程为 $2e$，但实际上为防止松夹和咬死，常取 P 点左右圆周上的 1/6～1/4 圆弧，即相当于偏心轮转角为 60°～90°的范围所对应的圆弧为工作段，如图 2-45（c）所示的 AB 弧段。由图 2-45（c）可知，该段近似为直线，工作段上任意点的升角变化不大，几乎近于常数，可以获得比较稳定的自锁性能。因而，在实际工作中，多按这种情况来设计偏心轮。

3. 偏心轮夹紧的自锁条件

使用偏心夹紧时，必须保证自锁，否则将不能使用。要保证偏心轮夹紧时的自锁性能，和前述斜楔夹紧机构相同，应满足下列条件

$$\alpha_{\max}\leqslant\varphi_1+\varphi_2$$

式中 α_{max}——偏心轮工作段的最大升角；

φ_1——偏心轮与工件之间的摩擦角；

φ_2——偏心轮转角处的摩擦角。

因为 $\alpha_P=\alpha_{max}$，$\tan\alpha_P \leqslant \tan(\varphi_1+\varphi_1)$，已知 $\tan\alpha_P = 2e/D$。为可靠起见，不考虑转轴处的摩擦，又 $\tan\varphi_1=\mu_1$，故得偏心轮夹紧点自锁时的外径 D 和偏心量 e 的关系

$$2e/D \leqslant \mu_1$$

当 $\mu_1 = 0.10$ 时，$D/e \geqslant 20$；$\mu_1 = 0.15$ 时，$D/e \geqslant 14$。

称 D/e 之值为偏心率或偏心特性。按上述关系设计偏心轮时，应按已知的摩擦系数和需要的工作行程定出偏心量 e 及偏心轮的直径 D。一般摩擦系数取较小的值，以使偏心轮的自锁更可靠。

4. 适用范围

偏心夹紧机构的特点是结构简单、动作迅速，但它的夹紧行程受偏心距 e 的限制，夹紧力较小，故一般用于工件被夹压表面的尺寸变化较小和切削过程中振动不大的场合，多用于小型工件的夹具中。

任务六　联动夹紧机构

根据工件结构特点和生产率的要求，有些夹具要求对一个工件进行多点夹紧，或者需要同时夹紧多个工件。如果分别依次对各点或各工件夹紧，不仅费时，也不易保证各夹紧力的一致性。为提高生产率及保证加工质量，可采用各种联动夹紧机构实现联动夹紧。

联动夹紧是指操纵一个手柄或利用一个动力装置，就能对一个工件的同一方向或不同方向的多点进行均匀夹紧，或同时夹紧若干个工件。前者称为多点联动夹紧，后者称为多件联动夹紧。

2.6.1　多点联动夹紧机构

最简单的多点联动夹紧机构是浮动压头，如图 2-46 所示。其特点是具有一个浮动元件 1，当其中的某一点夹压后，浮动元件就会摆动或移动，直到另一点也接触工件均衡压紧工件为止。

图 2-47 为两点对向联动夹紧机构，当液压缸中的活塞杆 3 向下移动时，通过双臂铰链使浮动压板 2 相对转动，最后将工件 1 夹紧。

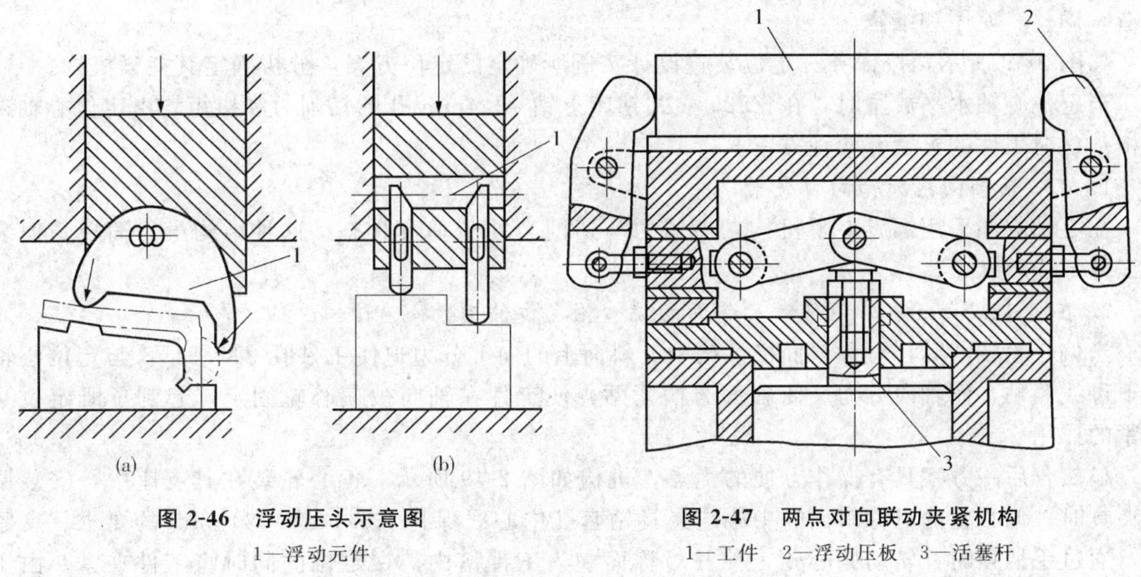

图 2-46　浮动压头示意图

1—浮动元件

图 2-47　两点对向联动夹紧机构

1—工件　2—浮动压板　3—活塞杆

2.6.2　多件联动夹紧机构

多件联动夹紧机构，多用于中、小型工件的加工，按其对工件施加力方式的不同，一般可分为平行夹紧、顺序夹紧、对向夹紧及复合夹紧等方式。

图 2-48（a）为浮动压板机构对工件平行夹紧的实例。由于压板 2、摆动压块 3 和球面垫圈 4 可以相对转动，均是浮动件，故旋动螺母 5 即可同时平行夹紧每个工件。图 2-48（b）所示为液性介质联动夹紧机构。密闭腔内的不可压缩液性介质既能传递力，还能起浮动环节作用。旋紧螺母 5 时，液性介质推动各个柱塞 7，使它们与工件全部接触并夹紧。

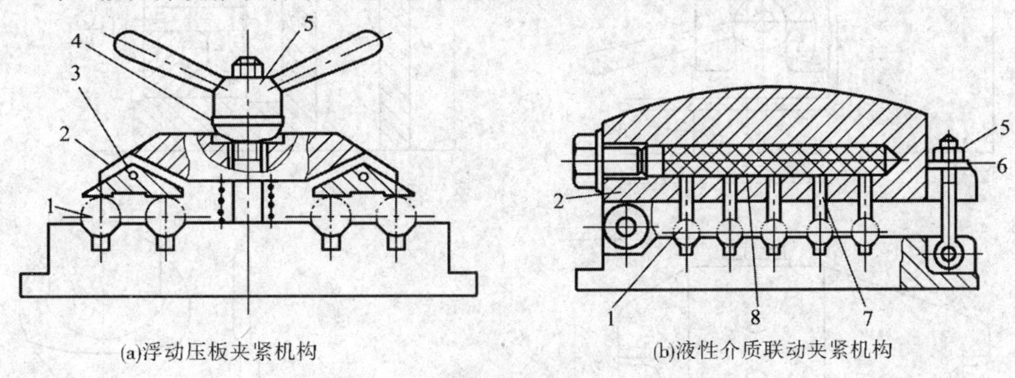

(a)浮动压板夹紧机构　　(b)液性介质联动夹紧机构

图 2-48　平行式多件联动夹紧机构

1—工件　2—压板　3—摆动压块　4—球面垫圈

5—螺母　6—垫圈　7—柱塞　8—液性介质

任务七　夹紧机构设计实例

夹紧机构对夹具的整体结构起决定性的影响。在选择或设计夹紧机构时，灵活性很大，在满足产品质量的前提下，应注意使夹具的复杂程度与生产批量相适应，夹紧机构的结构要便于制造、调整、使用和维修。

如图 2-49 所示，按任务三定位装置设计实例所确定的定位方案，分析确定其夹紧机构。

当定位心轴水平放置时，在 Z525 立式钻床上钻 ϕ8.4mm 孔的钻削力和扭矩均由定位心轴来承担。这时工件的夹紧有两种方案。

1. 在心轴轴向施加轴向力夹紧

在心轴端部采用螺旋夹紧机构，夹紧力与切削力处于垂直状态。这种结构虽然简单，但装卸工件却比较麻烦。

2. 在槽 14.2mm 中采用带对称斜面的偏心轮定位件夹紧

当偏心轮转动时，对称斜面楔入槽中，斜面上的向上分力迫使工件孔 ϕ15.81F8 与定位心轴的下母线紧贴，而轴向分力又使斜面与槽紧贴，使工件在轴向被偏心轮固定，起到了既定位又夹紧的作用。

显然，后一方案具有操作方便的优点，机构如图 2-49 所示。偏心轮装在其支座中，安装调整夹具时，偏心轮的对称斜面的中心与夹具钻套孔中心线保持（3.1±0.03）mm 的要求。夹紧时，通过手柄顺时针转动偏心轮，使其对称面楔入工件槽内，在定位的同时将工件夹紧。由于切削力不大，故工作可靠。

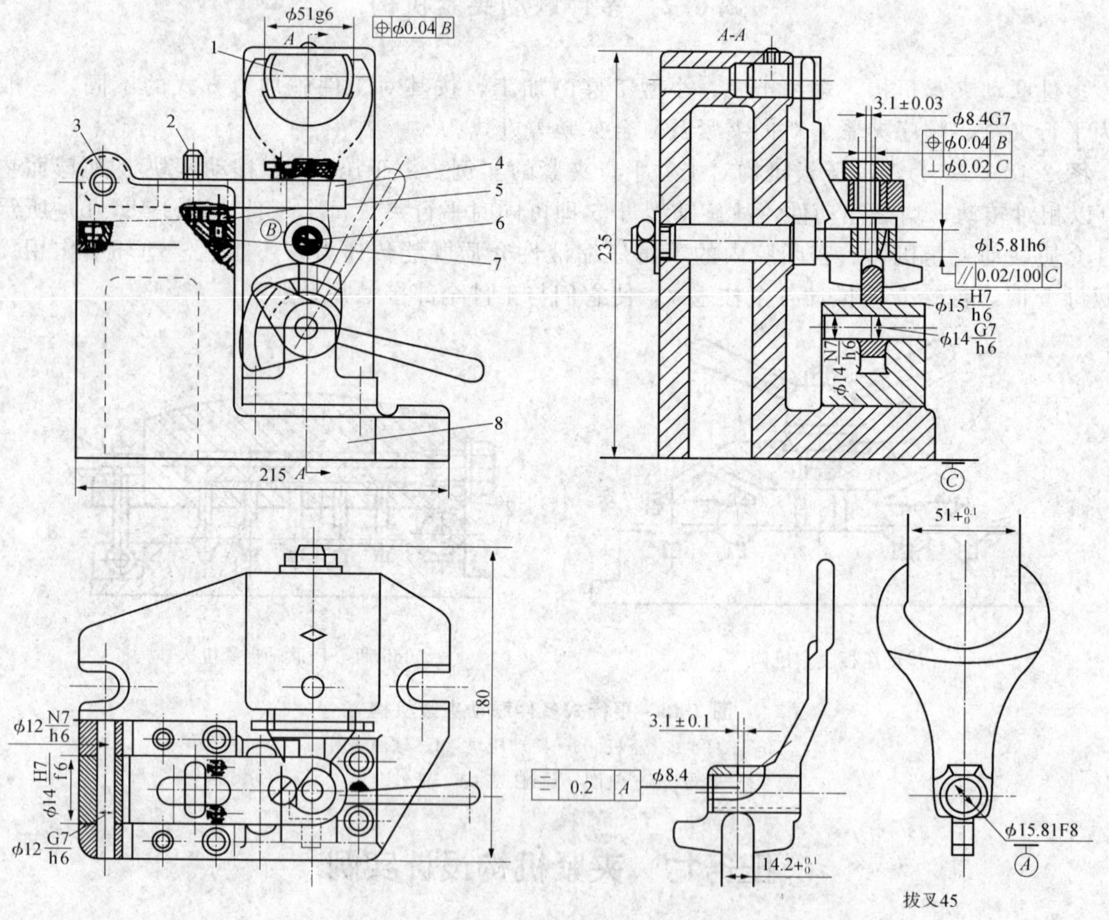

图 2-49　拔叉钻孔夹具

1—扁销　2—紧定螺钉　3—销轴　4—钻模板　5—支承钉　6—定位轴　7—偏心轮　9—夹具体

该夹具对工件定位考虑合理，且采用偏心轮使工件既定位又夹紧，简化了夹具结构，适用于成批生产。

任务八　夹具体

2.8.1　夹具体的基本要求

夹具体是整个夹具的基础件。在夹具体上要安装组成该夹具所需要的各种元件、机构、装置等；并且还必须便于装卸工件以及在机床上的固定。因此，夹具体的形状和尺寸，主要取决于夹具上各组成件分布情况，工件的形状、尺寸以及加工性质等。

对于夹具体的设计提出以下一些基本要求。

1. 应有足够的强度和刚度

以保证加工过程在夹紧力、切削力等外力作用下，不致产生不允许的变形和振动。为此，夹具体应具有足够的壁厚，在刚度不足处可设置一些加强筋，一般加强筋厚度取壁厚的 0.7～0.9 倍，筋的高度不大于壁厚的 5 倍。近年来有些工厂采用框形结构的夹具体，可进一步提高强度及刚度，而质量却能减轻。

2. 力求结构简单，装卸工件方便

要防止无法制造和难以装卸的现象发生。在保证强度和刚度的前提下，尽可能体积小，质量轻，特别对手动、移动或翻转夹具，要求夹具总质量不超过 10kg，以便于操作。

3. 有良好的结构工艺性和使用性

以便于制造、装配和使用。夹具体上有三部分表面是影响夹具装配后精度的关键，即夹具体的安装基面（与机床连接的表面）；安装定位元件的表面；安装对刀或导向装置的表面。而其中往往以夹具体的安装基面作为加工其他表面的定位基准，因此在考虑夹具体结构时，应便于达到这些表面的加工与要求。对于夹具体上供安装各元件的表面，一般应铸出 3～5mm 高的凸台，以减少加工面积。夹具体上不加工的毛面与工件表面之间应保证有一定的空隙，以免安装时产生干涉，空隙大小可按以下经验数据选取：

夹具体是毛面，工件也是毛面时，取 8～15mm；

夹具体是毛面，而工件是光面时，取 4～10mm。

4. 夹具体的尺寸要稳定

即夹具体经制造加工后，应防止其日久变形。为此，对于铸造夹具体，要进行时效处理；对于焊接夹具体，则要进行退火处理。铸造夹具体的壁厚变化要和缓、均匀，以免产生过大内应力。

5. 排屑要方便

为了防止加工中切屑聚积在定位元件工作表面上或其他装置中，而影响工件的正确定位和夹具的正常工作，因此在设计夹具体时，要考虑切屑的排除问题。当加工所产生的切屑不多时，可适当加大定位元件工作表面与夹具体之间的距离或增设容屑沟，以增加容屑空间，如图 2-50 所示。

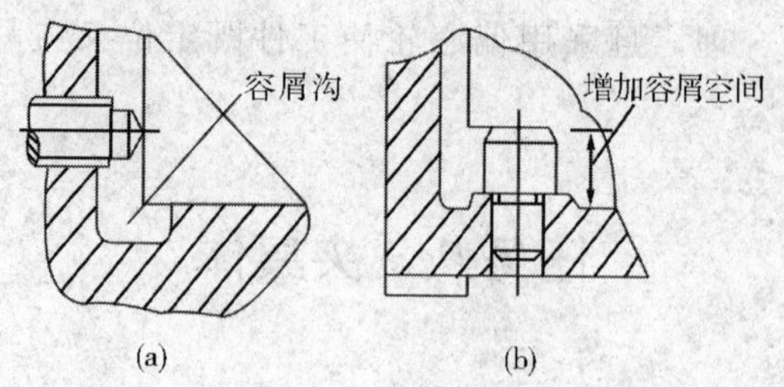

图 2-50 容屑空间

6. 夹具在机床上安装要稳定、可靠

对于固定在机床上的夹具应使其重心尽量低；对于不固定在机床上的夹具，则夹具的重心和切削力作用点，应落在夹具体在机床上的支承面范围内，夹具越高则支承面积应越大。为了使接触面稳定、可靠，夹具体底面中部一般应挖空。对于旋转类的夹具体，要求尽量无凸出部分或装上安全罩。在加工中要翻转或移动的夹具体，通常要在夹具体上设置手柄或手扶部位以便于操作。对于大型夹具，为考虑便于吊运，在夹具体上应设置吊环螺栓或起重孔。

2.8.2 夹具体的毛坯制造方法

在选择夹具体的毛坯制造方法时，应以下面因素作为考虑依据，即工艺性，结构合理性，制造周期，经济性，标准化可能性以及工厂的具体条件等。生产中常用的夹具体毛坯制造方法有以下四种。

1. 铸造夹具体

铸造夹具体工艺性好，可以铸出各种复杂的外形，且抗压强度、刚度和抗振性都较好。但生产周期长，为消除内应力，铸件需经时效处理，故成本较高。

铸造夹具体的材料大多采用灰铸铁 HT15-33 或 HT20-40；当要求强度高时，也可采用铸钢件；要求质量轻时，在条件允许下也可采用铸铝件。

2. 焊接夹具体

焊接夹具体与铸造夹具体相比，其优点是易于制造，生产周期短，成本低，质量轻。缺点是焊接过程中产生的热变形和残余应力对精度影响较大，故焊接后需经退火处理，此外焊接夹具体较难获得复杂的外形。

3. 锻造夹具体

锻造夹具体只适用于形状简单、尺寸不大的场合，一般情况下较少使用。

4. 装配夹具体

装配夹具体是很有发展前途的一种制造方法。即选用标准毛坯件或标准零件组装成所需夹具体结构，这样不仅可大为缩短夹具体的制造周期，而且可组织专门工厂进行专业成批生产，有利于提高经济效益，进一步降低成本。当然要推广这种方法，必须实现夹具的结构标准化和系列化。

任务九 各类机床夹具设计要点

2.9.1 车床夹具

车床夹具主要用于加工零件的内外圆柱面、圆锥面、回转成型面、螺纹及端平面等。在加工过程中，夹具安装在机床主轴上，随主轴一起带动工件转动。除常用的顶针、三爪卡盘、四爪卡盘、花盘等一类万能通用夹具外，有时还要设计一些专用夹具。

1. 车床夹具的主要类型

(1) 心轴类夹具

在前面已经介绍了各类心轴，这里不再赘述。

(2) 花盘式车床夹具

图 2-51 所示为十字槽轮零件精车圆弧 $\phi23^{+0.023}_{0}$ mm 的工序简图。本工序要求保证四处 $\phi23^{+0.023}_{0}$ mm 圆弧；对角圆弧位置尺寸（18±0.02）mm 及对称度公差 0.02mm；$\phi23^{+0.023}_{0}$ mm 轴线与 ϕ5.5h6 轴线的平行度允差 ϕ0.01mm。

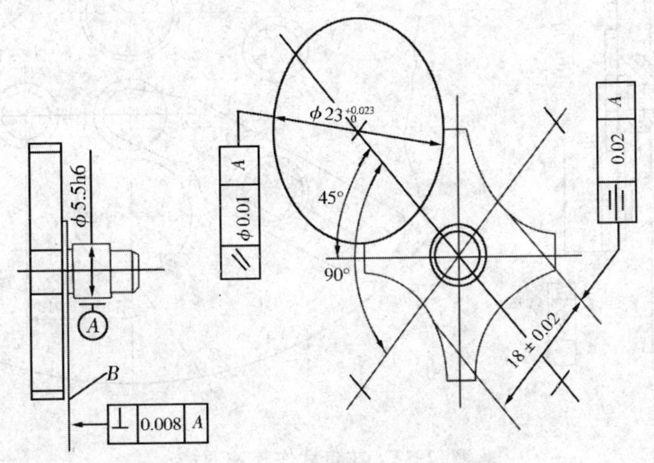

图 2-51　十字槽轮精车工序简图

如图 2-52 所示，为加工该工序的车床夹具，工件以 ϕ5.5h6 外圆柱面与端面 B、半精车的 ϕ22.5h8 圆弧面（精车第二个圆弧面时则用已经车好的 $\phi23^{+0.023}_{0}$ mm 圆弧面）为定位基面，夹具上定位套 1 的内孔表面与端面、定位销 2（安装在套 3 中，限位表面尺寸为 $\phi22.5^{0}_{-0.01}$ mm，安装在套 4 中，限位表面尺寸为 $\phi23^{0}_{-0.008}$ mm，图中未画出，精车第二个圆弧面时使用）的外圆表面为相应的限位基面。限制工件 6 个自由度，符合基准重合原则。同时加工三件，利于对尺寸的测量。

(3) 角铁式车床夹具

角铁式车床夹具的结构特点是具有类似角铁的夹具体。在角铁式车床夹具上加工的工件形状较复杂。它常用于壳体、支座、接头等类零件上圆柱面及端面。当被加工工件的主要定位基准是平面，被加工面的轴线对主要定位基准平面保持一定的位置关系（平行或成一定的角度）时，相应地夹具上的平面定位件设置在与车床主轴轴线相平行或成一定角度的位置上。

图 2-53 为一角铁式车床夹具。工件 6 以两孔在圆柱销 2 和削边销 1 上定位；端面直接在夹具体 4 的角铁平面上定位。两螺钉压板分别在两定位销孔旁把工件夹紧。导向套 7 用来引导加工孔的刀具。8 是平衡块，以消除夹具在回转时的不平衡现象。夹具上设置轴向定位基准面 3，它与圆柱销保持确定的轴向距离，可以控制刀具的轴向行程。

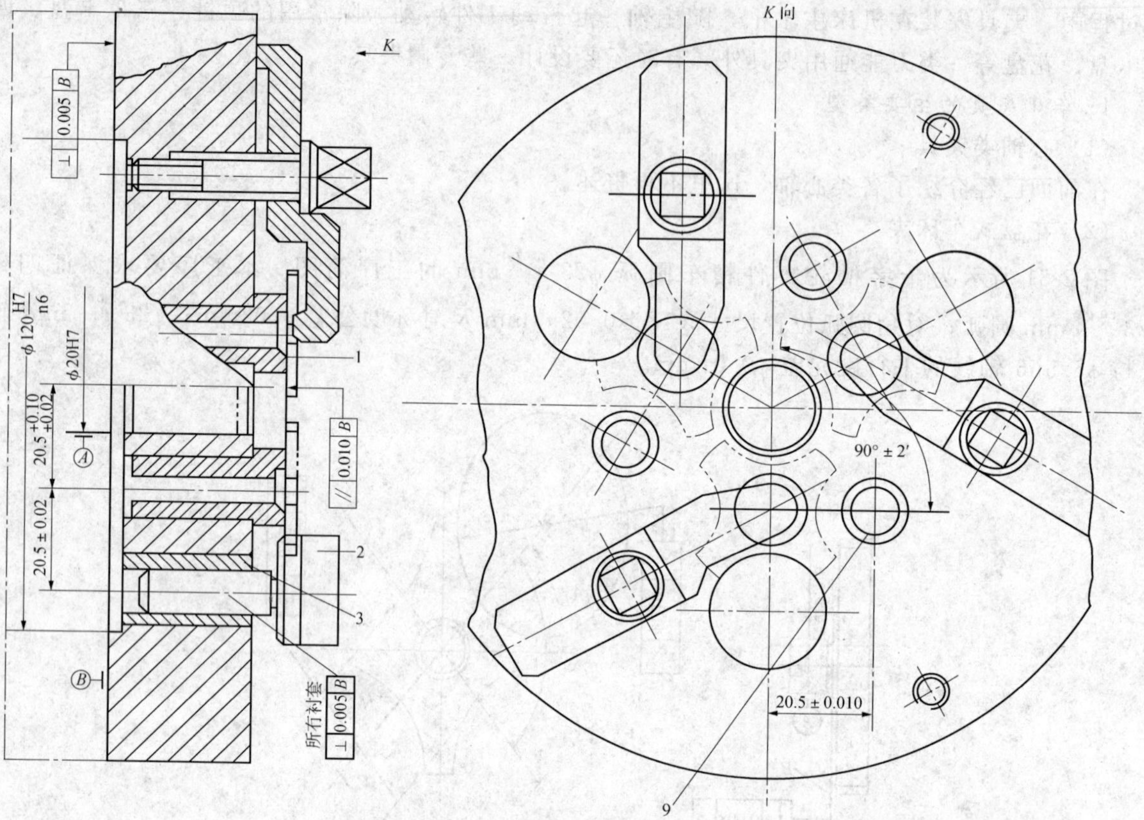

图 2-52　花盘式车床夹具

1、3、4—定位套　2—定位销

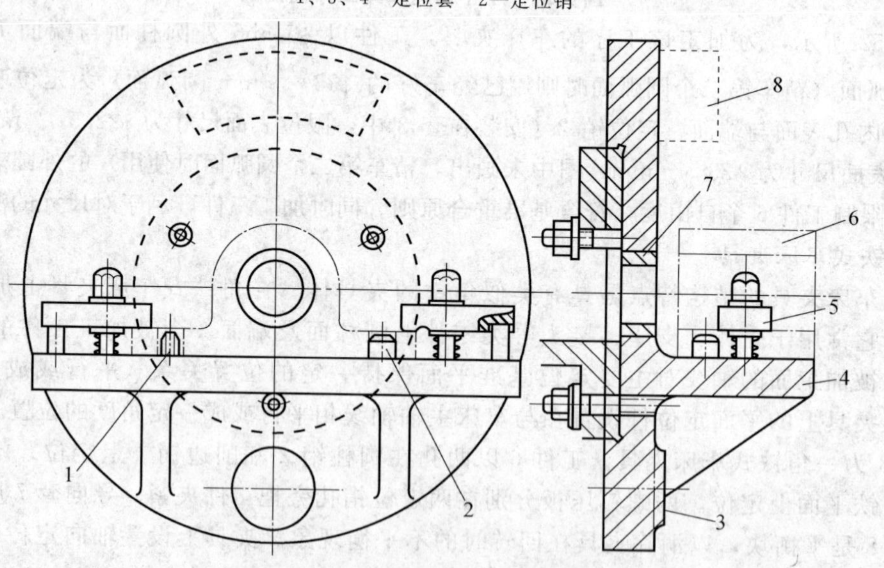

图 2-53　花盘角铁式车床夹具

1—削边定位销　2—圆柱定位销　3—轴向定位基准面　4—夹具体

5—压板　6—工件　7—导向套　8—平衡块

2. 车床夹具的设计要点

（1）安装基面的设计

为了使车床夹具在机床主轴上安装正确，除了在过渡盘上用止口孔定位以外，常常在车床夹具上设置找正孔、校正基圆或其他测量元件，以保证车床夹具精确地安装到机床主轴回转中心上。

（2）夹具配重的设计要求

加工时，因工件随夹具一起转动，其重心如不在回转中心上将产生离心力，且离心力随转速的增高而急剧增大。使加工过程产生振动，对零件的加工精度、表面质量以及车床主轴轴承都会有较大的影响。所以车床夹具要注意各装置之间的布局，必要时设计配重块加以平衡。

（3）夹紧装置的设计要求

由于车床夹具在加工过程中要受到离心力、重力和切削力的作用，其合力的大小与方向是变化的，所以夹紧装置要有足够的夹紧力和良好的自锁性，以保证夹紧安全可靠。但夹紧力不能过大，且要求受力布局合理，不破坏工件的定位精度。

（4）夹具总体结构的要求

车床夹具一般都是在悬臂状态下工作的，为保证加工过程的稳定性，夹具结构应力求简单紧凑、轻便且安全，悬伸长度要尽量小，重心靠近主轴前支承。为保证安全，装在夹具上的各个元件不允许伸出夹具体直径之外。此外，还应考虑切屑的缠绕、切削液的飞溅等影响安全操作的问题。

车床夹具的设计要点也适用于外圆磨床使用的夹具。

2.9.2　钻床夹具

1. 钻床夹具的类型

钻床上进行孔加工时所用的夹具称钻床夹具，也称钻模。钻模的类型很多，有固定式、回转式、移动式、翻转式、盖板式和滑柱式等。下面着重以固定式钻模为例介绍钻模的结构特点，其他几类钻模结构读者需要时可查找相关书籍。

固定式钻模在使用的过程中，钻模在机床上位置是固定不动的。这类钻模加工精度较高，主要用于在立式钻床上加工直径较大的单孔，或在摇臂钻床上加工平行孔系。

图 2-54（a）是零件加工孔的工序图，ϕ68H7 孔与两端面已经加工完。本工序需加工 ϕ12H8 孔，要求孔中心至 N 面为（15±0.1）mm；与 ϕ68H7 孔轴线的垂直度公差为 0.05mm，对称度公差为 0.1mm。据此，采用了如图 2-54（b）所示的固定式钻模来加工工件。加工时选定工件以端面 N 和 ϕ68H7 内圆表面为定位基面，分别在定位法兰 4 的 ϕ68h6 短外圆柱面和端面 N'上定位，限制了工件 5 个自由度。工件安装后扳动手柄 8 借助圆偏心凸轮 9 的作用，通过拉杆 3 与转动开口垫圈 2 夹紧工件。反方向扳动手柄 8，拉杆 3 在弹簧 10 的作用下松开工件。

2. 钻床夹具设计要点

（1）钻模类型的选择

在设计钻模时，需根据工件的尺寸、形状、质量和加工要求，以及生产批量、工厂的具体条件来考虑夹具的结构类型。设计时注意以下几点。

① 工件上被钻孔的直径大于 10mm 时（特别是钢件），钻床夹具应固定在工作台上，以保证操作安全。

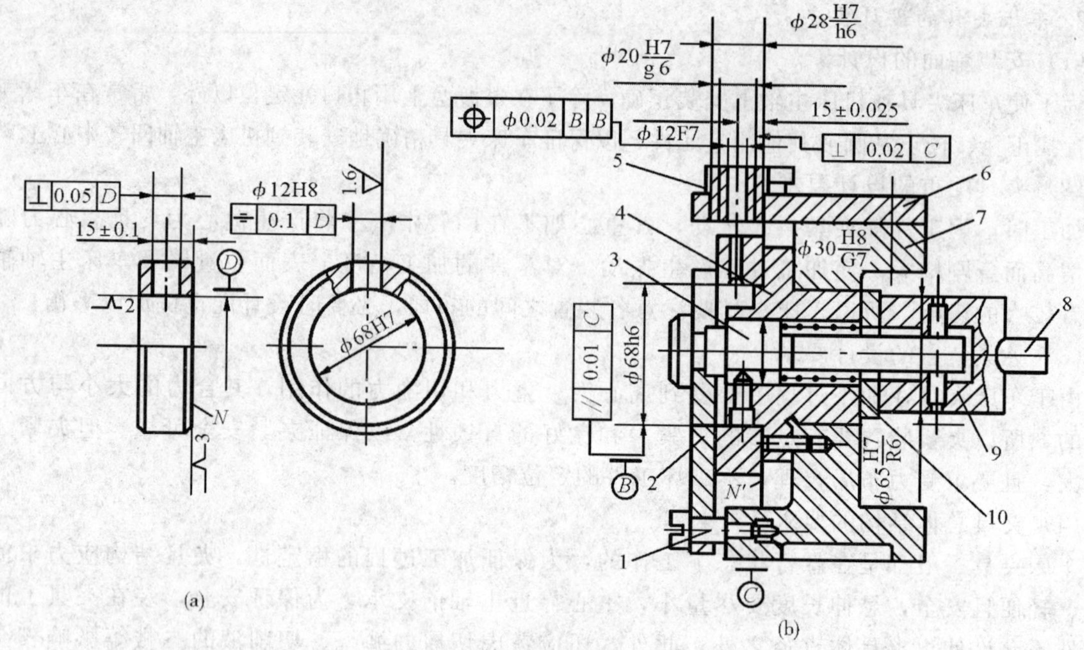

图 2-54　固定式钻模

1—螺钉　2—转动开口垫圈　3—拉杆　4—定位法兰　5—快换钻套　6—钻模板　7—夹具体　8—手柄　9—圆偏心凸轮　10—弹簧

② 翻转式钻模和自由移动式钻模适用中小型工件的孔加工。夹具和工件的总质量不宜超过10kg，以减轻操作工人的劳动强度。

③ 当加工多个不在同一圆周上的平行孔系时，如夹具和工件的总质量超过 15kg，宜采用固定式钻模在摇臂钻床上加工，若生产批量大，可以在立式钻床或组合机床上采用多轴传动头进行加工。

④ 对于孔与端面精度要求不高的小型工件，可采用滑柱式钻模。以缩短夹具的设计与制造周期。但对于垂直度公差小于 0.1mm、孔距精度小于 ±0.15mm 的工件，则不宜采用滑柱式钻模。

⑤ 钻模板与夹具体的连接不宜采用焊接的方法。因焊接应力不能彻底消除，影响夹具制造精度的长期保持性。

⑥ 当孔的位置尺寸精度要求较高时（其公差小于±0.05mm），则宜采用固定式钻模板和固定式钻套的结构形式。

（2）钻模板的结构

用于安装钻套的钻模板，按其与夹具体连接的方式可分为固定式、铰链式、分离式等。

① 固定式钻模板　固定在夹具体上的钻模板称为固定式钻模板。这种钻模板结构简单，钻孔精度高。

② 铰链式钻模板　由于铰链结构存在间隙，所以它的加工精度不如固定式钻模板高。

③ 分离式钻模板　工件在夹具中每装卸一次，钻模板也要装卸一次。这种钻模板加工的工件精度高，但装卸工件效率低。

（3）钻套的选择和设计

钻套装配在钻模板或夹具体上，钻套的作用是确定被加工工件上孔的位置，引导钻头、扩孔钻或铰刀，并防止其在加工过程中发生偏斜。按钻套的结构和使用情况，可分为四种类型。

① 固定钻套　图 2-55（a）与图 2-55（b）是固定钻套的两种型式。钻套外圆以 H7/n6 或

H7/r6 配合直接压入钻模板或夹具体的孔中，如果在使用过程中不需更换钻套，则用固定钻套较为经济，钻孔的位置精度也较高。适用于单一钻孔工序和小批生产。

② 可换钻套　图 2-55（c）为可换钻套。当生产量较大，需要更换磨损后的钻套时，使用这种钻套较为方便。为了避免钻模板的磨损，在可换钻套与钻模板之间按 H7/r6 的配合压入衬套。可换钻套的外圆与衬套的内孔一般采用 H7/g6 或 H7/h6 的配合，并用螺钉加以固定，防止在加工过程中因钻头与钻套内孔的摩擦使钻套发生转动，或退刀时随刀具升起。

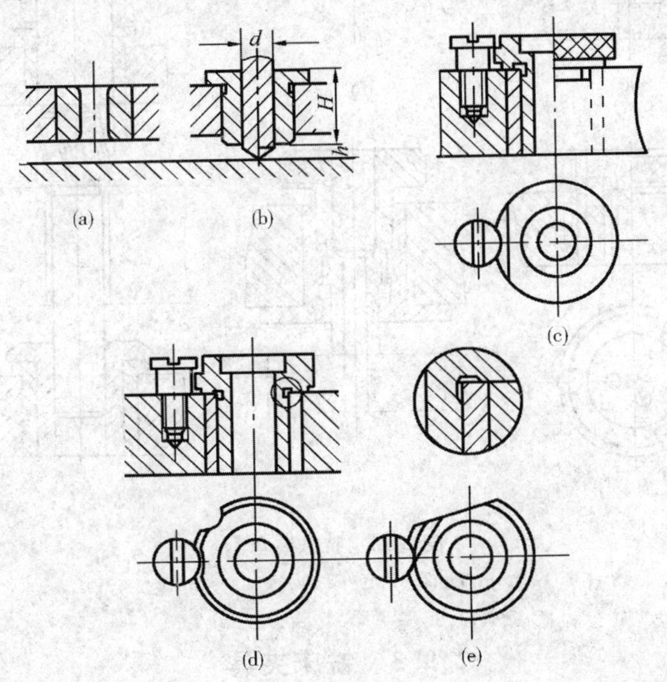

图 2-55　标准钻套

③ 快换钻套　当加工孔需要依次进行钻、扩、铰时，由于刀具的直径逐渐增大，需要使用外径相同，而孔径不同的钻套来引导刀具。这时使用如图 2-55（d）（e）所示的快换钻套可以减少更换钻套的时间。它和衬套的配合同于可换钻套，但其锁紧螺钉的突肩比钻套上凹面略高，取出钻套不需拧下锁紧螺钉，只需将钻套转过一定的角度，使半圆缺口或削边正对螺钉头部即可取出。但是削边或缺口的位置应考虑刀具与孔壁间摩擦力矩的方向，以免退刀时钻套随刀具自动拔出。

以上三类钻套已标准化，其规格可参阅有关夹具手册。

④ 特殊钻套　由于工件形状或被加工孔位置的特殊性，需要设计特殊结构的钻套。图 2-56 为几种特殊钻套的结构。

当钻模板或夹具体不能靠近加工表面时，使用图 2-56（a）所示的加长钻套，使其下端与工件加工表面有较短的距离。扩大钻套孔的上端是为了减少引导部分的长度，减少因摩擦使钻头过热和磨损。图 2-56（b）用于斜面或圆弧面上钻孔，防止钻头切入时引偏甚至折断。图 2-56（c）是当孔距很近时使用的，为了便于制造，在一个钻套上加工出几个近距离的孔。图 2-56（d）是需借助钻套作为辅助性夹紧时使用。图 2-56（e）为使用上下钻套引导刀具的情况。当加工孔较长或与定位基准有较严的平行度、垂直度要求时，只在上面设置一个钻套 2，很难保证孔的位置精度。对于安置在下方的钻套 4 要注意防止切屑落入刀杆与钻套之间，为此，刀杆与钻套选用较紧的配合（H7/h6）。

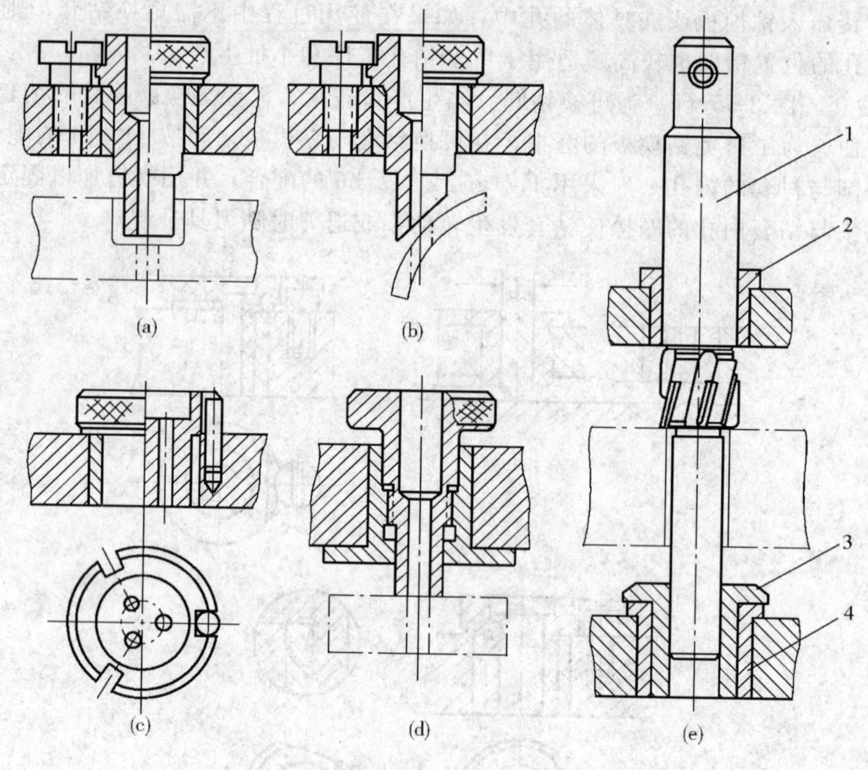

图 2-56 特殊钻套

1—钻杆 2—钻套 3—导套 4—钻套

2.9.3 铣床夹具

1. 铣床夹具的分类

铣床夹具主要用于加工零件上的平面、键槽、缺口及成形表面等。由于铣削加工的切削力较大，又是断续切削，加工中易引起振动，因此要求铣床夹具的受力元件要有足够的强度，夹紧力应足够大，且有较好的自锁性。此外，铣床夹具一般通过对刀装置确定刀具与工件的相对位置，其夹具体底面大多设有定向键，通过定向键与铣床工作台 T 形槽的配合来确定夹具在机床上的方位。夹具安装后用螺栓紧固在铣床的工作台上。

铣床夹具一般按工件的进给方式，分成直线进给与圆周进给两种类型。

(1) 直线进给的铣床夹具

在铣床夹具中，这类夹具用得最多，一般根据工件质量和结构及生产批量，将夹具设计成装夹单件、多件串联或多件并联的结构。铣床夹具也可采用分度等形式。

图 2-57 是铣削轴端方头的夹具，采用平行对向式多们联动夹皮机械，旋转夹紧螺母 6，通过球面垫圈及压板 7 将工件压在 V 形块上。四把三面刃铣刀同时铣完两个侧面后，取下楔块 5，将回转座 4 转过 90°，再用楔块 5 将回转座定位并楔紧，即可铣削工件的另两个侧面。

(2) 圆周进给的铣床夹具

圆周进给铣削方式在不停车的情况下装卸工件，因此生产率高，适用于大批量生产。

图 2-58 所示是在立式铣床上圆周进给铣拔叉的夹具。通过电动机、蜗轮副传动机构带动回

转工作台 6 回转。夹具上可同时装夹 12 个工件。工件以一端的孔、端面及侧面在夹具的定位板、定位销 2 及挡销 4 上定位。由液压缸 5 驱动拉杆 1，通过开口垫圈 3 夹紧工件。图中 AB 是加工区段，CD 为工件的装卸区段。

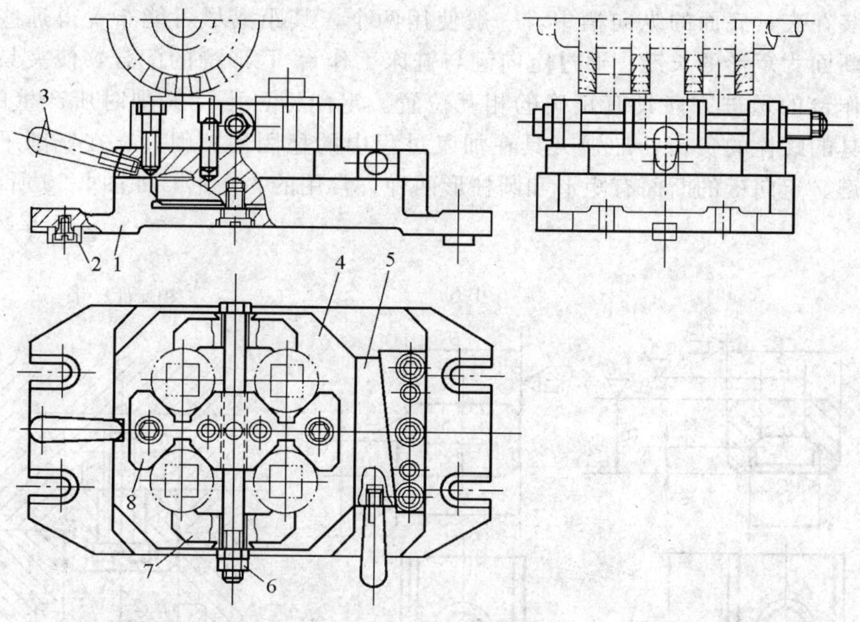

图 2-57 轴端铣方头夹具

1—夹具体 2—定位键 3—手柄 4—回转座 5—楔块 6—螺母 7—压板 8—V 形块

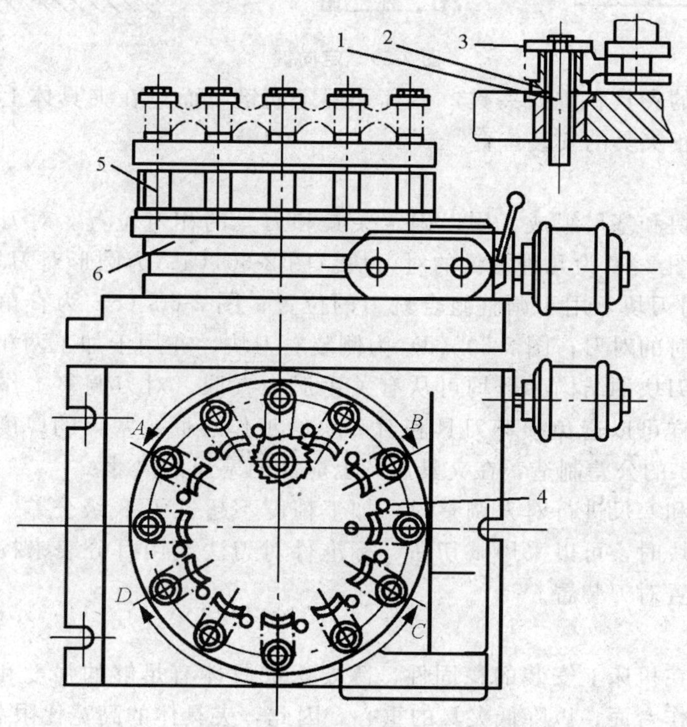

图 2-58 圆周进给铣床夹具

1—拉杆 2—定位销 3—开口垫圈 4—挡销 5—液压缸 6—工作台

2. 铣床夹具的设计要点

定向键和对刀装置是铣床夹具的特殊元件。

(1) 定向键

定向键安装在夹具底面的纵向槽中，一般使用两个，其距离尽可能布置得远些，小型夹具也可使用一个断面为矩形的长键。通过定向键与铣床工作台 T 形槽的配合，使夹具上元件的工作表面对于工作台的送进方向具有正确的相互位置。定向键可承受铣削时所产生的扭转力矩，可减轻夹紧夹具的螺栓的负荷，加强夹具在加工过程中的稳固性。因此，在铣削平面时，夹具上也装有定向键。定向键的断面有矩形和圆柱形两种，常用的为矩形，如图 2-59 所示。

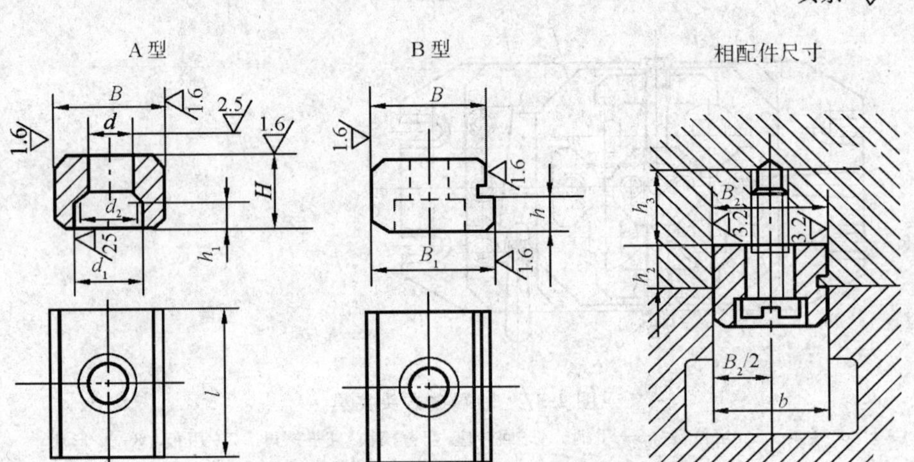

图 2-59 定向键

定向精度要求高的夹具和重型夹具，不宜采用定向键，而是在夹具体上加工出一窄长平面作为找正基面，来校正夹具的安装位置。

(2) 对刀装置

对刀装置由对刀块和塞尺组成，用以确定夹具和刀具的相对位置。对刀装置的形式根据加工表面的情况而定，图 2-60 为几种常见的对刀块。图 2-60（a）为圆形对刀块，用于加工平面；图 2-60（b）为方形对刀块，用于调整组合铣刀的位置；图 2-60（c）为直角对刀块，用于加工两相互垂直面或铣槽时的对刀；图 2-60（d）为侧装对刀块，亦用于加工两相互垂直面或铣槽时的对刀。这些标准对刀块的结构参数均可从有关手册中查取。对刀调整工作通过塞尺（平面型或圆柱型）进行，这样可以避免损坏刀具和对刀块的工作表面。塞尺的厚度或直径一般为 3～5mm，按国家标准 h6 的公差制造，在夹具总图上应注明塞尺的尺寸。

采用标准对刀块和塞尺进行对刀调整时，加工精度不超过 IT8 级公差。当对刀调整要求较高或不便于设置对刀块时，可以采用试切法、标准件对刀法或用百分表来校正定位元件相对于刀具的位置，而不设置对刀装置。

(3) 夹具体

为提高铣床夹具在机床上安装的稳固性，除要求夹具体有足够的强度和刚度外，还应使被加工表面尽量靠近工作台面，以降低夹具的重心。因此，夹具体的高宽比限制在 $H/B \leqslant 1 \sim 1.25$ 范围内，如图 2-61 所示。铣床夹具与工作台的连接部分应设计耳座，因连接要牢固稳定，故夹具上耳座两边的表面要加工平整。

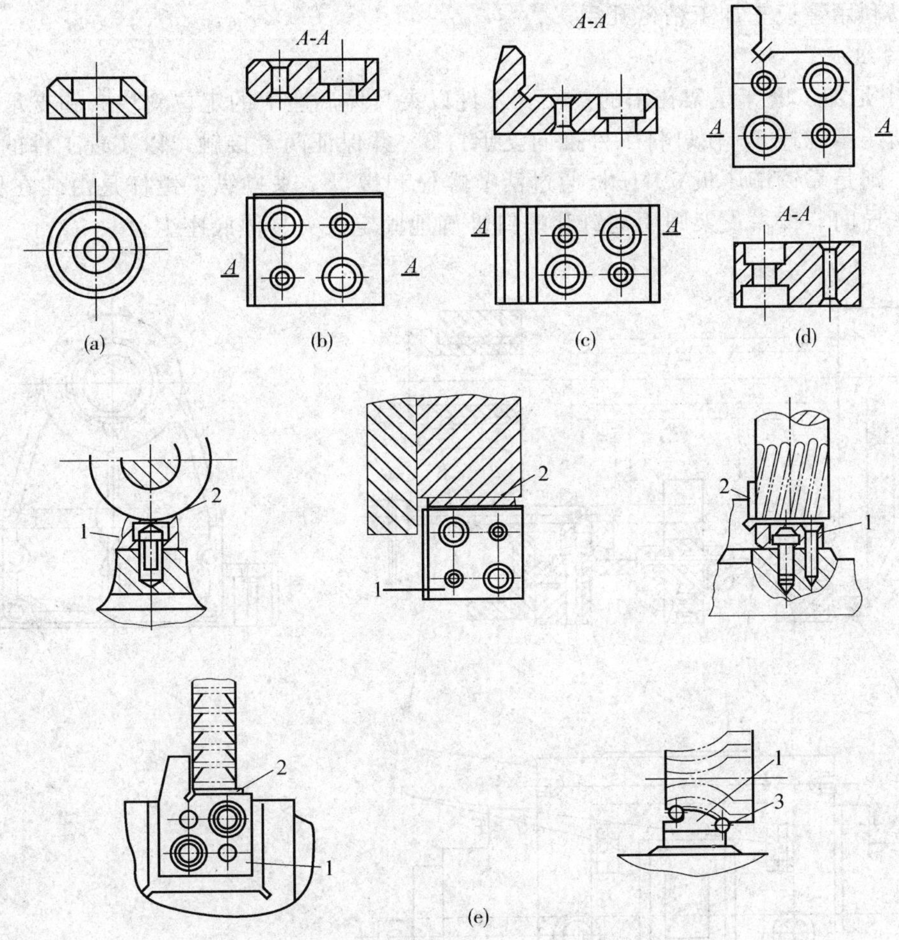

图 2-60　标准对刀块及对刀装置

1—对刀块　2—对刀平塞尺　3—对刀圆柱塞尺

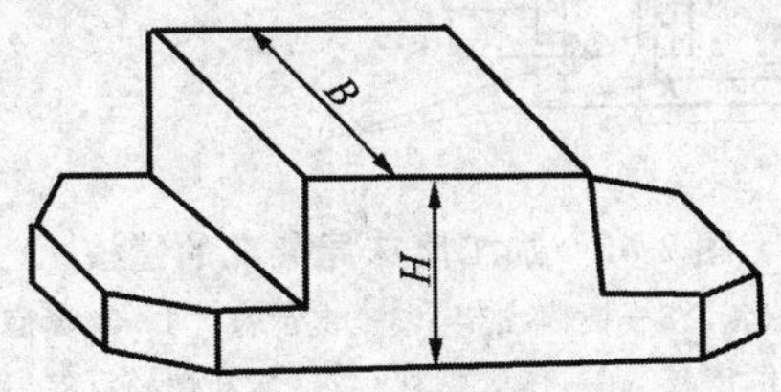

图 2-61　铣床夹具体

铣削加工时，产生大量切屑，夹具应有足够的排屑空间，并注意切屑的流向，使清理切屑方便。对于重型的铣床夹具，在夹具体上要设置吊环，以便于搬运。

2.9.4　镗模

镗模是一种精密夹具，它主要用来加工箱体类零件上的精密孔系。

镗模和钻模一样，是依靠专门的导引元件——镗套来导引镗杆，从而保证所镗的孔具有很高的位置精度。由此可知，采用镗模后，镗孔的精度便可不受机床精度的影响。镗模广泛应用于高效率的专用组合镗床（联动镗床）和一般普通镗床。即使缺乏上述专门的镗孔设备的中小工厂，也可以利用镗模来加工精密孔系。

1. 镗模的组成

图 2-62 中是加工磨床尾架孔用的镗模。工件以夹具体底座上的定位斜块 9 和支承板 10 作主要定位。转动压紧螺杆 6，便可将工件推向支承钉 3，并保证两者接触，以实现工件的轴向定位。工件的夹紧，则是靠铰链压板 5。压板通过活节螺栓和螺母 7 来操纵。镗杆是由装在镗模支架 2 上的镗套 1 来导向。镗模支架则用销钉和螺钉准确地固定在夹具体底座上。

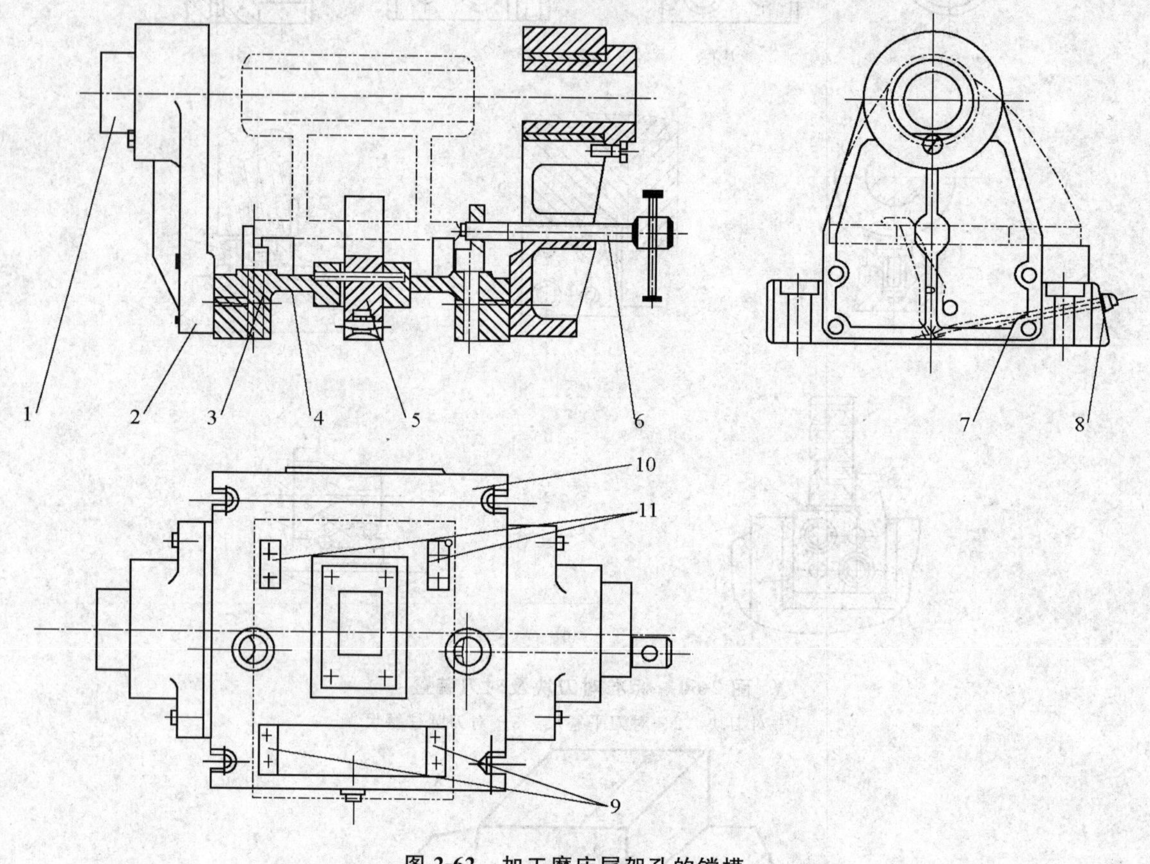

图 2-62　加工磨床尾架孔的镗模

1—镗套　2—镗模支架　3—支承钉　4—夹紧底座
5—铰链压板　6—压紧螺杆　7—活动螺栓　8—螺母
9—定位斜块　10—固定耳座　11—支承板

由图中可知，一般镗模由定位元件、夹紧装置、导引元件（镗套）和夹具体（镗模支架和镗模底座）四部分组成。

2. 镗套

镗套结构对于被镗孔的几何形状、尺寸精度以及表面粗糙度有很大影响。因为镗套的结构决定了镗套位置的准确度和稳定性。

镗套的结构型式一般分为固定式和回转式。

(1) 固定式镗套

固定式镗套的结构，和前面介绍的一般钻套的结构基本相似。它是固定在镗模支架上而不能随镗杆一起转动，因此镗杆与镗套之间有相对运动，存在摩擦。

固定式镗套具有外形尺寸小，结构紧凑，制造简单，容易保证镗套中心位置的准确度等优点。但是固定式镗套只适用于低速加工，否则镗杆与镗套间容易因相对运动发热过高而咬死，或者造成镗杆迅速磨损。

固定式镗套结构已标准化，设计时可参阅国标相关手册。

（2）回转式镗套

回转式镗套在镗孔过程中是随镗杆一起转动的，所以镗杆与镗套之间无相对转动，只有相对移动。当在高速镗孔时，这样便能避免镗杆与镗套发热咬死，而且也改善了镗杆磨损情况。特别是在立式镗模中，若采用上下镗套双面导向，为了避免因切屑落入下镗套内而使镗杆卡住，故而下镗套应该采用回转式镗套。

由于回转式镗套要随镗杆一起回转，所以镗套要有轴承支承，按轴承不同分为滑动镗套和滚动镗套。

图 2-63（a）为滑动镗套，由滑动轴承来支承。

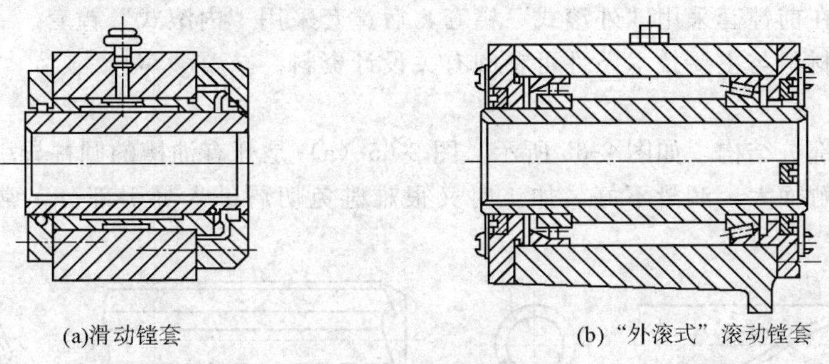

(a)滑动镗套　　(b)“外滚式”滚动镗套

图 2-63　常用外滚式镗套

滑动镗套具有以下特点。

①与滚动镗套相比，径向尺寸小，因而适用于孔中心距较小而孔径却很大的孔系加工。

②减振性较好，有利于降低被镗孔的粗糙度值。

③承载能力比滚动镗套大。

④若润滑不够充分，或镗杆的径向切削负荷不均衡，则易使镗套和轴承咬死。

⑤工作速度不能过高。

图 2-63（b）为“外滚式”滚动镗套，由滚动轴承来支承。滚动镗套具有如下特点。

①采用滚动轴承（标准件），使设计、制造、维修都简化方便。

②采用滚动轴承结构，润滑要求比滑动镗套低。可在润滑不充分时，取代滑动镗套。

③采用向心推力球轴承的结构，可按需要调整径向和轴向间隙，还可用使轴承预加载荷的方法来提高轴承刚度，因而可以在镗杆径向切削负荷不平衡情况下使用。

④结构尺寸较大，不适用于孔心距很小的镗模。

⑤镗杆转速可以很高，但其回转精度受滚动轴承本身精度的限制，一般比滑动镗套要略低一些。

图 2-64 为“内滚式”滚动镗套。这种镗套的回转部分是安装在镗杆上的。图中 1 就是“内滚式”镗套。镗杆 3 在轴承内环孔中一起相对外环回转；固定支承套 2 起导引作用，但它和“内滚式”镗套只有相对移动而没有回转运动。

“内滚式”镗套，因镗杆上装了轴承，其结构尺寸很大，这是不利的。但这种结构可使刀具

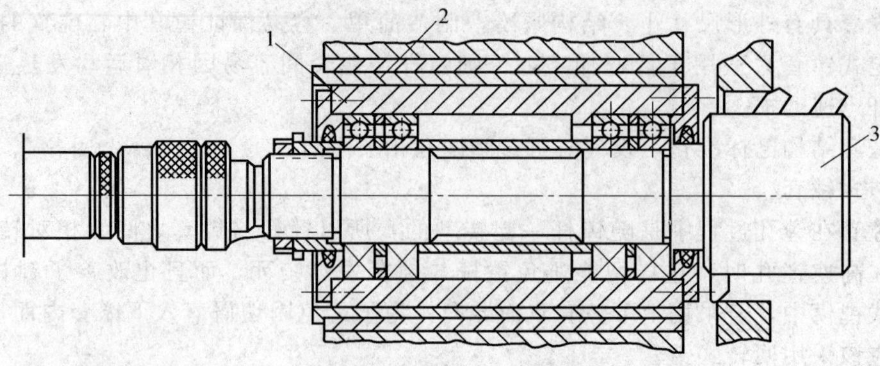

图 2-64 “内滚式”滚动镗套

1—镗套 2—固定支承套 3—镗杆

顺利通过“内滚式”镗套的固定支承套，无需有引刀槽或其他引刀结构。所以在前后双导引的镗套结构中，常在前镗套采用“外滚式”镗套，后镗套采用“内滚式”镗套。

标准镗套的材料与主要技术条件可参阅有关设计资料。

3. 镗杆

镗杆的导引部分结构，如图 2-65 所示。图 2-65（a）是开有油槽的圆柱导引，这种结构最简单，但与镗套接触面大，润滑不好，加工时又很难避免切屑进入导引部分，常常容易产生“咬死”现象。

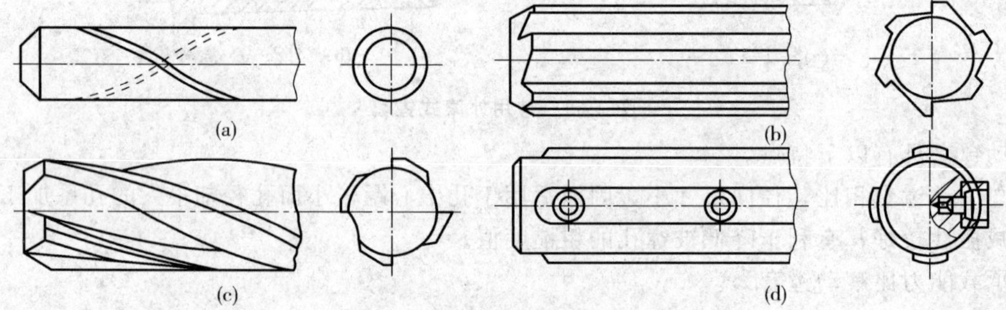

图 2-65 镗杆导引部分结构

图 2-65（b）和图 2-65（c）是开有直槽和螺旋槽的导引。它与镗套的接触面积小，沟槽又可以容屑，情况比图 2-65（a）要好。但一般切削速度仍不宜超过 20m/min。

图 2-65（d）是镶滑块的导引结构。由于它与导套接触面小，而且用铜块时的摩擦较小，其切削速度可较高一些，但滑块磨损较快。采用钢滑块可比铜滑块磨损小，但与镗套摩擦又增加了。滑块磨损后，可在滑块下加垫，再将外圆修磨。

当采用带尖头键的“外滚式”镗套时，镗杆导引端部应做成图 2-66 所示的带螺旋导引结构，其螺旋角应小于 45°。端部有了螺旋导引后，当不转的镗杆伸入带尖头键的滚动镗套时，即使镗杆键槽没有对准镗套上的键，也可利用螺旋面镗动尖头键使镗套回转而进入键槽。

若回转镗套上开键槽，则镗杆应带键，一般键都是弹性的，能受压缩后伸入镗套，在回转中自动对键槽。同时，当镗套发生卡死时，还可打滑起保护作用。

镗杆上的装刀孔应错开布置，以免过分削弱镗杆的强度与刚度。并尽可能考虑到各切削刃切削负荷的相互平衡，以减少镗杆变形，改善镗杆与镗套的磨损情况。

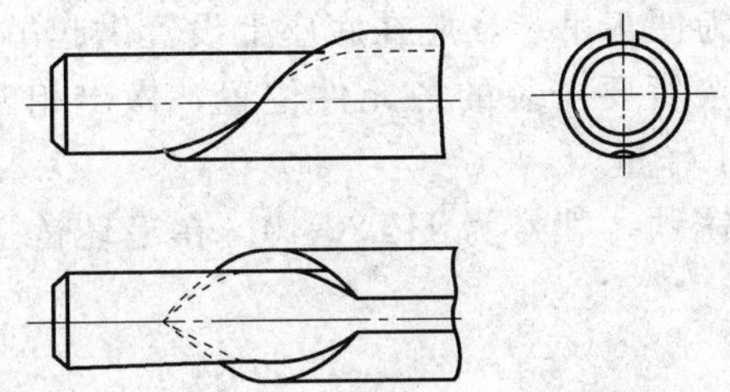

图 2-66　镗杆端部螺旋导引结构

镗杆要求表面硬度高而内部有较好的韧性。因此采用 20 钢、20Cr 钢等渗碳钢，渗碳淬火硬度为 61～63HRC。要求较高时，可用氮化钢 38CrMoAlA，但热处理工艺复杂。大直径的镗杆，也可用 45 钢、40Cr 钢或 65Mn 钢。

4. 浮动接头

在双镗套导向时，镗杆与机床主轴都是浮动连接，采用浮动接头。图 2-67 是一种普通的浮动接头结构。浮动接头能补偿镗杆轴线和机床主轴的同轴度误差。

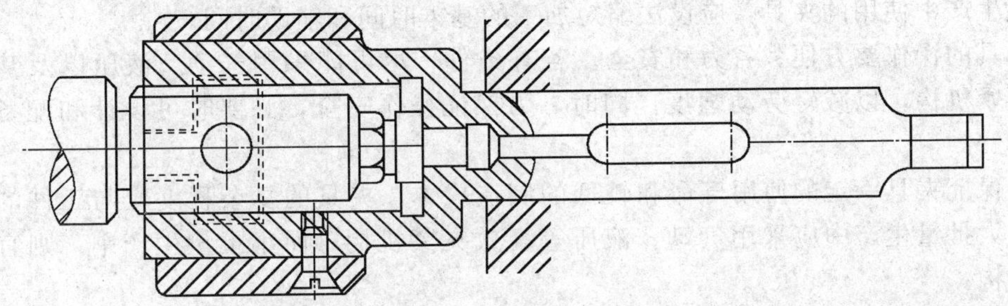

图 2-67　浮动接头结构

5. 镗模支架

镗模支架是组成镗模的重要零件之一。它是供安装镗套和承受切削力用的，因此，它必须具有足够的刚度和稳定性。为了满足上述功用与要求，防止镗模支架受力振动和变形，在结构上应考虑有较大的安装基面和设置必要的加强筋。

镗模支架上不允许安装夹紧机构或承受夹紧反力。前面图 2- 62 所示的镗模结构，就是遵守这一准则的例子。图中为了不使镗模支架因受夹紧反力作用而发生变形，所以特别在支架上开孔使螺钉 6 穿过。如果在支架上加工出螺孔，而使螺钉 6 直接拧在此螺孔中去顶紧工件，则这时支架必然受到螺钉所产生的夹紧反力的作用而引起支架变形，从而影响支架上镗套的位置精度，进而影响镗孔精度。

镗模支架与镗模底座的连接，一般仍沿用销钉定位、螺钉紧固的型式。

镗模支架的材料，一般采用灰铸铁。

6. 镗模底座

镗模底座要承受包括工件、镗杆、镗套、镗模支架、定位元件和夹紧装置等在内的全部质量以及加工过程中的切削力，因此底座的刚性要好，变形要小。通常，镗模底座的壁厚较厚，而且底座内腔设有十字形加强筋。

设计时，还须注意下面几点。

①在镗模上应设置供安装找正用的找正基面，供在机床上正确安装镗模底座时找正用。找正基面与镗套中心线的平行度应在 300:0.01mm 内。

②镗模质量一般都很大，为便于吊装，应在底座上设置供起吊用的吊环螺钉或起重螺栓。

③镗模底座的上平面，应按所要安装的各元件位置，做出相配合的凸台表面，其凸出高度约为 3～5mm，以减少刮研的工作量。

④镗模底座材料一般用灰铸铁，牌号为 HT20-40。在毛坯铸造后和粗加工后，都需要进行时效处理。

任务十　专用夹具的设计方法

2.10.1　夹具设计的要求

夹具设计时，应满足以下主要要求。

(1) 所设计的专用夹具，应当既能保证工序的加工精度，又能保证工序的生产节拍。特别对于大批量生产中使用的夹具，应设法缩短加工的基本时间和辅助时间。

(2) 夹具的操作要方便、省力和安全。若有条件，尽可能采用气动、液压以及其他机械化自动化的夹紧机构，以减轻劳动强度。同时，为保证操作安全，必要时可设计和配备安全防护装置。

(3) 能保证夹具一定的使用寿命和较低的制造成本。夹具的复杂程度应与工件的生产批量相适应，在大批量生产中应采用气动、液压等高效夹紧机构；而小批量生产中，则宜采用较简单的夹具结构。

(4) 要适当提高夹具元件的通用化和标准化程度。选用标准化元件，特别应选用商品化的标准元件，以缩短夹具的制造周期，降低夹具成本。

(5) 应具有良好的结构工艺性，以便于夹具的制造和维修。

以上要求有时是相互矛盾的，故应在全面考虑的基础上，处理好主要矛盾，使之达到较好的效果。

2.10.2　夹具的设计方法和步骤

1. 设计准备

根据设计任务书，明确本工序的加工技术要求和任务，熟悉加工工艺规程、零件图、毛坯图和有关的装配图，了解零件的作用、形状、结构特点和材料，以及定位基准、加工余量、切削用量和生产纲领等。

收集所用机床、刀具、量具、辅助工具和生产车间等资料和情况。

收集夹具的国家标准、部颁标准、企业标准等有关资料及典型夹具资料。

2. 夹具结构方案设计

这是夹具设计的重要阶段。首先确定夹具的类型、工件的定位方案，选择合适的定位元件；再确定工件的夹紧方式，选择合适的夹紧机构、对刀元件、导向元件等其他元件；最后确定夹具总体布局、夹具体的结构形式和夹具与机床的连接方式，绘制出总体草图。对夹具的总体结构，最好设计几个方案，以便进行分析、比较和优选。

3. 绘制夹具总图

总图的绘制，是在夹具结构方案草图经过讨论审定之后进行的。总图的比例一般取 1:1，但若工件过大或过小，可按制图比例缩小或放大。夹具总图应有良好的直观性，因此，总图上的主视图，应尽量选取正对操作者的工作位置。在完整地表示出夹具工作原理的基础上，总图上的视图数量要尽量少。

总图的绘制顺序如下：先用黑色双点划线画出工件的外形轮廓、定位基准面、夹紧表面和被加工表面，被加工表面的加工余量可用网纹线表示。必须指出：总图上的工件，是一个假想的透明体，因此，它不影响夹具各元件的绘制。此后，围绕工件的几个视图依次绘出定位元件、对刀（或导向）元件、夹紧机构、力源装置等的夹具体结构；最后绘制夹具体；标注有关尺寸、形位公差和其他技术要求；零件编号；编写主标题栏和零件明细表。

夹具的设计方法可用框图 2-68 表示。

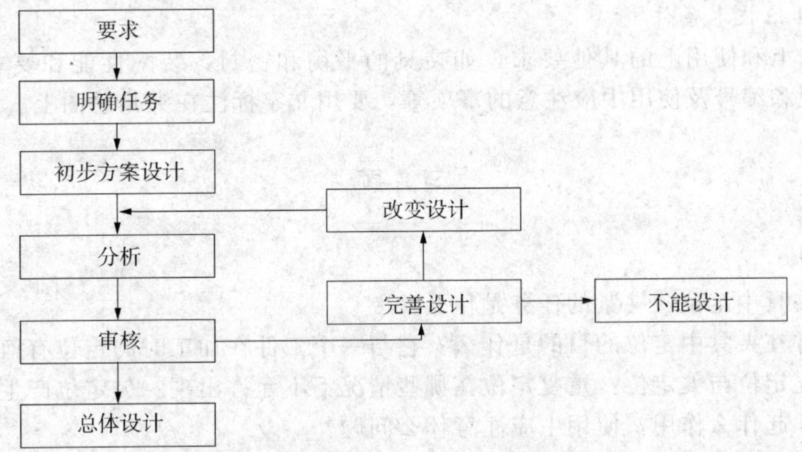

图 2-68　夹具的设计方法

2.10.3　夹具总图的主要尺寸和技术条件

1. 夹具总图上应标注的主要尺寸

(1) 外形轮廓尺寸

外形轮廓尺寸是指夹具的最大轮廓尺寸，以表示夹具在机床上所占据的空间尺寸和可能活动的范围。

(2) 工件与定位元件之间的联系尺寸

这类尺寸主要是如工件定位基面与定位件工作面的配合尺寸、夹具定位面的平直度、定位元件的等高性、圆柱定位销工作部分的配合尺寸公差等，以便控制工件的定位精度。

(3) 对刀或导向元件与定位元件之间的联系尺寸

这类尺寸主要是指对刀块的对刀面至定位元件之间的尺寸、塞尺的尺寸、钻套导向孔尺寸和钻套孔距尺寸等。

(4) 与夹具安装有关的尺寸

这类尺寸用以确定夹具体的安装基面相对于定位元件的正确位置。如铣床夹具定向键与机床工作台上 T 型槽的配合尺寸；车、磨夹具与机床主轴端的连接尺寸；以及安装表面至定位表面之间的距离尺寸和公差。

(5) 其他配合尺寸

其他配合尺寸主要是指夹具内部各组成元件之间的配合性质和位置关系。如定位元件和夹具体之间、钻套外径与衬套之间、分度转盘与轴承之间等的尺寸和公差配合。

2. 夹具总图上应标注的位置精度

通常应标注以下三种位置精度。

①定位元件之间的位置精度。

②连接元件（含夹具体基面）与定位元件之间的位置精度。

③对刀或导向元件的位置精度。通常这类精度是以定位元件为基准，为了使夹具的工艺基准统一，也可取夹具体的基面为基准。

夹具上与工序尺寸有关的位置公差，一般可按工件相应尺寸公差的（1/2～1/5）估算。其角度尺寸的公差及工作表面的相互位置公差，可按工件相应值的（1/2～1/3）确定。

3. 夹具的其他技术条件

夹具在制造上和使用上的其他要求，如夹具的平衡和密封、装配性能和要求、磨损范围和极限、打印标记和编号及使用中应注意的事项等，要用文字标注在夹具总图上。

习　题

一、简答题

1. 工件在夹具中定位、夹紧的任务是什么？
2. 一批工件在夹具中定位的目的是什么？它与一个工件在加工时的定位有何不同？
3. 何谓重复定位与欠定位？重复定位在哪些情况下不允许出现？欠定位产生的后果是什么？
4. 辅助支承起什么作用？使用中应注意什么问题？
5. 选择定位基准时，应遵循哪些原则？
6. 夹紧装置设计的基本要求是什么？确定夹紧力的方向和作用点的原则有哪些？
7. 何谓联动夹紧机构？设计联运夹紧机构时应注意哪些问题？
8. 夹具体的结构型式有几种？

二、定位分析题

1. 根据工件的加工要求，确定工件在夹具中定位时应限制的自由度。

（1）如图 2-69 所示，镗 ϕD 孔，其余表面已加工。

（2）如图 2-70 所示，加工尺寸为（41±0.05）mm、角度 45°±10′的斜面，其余尺寸均已加工。

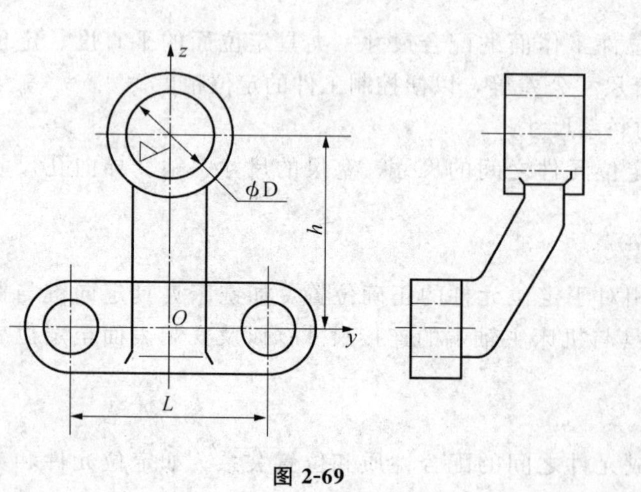

图 2-69

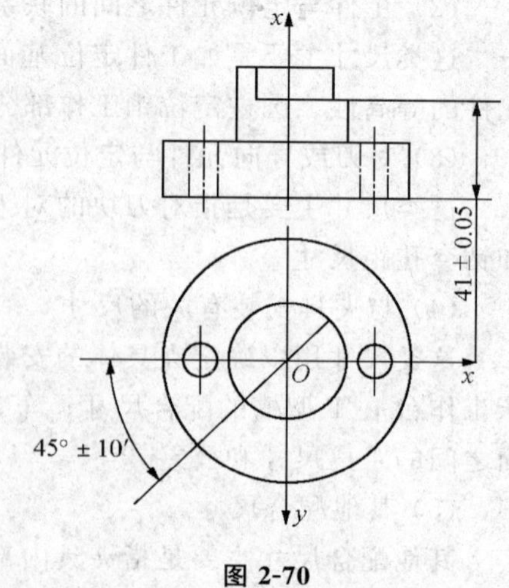

图 2-70

（3）如图 2-71 所示，同时钻 2－ϕd 孔，A 面、ϕD 均已加工。

（4）如图 2-72 所示，钻 ϕd 孔，A 面、ϕD 均已加工。

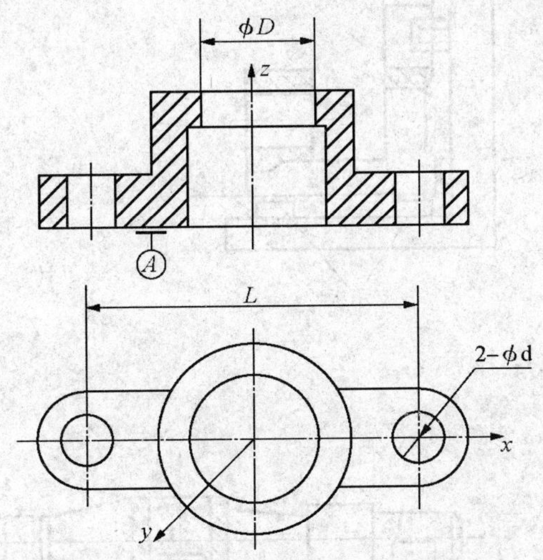

图 2-71

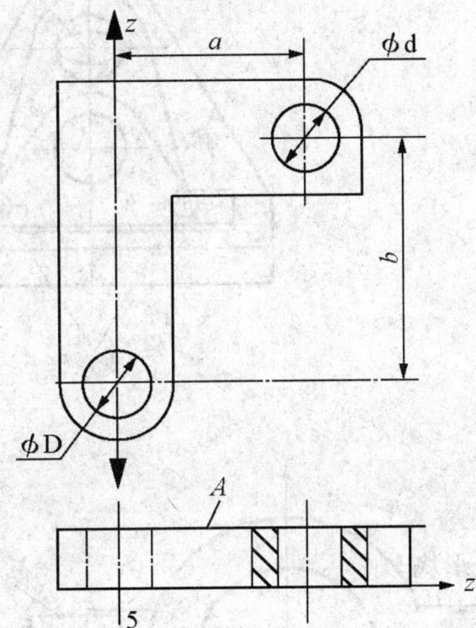

图 2-72

2. 试确定各定位元件限制了工件哪几个自由度？分别属于哪种定位方式？

（1）如图 2-73 所示，钻孔 ϕC。

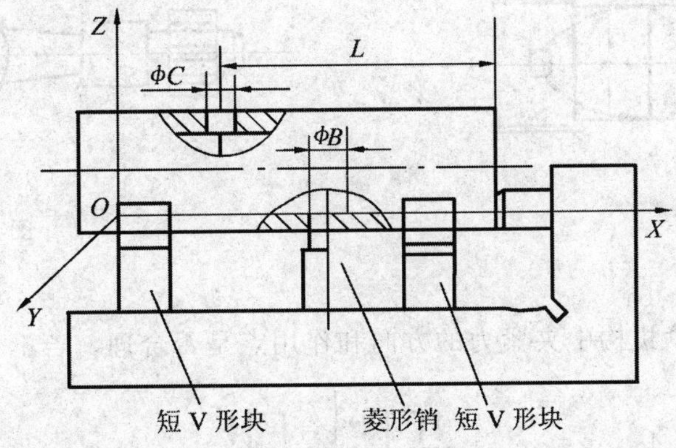

图 2-73

（2）如图 2-74 所示，镗前面大孔。

（3）如图 2-75 和图 2-76 所示。

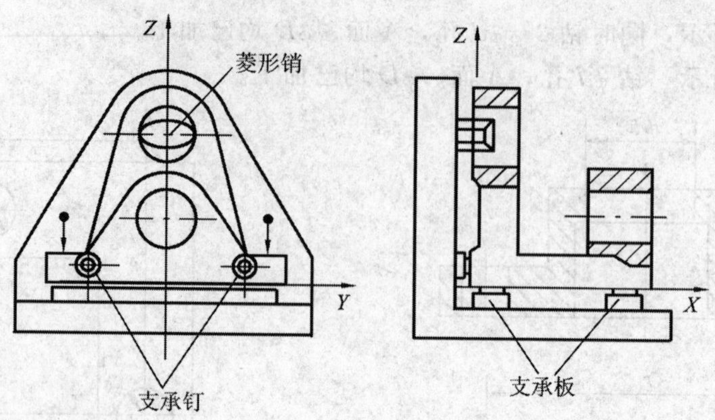

图 2-74

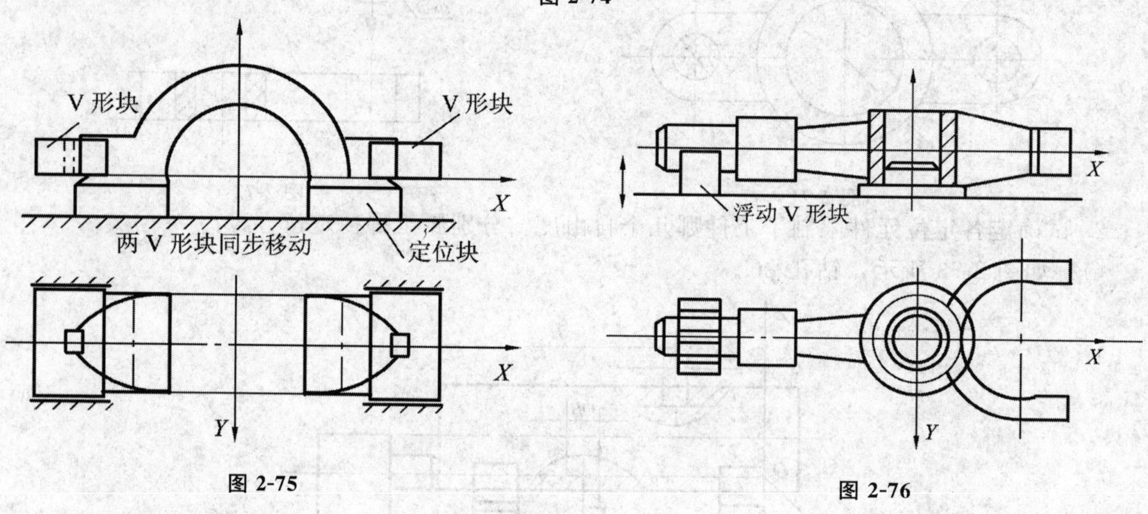

图 2-75

图 2-76

三、夹紧分析题

1. 试分析图示各夹紧机构中夹紧力的方向和作用点是否合理。若不合理应如何改进？

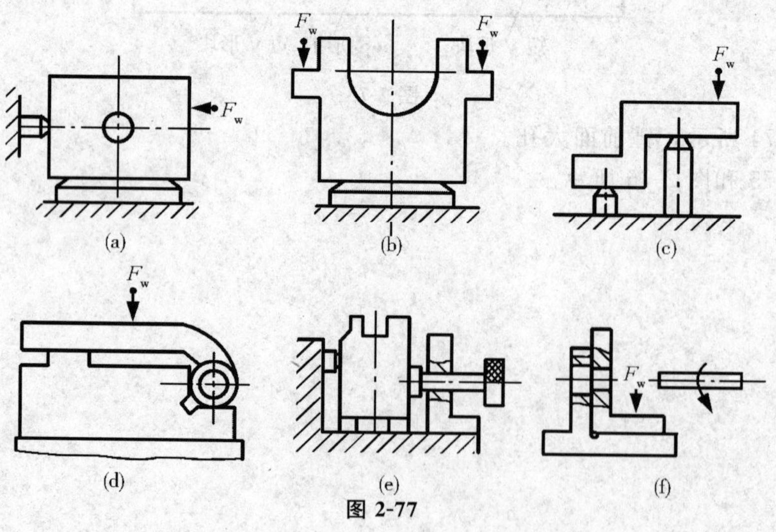

图 2-77

2. 试分析图示的各夹紧机构是否合理。若不合理应怎样改进？

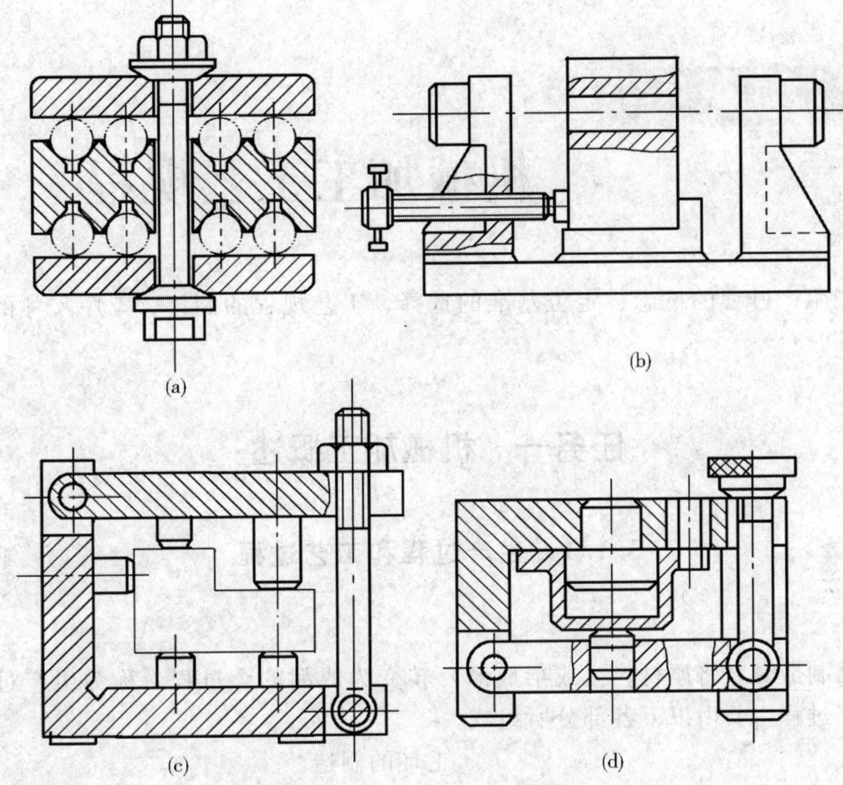

图 2-78

项目三 机械加工工艺规程

知识要点：生产过程的概念、定位基准的选择、工艺规程的制订、工序尺寸的确定、尺寸链的确定及计算。

任务一 机械加工概述

3.1.1 生产过程和工艺过程

1. 生产过程

在机械产品制造时，将原材料（或半成品）转变为成品的全过程，称为生产过程。对机械制造而言，生产过程主要由以下各部分所组成。

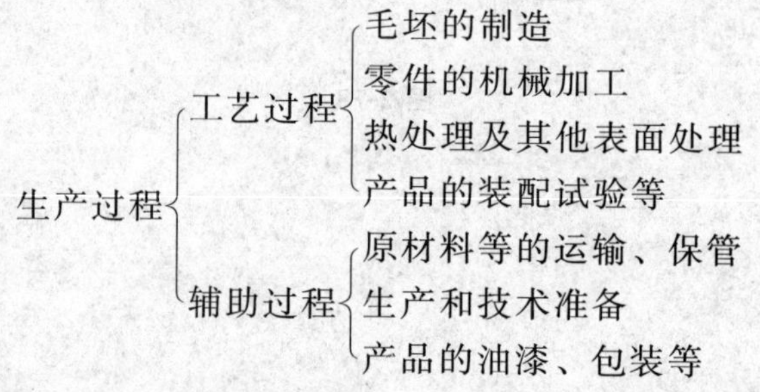

在现代生产中，为了便于组织生产，提高生产率和降低成本，有利于产品的标准化和专业化生产，一种产品生产往往由许多工厂联合起来协作完成。例如，汽车的生产过程就是由发动机、底盘、电器设备、仪表、轮胎、总装等协作制造工厂（或车间）的生产过程所组成。

2. 工艺过程

工艺过程就是指改变生产对象的形状、尺寸、相对位置和性质等，使其成为成品或半成品的过程。

机械加工工艺过程是指利用机械加工的方法，直接改变毛坯的形状、尺寸和表面质量，使其成为成品或半成品的过程。本项目主要讨论机械加工工艺过程。

3.1.2 工艺过程的组成

机械加工工艺过程（以下简称为工艺过程）是由一个或若干个顺序排列的工序所组成，毛坯依次通过这些工序变为成品。

1. 工序

工序是一个（或一组）工人，在一个工作地对同一个（或同时对几个）工件进行加工所连续完成的那部分工艺过程，划分工序的主要依据是工作地是否变动和工作是否连续。如果其中之一有变动或加工不是连续完成，则应划分为另一道工序。这里的“工作地”是指一台机床、一个钳工台或一个装配地点，这里的“连续”是指对一个具体的工件的加工是连续进行的，中间没有插入另一个工件的加工。例如，在车床上加工一个轴类零件，尽管加工过程中可能多次调头装夹工件及变换刀具，只要没有变换机床，也没有在加工过程中插入另一个工件的加工，则在此车床上对该轴类零件的所有加工的内容都属于同一工序。再如，先车好一批工件的一端，然后调头再车这批工件的另一端，这时对每个工件来说，两端的加工已不连续，所以即使在同一台车床上加工也是两道工序。

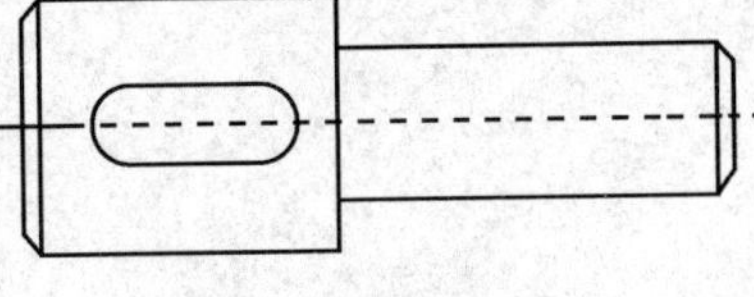

图 3-1　阶梯轴

现在以图 3-1 所示的阶梯轴的加工为例来说明。若阶梯轴的精度和表面粗糙度要求不高，单件小批量生产时，其工艺过程见表 3-1；大批量生产时，其工艺过程见表 3-2。

表 3-1　单件小批生产的工艺过程

工序号	工序内容	设备
1	车端面，钻中心孔；调头车端面，钻中心孔	车床
2	车大外圆及倒角；调头车小外圆及倒角	车床
3	铣键槽；去毛刺	铣床

表 3-2　大批大量生产的工艺过程

工序号	工序内容	设备
1	铣端面，钻中心孔	铣端面钻中心孔机床
2	车大外圆及倒角	车床
3	车小外圆及倒角	车床
4	铣键槽	铣床
5	去毛刺	钳工台

从表中可以看出，生产规模的不同，工序的划分及每个工序所包含的加工内容是不同的。

工序是组成工艺过程的基本单元，也是生产计划的基本单元。每个工序又可分为若干个安装、工位、工步和走刀。

2. 安装

工件加工前，使其在机床或夹具中占据一正确而固定位置的过程为安装。在一个工序中，工件可能安装一次，也可能安装几次。在表 3-1 的工序 1 和 2 都是两次安装，而工序 3 以及表 3-2 的各道工序中都是一次安装。工件加工中应尽可能减少安装次数，以免影响加工精度和增加辅助时间。

3. 工位

为了减少安装次数，常采用回转工作台、回转夹具或移动夹具等多工位夹具，使工件在一次安装中先后处于几个不同的位置进行加工。此时，工件在机床上占据的每一个加工位置称为工位。如图 3-2 所示为一种利用回转工作台在一次安装中顺次完成装卸工件、钻孔、扩孔和铰孔四个工位加工的实例。

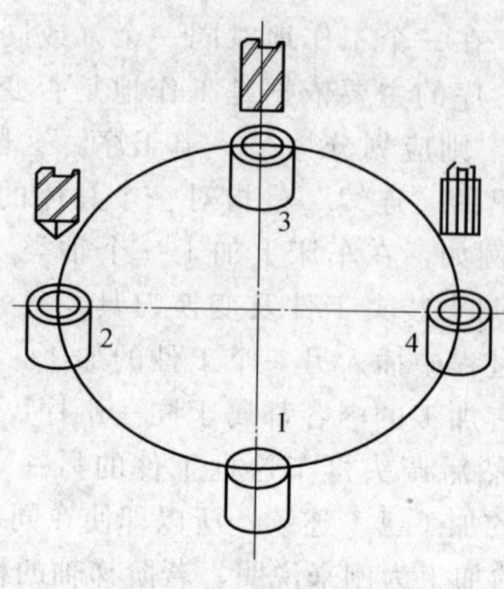

图 3-2　多工位加工

4. 工步

在加工表面，切削刀具和切削用量（不包括切削深度）不变的条件下，所连续完成的那一部分工序称为工步。

一道工序可包括几个工步，也可能只有一个工步。如表 3-1 工序 1 中，包括四个工步：两次车端面，两次钻中心孔；工序 2 中也包括四个工步；而表 3-2 工序 4 只有一个工步。

为了简化工艺文件，对于在一次安装中连续进行的若干相同的工步，常看作为一个工步(可称为合并工步)。如用一把钻头连续钻削几个相同尺寸的孔，就认为是一个工步，而不看成是几个工步。

为了提高生产率，采用复合刀具或多刀加工的工步称为复合工步。

5. 走刀

走刀是切削工具在加工表面上切削一次所完成的那部分工艺过程。在一个工步中，当加工表面上需要切除的材料较厚，无法一次全部切除掉，需分几次切除，则每切去一层材料称为一次走刀。一个工步可以包括一次或几次走刀。

3.1.3　生产纲领和生产类型

1. 生产纲领

生产纲领是指企业在计划期内应当生产的产品产量和进度计划，因计划期常常定为 1 年，所以也称为年产量。

零件的生产纲领要记入备品和废品的数量，可按下式计算

$$N=Q_n\ (1+a\%+b\%) \tag{3-1}$$

式中　N——零件的年产量，件/年；

Q——产品的年产量，台/年；

n——每台产品中该零件的数量，件/台；

$a\%$——备品率；

$b\%$——废品率。

2. 生产类型

生产类型是指企业（或车间、工段、班组、工作地）生产专业化程度的分类，一般分为单

件生产、成批生产和大量生产三种类型。

（1）单件生产

单件生产的基本特点是生产的产品种类很多，每种产品制造一个或少数几个，而且很少重复生产。如重型机器制造、专用设备制造和新产品试制等。

（2）成批生产

成批生产指一年中分批轮流生产几种不同的产品，每种产品均有一定的数量，工作地的加工对象周期性地重复。例如，机床、机车、纺织机械的制造等多属于成批生产。每批制造的相同产品的数量称为批量，根据批量的大小，成批生产可分为小批生产、中批生产和大批生产。小批生产的工艺特点接近单件生产，常合称为单件小批生产；大批生产和大量生产相似，常合称为大批大量生产。中批生产的工艺特点则介于单件小批生产和大批大量生产之间。

（3）大量生产

大量生产的产量很大，大多数工作地点长期只进行某一工序的生产。例如，汽车、拖拉机、手表的制造常属大量生产。

生产类型的划分，可根据生产纲领和产品的特点及零件的质量或工作地每月担负的工序数，参考表 3-3 确定。

表 3-3　生产类型与生产纲领的关系

生产类型	生产纲领 /（台/年或件/年）			工作地每月担负工序数 /（工序数/月）
	小型机械或轻型零件	中型机械或中型零件	重型机械或重型零件	
单件生产	≤100	≤10	≤5	不作规定
小批生产	>100～500	> 10～150	> 5～100	> 20～40
中批生产	>500～5000	> 150～500	> 100～300	> 10～20
大批生产	> 5000～50000	> 500～5000	> 300～1000	> 1～10
大量生产	> 50000	> 5000	> 1000	1

注：小型、中型和重型机械可分别以缝纫机、机床（或柴油机）和轧钢机为代表。

3. 各种生产类型的工艺特征

生产类型不同，产品制造的工艺方法、所采用的加工设备、工艺装备以及生产组织管理形式均不同。各种生产类型的工艺特征见表 3-4。

表 3-4　各种生产类型的工艺特征

生产类型	单件生产	成批生产	大量生产
加工对象	经常改变	周期性改变	固定不变
毛坯的制造方法及加工余量	铸件用木模，手工造型；锻件用自由锻。毛坯精度底，加工余量大	部分铸件用金属模，部分铸件采用模锻。毛坯精度中等，加工余量中等	铸件广泛采用金属模机器造型。锻件广泛采用模锻以及其他高生产率的毛坯制造方法。毛坯精度高，加工余量小

续 表

生产类型	单件生产	成批生产	大量生产
机床设备及其布置形式	采用通用机床。机床按类别和规格大小采用“机群式”排列布置	采用部分通用机床和部分高生产率的专用机床。机床设备按加工零件类别分“工段”排列布置	广泛采用高生产率的专用机床及自动机床。按流水线形式排列布置
工艺装备	多用标准夹具，很少采用专用夹具，靠划线及试切法达到尺寸精度 采用通用刀具与万能量具	广泛采用专用夹具，部分靠划线进行加工 较多采用专用刀具和专用量具	广泛采用先进高效夹具，靠夹具及调整法达到加工要求 广泛采用高生产率的刀具和量具
对操作人员的要求	需要技术熟练的操作工人	操作工人需要有一定的技术熟练程度	对操作工人的技术要求较低，对调整工人的技术要求较高
工艺文件	有简单的工艺过程卡片	有较详细的工艺规程，对重要零件需编制工序卡片	有详细编制的工艺文件
零件的互换性	广泛采用钳工修配	零件大部分有互换性，少数用钳工修配	零件全部有互换性，某些配合要求很高的零件采用分组互换
生产率	低	中等	高
单件加工成本	高	中等	低

3.1.4 工艺规程

工艺规程是规定产品或零部件制造工艺过程和操作方法等的工艺文件。其中，规定零件机械加工工艺过程和操作方法等的工艺文件称为机械加工工艺规程。正确的工艺规程是在总结长期的生产实践和科学实践的基础上，依据科学理论和必要的工艺实验并考虑具体的生产条件而制订的。

1. 工艺规程的作用

(1) 工艺规程是指导生产的主要技术文件

按照工艺规程进行生产，可以保证产品质量和提高生产效率。

(2) 工艺规程是生产组织和管理工作的基本依据

在产品投产前可以根据工艺规程进行原材料和毛坯的供应，机床负荷的调整，专用工艺装备的设计和制造，生产作业计划的编排，劳动力的组织以及生产成本的核算等。

(3) 工艺规程是新建或扩建工厂、车间的基本技术文件

在新建或扩建工厂、车间时，只有根据工艺规程和生产纲领，才能准确确定生产所需机床的种类和数量，工厂或车间的面积，机床的平面布置，生产工人的工种、等级、数量以及各辅助部门的安排等。

(4) 工艺规程是进行技术交流的重要文件

先进的工艺规程起着交流和推广先进经验的作用，能指导同类产品的生产，缩短工厂摸索和试制的过程。

工艺规程是经过逐级审批的，因而也是工厂生产中的工艺纪律，有关人员必须严格执行。但工艺规程也不是一成不变的，它应不断地反映工人的革新创造，及时地吸取国内外先进工艺技术，不断予以改进和完善，以便更好地指导生产。

2. 制定工艺规程的原则、主要依据和步骤

(1) 制定工艺规程的原则

制定工艺规程的原则是：所制定的工艺规程应保证在一定生产条件下，以最高的生产率、最低的成本、可靠地生产出符合要求的产品。为此，应尽量做到技术上先进，经济上的合理，并且有良好的劳动条件。另外还应该做到正确、统一、完整和清晰；所用的术语、符号、计量单位、编号等都要符合有关的标准。

(2) 制定工艺规程的主要依据（原始资料）

①产品的成套装配图和零件工作图。

②产品验收的质量标准。

③产品的生产纲领。

④现有生产条件和资料，包括毛坯的生产条件、工艺装备及专用设备的制造能力，有关机械加工车间的设备和工艺装备的条件。

⑤国内外同类产品的有关工艺资料等。

(3) 制定工艺规程的步骤

①分析研究产品的装配图和零件图。

②确定生产类型。

③确定毛坯的种类和尺寸。

④选择定位基准和主要表面加工方法、拟定零件加工工艺路线。

⑤确定工序尺寸及公差。

⑥选择机床、工艺装备及确定时间定额。

⑦填写工艺文件。

3. 工艺规程的格式

将工艺规程的内容填入一定格式的卡片，成为工艺文件。目前，工艺文件还没有统一的格式。各厂都是按照一些基本的内容，根据具体情况自行确定。

(1) 机械加工工艺过程卡片

机械加工工艺过程卡片是以工序单位简要说明零件机械加工过程的一种工艺文件，主要用

于单件小批量生产和中批生产，大批大量生产可酌情自定。该卡片是生产管理方面的工艺文件。机械加工工艺过程卡片见表 3-5。

表 3-5　机械加工工艺过程卡片格式

		机械加工工艺过程卡片		产品型号			零件图号					
				产品名称			零件名称			共　页		第　页
	材料牌号	[1]	毛坯种类	[2]	毛坯外形尺寸	[3]	每毛坯可制零件数	[4]	每台件数	[5]	备注	[6]
	工序号	工序名称	工序内容		车间	工段	设备		工艺装备		工时 准终	工时 单件
	[7]	[8]	[9]		[10]	[11]	[12]		[13]		[14]	[15]
排图												
描校												
底图号												
装订号												
										设计（日期）	审核（日期）	标准化（日期）	会签（日期）
标记	处数	更改文件号	签字	日期	标记	处数	更改文件号	签字	日期			

(2) 机械加工工序卡片

机械加工工序卡片是在工艺过程卡片的基础上，按每道工序所编制的一种工艺文件，其主要内容包括工序简图，该工序中每个工步的加工内容、工艺参数、操作要求以及所用的设备和工艺装备等。工序卡片主要用于大量生产中所用零件，中批生产中的复杂产品的关键零件以及小批量生产中的关键工序。机械加工工序卡片见表 3-6。

表 3-6　机械加工工序卡片

<table>
<tr><td rowspan="2" colspan="2">工厂</td><td rowspan="2" colspan="2">机械加工工序卡片</td><td>产品型号</td><td colspan="2"></td><td colspan="4">零（部）件图号</td><td colspan="2"></td><td colspan="2">共　页</td></tr>
<tr><td>产品名称</td><td colspan="2"></td><td colspan="4">零（部）件名称</td><td colspan="2"></td><td colspan="2">第　页</td></tr>
<tr><td colspan="2">材料牌号</td><td>毛坯种类</td><td></td><td>毛坯外型尺寸</td><td colspan="2"></td><td>每毛坯件数</td><td></td><td colspan="2">每台件数</td><td colspan="2"></td><td>备注</td><td></td></tr>
<tr><td colspan="4" rowspan="11"></td><td colspan="3">车间</td><td colspan="3">工序号</td><td colspan="2">工序名称</td><td colspan="3">材料牌号</td></tr>
<tr><td colspan="3"></td><td colspan="3"></td><td colspan="2"></td><td colspan="3"></td></tr>
<tr><td colspan="3">毛坯种类</td><td colspan="3">毛坯外形尺寸</td><td colspan="2">每坯件数</td><td colspan="3">每台件数</td></tr>
<tr><td colspan="3"></td><td colspan="3"></td><td colspan="2"></td><td colspan="3"></td></tr>
<tr><td colspan="3">设备名称</td><td colspan="3">设备型号</td><td colspan="2">设备编号</td><td colspan="3">同时加工件数</td></tr>
<tr><td colspan="3"></td><td colspan="3"></td><td colspan="2"></td><td colspan="3"></td></tr>
<tr><td colspan="6">夹具编号</td><td colspan="2">夹具名称</td><td colspan="3">冷却液</td></tr>
<tr><td colspan="6"></td><td colspan="2"></td><td colspan="3"></td></tr>
<tr><td colspan="4" rowspan="3"></td><td colspan="4" rowspan="3"></td><td colspan="3">工序工时</td></tr>
<tr><td colspan="2">准终</td><td>单件</td></tr>
<tr><td colspan="2"></td><td></td></tr>
<tr><td>工步号</td><td>工步内容</td><td colspan="2">工艺装备</td><td>主轴转速
$r \cdot mm^{-}$</td><td colspan="2">切削速度
$m \cdot min^{-}$</td><td colspan="2">走刀量
$mm \cdot r^{-}$</td><td>吃刀深度
mm</td><td>走刀次数</td><td colspan="4">定额</td></tr>
</table>

任务二　零件的工艺分析

在制造零件的机械加工工艺过程中，首先要对零件进行工艺分析。对零件工艺分析，主要包括零件的技术要求分析和结构工艺性分析两方面。

3.2.1　零件的技术要求分析

零件的技术要求分析包括以下几个方面。

①加工表面的尺寸精度和性状精度。

②各加工表面之间以及加工表面和不加工表面之间的相互位置精度。

③加工表面粗糙度以及表面质量方面的其他要求。

④热处理及其他要求，如动平衡、配适切削等。

要注意分析这些要求在保证使用性能的前提下是否经济合理，在现存生产条件下能否实现，特别要分析主要表面的技术要求，因主要表面的加工确定了零件工艺过程的大致轮廓。

3.2.2　零件的结构工艺性分析

零件的结构工艺性是指所设计的零件在满足使用要求的前提下制造的可行性和经济性。它包括零件的整个工艺过程的工艺性，如铸造、锻造、冲压、焊接、切削加工等的工艺性，涉及面很广，具有综合性。而且在不同的生产类型和生产条件下，同样一种零件制造的可行性和经济性可能不同。所以，在对零件进行工艺分析时，必须根据具体的生产类型和生产条件，全面、具体、综合地分析。在制定机械加工工艺规程时，主要进行零件的切削加工工艺性分析，它主要涉及如下方面。

①工件应便于在机床或夹具上装夹，并尽量减少装夹次数。

②刀具易于接近加工部位，便于进刀、退刀、越程和测量，以及便于观察切削情况等。

③尽量减少刀具调整和走刀次数。

④尽量减少加工面积及空行程，提高生产率。

⑤便于采用标准刀具，尽可能减少刀具种类。

⑥尽量减少工件和刀具的受力变形。

⑦改善加工条件，便于加工，必要时应便于采用多刀、多件加工。

⑧有适宜的定位基准，且定位基准至加工面的标注尺寸应便于测量。

表 3-7 是一些常见的零件结构工艺性实例。

表 3-7　常见的零件结构工艺性实例

主要要求	结构工艺性		工艺性好的结构的优点
	不好	好	
加工面积应尽量小	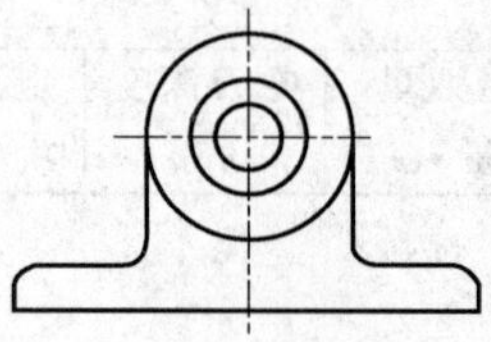	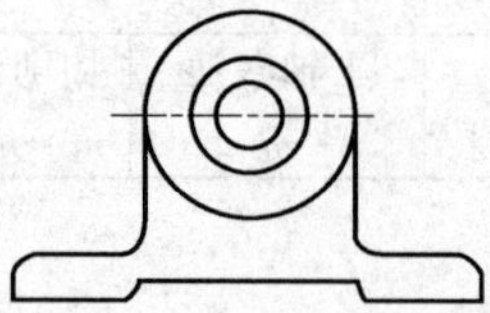	①减少加工量 ②减少材料及切削工具的消耗量
钻孔的入端和出端应避免斜面	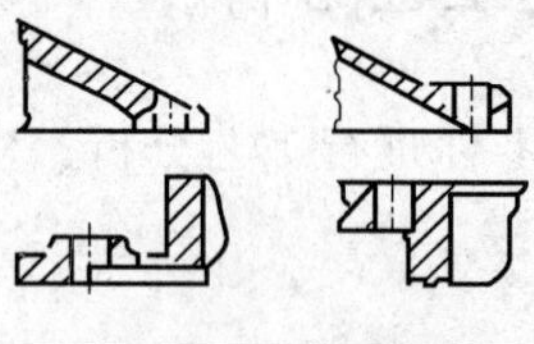	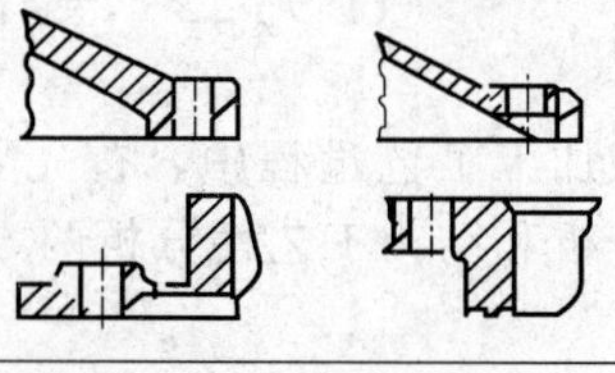	①避免刀具损坏 ②提高钻孔精度 ③提高生产率
避免斜孔	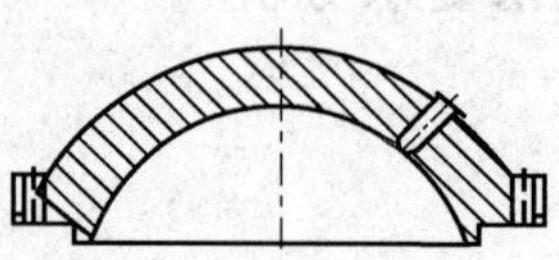	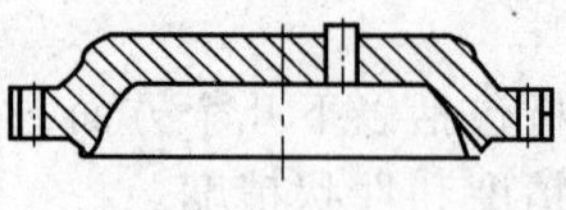	①简化夹具结构 ②几个平行的孔便于同时加工 ③减少孔的加工量
孔的位置不能距壁太近	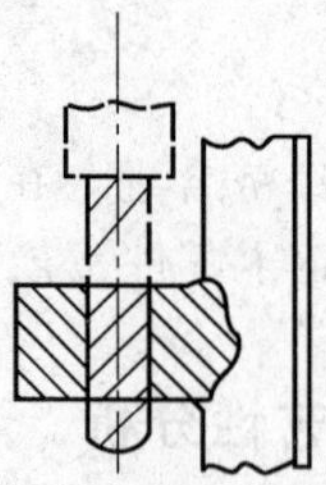	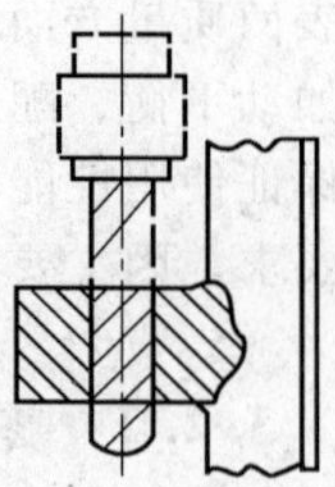	①可采用标准刀具和辅具 ②提高加工精度

任务三　毛坯的选择

在制定工艺规程时，合理选择毛坯不仅影响到毛坯本身的制造工艺和费用，而且对零件机械加工工艺、生产率和经济性也有很大的影响。因此选择毛坯时应从毛坯制造和机械加工两方面综合考虑，以求得最佳效果。

3.3.1　毛坯的种类

1. 铸件

铸件毛坯的制造方法可分为砂型铸造、金属型铸造、精密铸造、压力铸造等，适用于各种形状复杂的零件，铸件材料有铸铁、铸钢及钢等有色金属。

2. 锻件

锻件可分为自由锻件和模锻件。自由锻件毛坯精度低、加工余量大、生产率低，适用于单件小批量生产以及大型零件毛坯。模锻毛坯精度高、加工余量小、生产率高，适用于中批以上生产的中小型毛坯。常用的锻造材料为中、低碳钢及低合金钢。

3. 轧制件

轧制件主要包括各种热轧和冷轧圆钢、方钢、六角钢、八角钢等型材，热轧毛坯精度较低，冷轧毛坯精度较高。

4. 焊接件

焊接件是将型材或板料等焊接成所需的毛坯，简单方便，但需经过时效处理消除应力后才能进行机械加工。

5. 其他毛坯

其他毛坯有冲压件、粉末冶金和塑料压制件等。

3.3.2　选择毛坯时应考虑的因素

1. 零件的材料及力学性能要求

零件的材料选定后，毛坯的种类一般可大致确定。例如，铸铁和某些金属只能铸造；对于主要的钢质零件为获得良好的力学性能，应选用锻件毛坯。

2. 零件的结构形状和尺寸

毛坯的形状与尺寸应尽量与零件的形状和尺寸接近，形状复杂和大型零件的毛坯多用铸造；板状钢质零件多用锻造；轴类零件毛坯，如各台阶直径相差不大，可选用棒料；如各台阶直径相差较大，易用锻件。对于锻件，尺寸大时可选用自由锻，尺寸小且批量较大时可选用模锻。

3. 生产纲领的大小

大批量生产时，应选用精度和生产率较高的毛坯制造方法，如模锻、金属型机器造型铸造等。单件小批生产时应选用木模手工造型造成自由锻造。

4. 现有生产条件

选用毛坯时，要充分考虑现有的生产条件，如现场毛坯制造的实际水平和能力，外协生产的可能性。

5. 充分考虑利用好技术、新工艺、新材料的可能性

为节约材料和能源，随着毛坯专业化生产的发展，精铸、冷轧、冷挤压等毛坯制造方法的应用将日益广泛，应用这些方法后，可大大减少机械加工量，甚至不需要切削加工，其经济效益非常显著。

3.3.3 毛坯形状与尺寸的确定

毛坯尺寸和零件图上的设计尺寸之差称为加工余量，又叫毛坯余量。毛坯尺寸的公差、毛坯余量的大小同毛坯的制造方法有关，生产中可参照有关工艺手册和标准确定。毛坯余量确定后，将毛坯余量附加在零件相应的加工表面上，即可大致确定毛坯的形状和尺寸，此外还要考虑毛坯制造、机械加工及热处理等许多工艺因素。下面仅从机械加工工艺角度分析在确定毛坯形状和尺寸时应注意的问题。

1. 工艺凸台

为了加工时装夹方便，有些毛坯需要铸出工艺搭子。这种情况下，除了将毛坯余量附加在零件相应的加工表面上外，还要把工艺凸台或工艺搭子附加在零件上。

2. 一坯多件

为了提高零件机械加工的生产率，对于一些类似图 3-3 所示的需经锻造的小零件，可以将若干零件合锻为一件毛坯，经平面加工后再切割分离成单个零件。显然，在确定毛坯的长度时，应考虑切割零件所用锯片的厚度和切割的零件数。

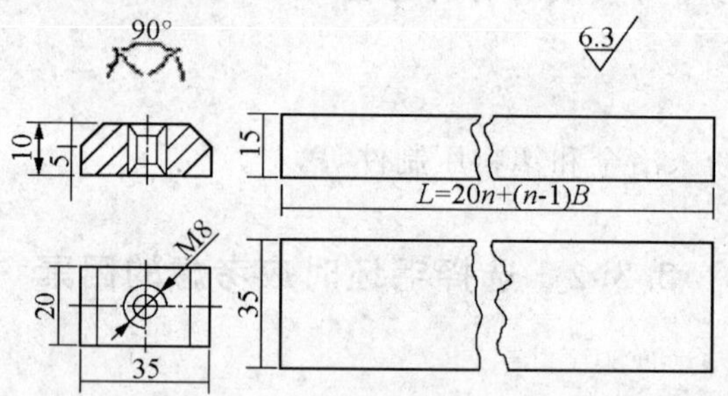

图 3-3 一坯多件的毛坯

3. 组合毛坯

为了保证加工质量，同时也为了加工方便，通常将轴承、瓦块、砂轮平衡块及车床的开合螺母外壳之类的分离零件的毛坯先做成一个整体毛坯，加工到一定阶段后再切割分离。

任务四 定位基准的选择

在制定零件机械加工工艺规程时，定位基准选择的正确与否，对能否保证零件的尺寸精度和相互位置精度要求，以及对零件各个表面间的加工顺序安排都有很大影响。采用夹具装夹工

件时，定位基准的选择还会影响到夹具的结构。因此，定位基准的选择是一个很重要的工艺问题。

3.4.1　基准的概念及其分类

基准是零件上用以确定其他点、线、面位置所依据的那些点、线、面。根据作用不同，可将基准作如下的分类。

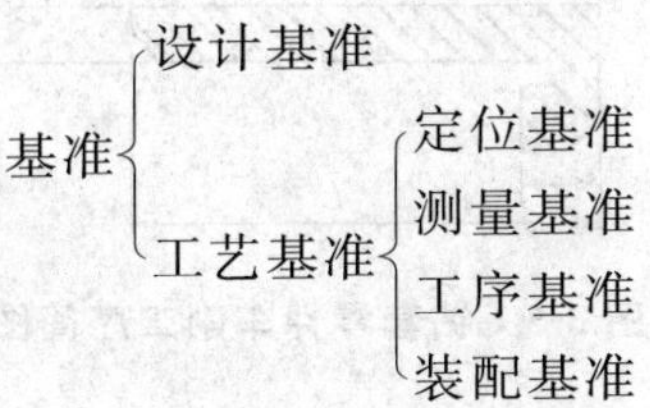

1. 设计基准

在零件图上用来确定其他点、线、面位置的基准，称为设计基准。如图 3-4 所示钻套零件，孔中心线是外圆与内孔径向圆跳动的设计基准，也是端面圆跳动的设计基准，端面 A 是端面 B、C的设计基准。

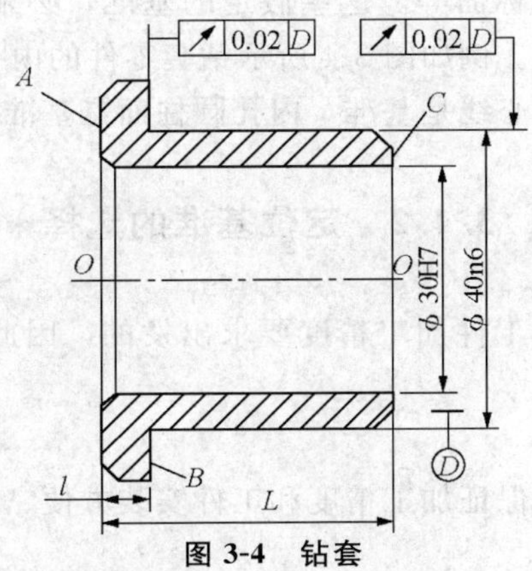

图 3-4　钻套

2. 工艺基准

零件在加工和装配过程中所使用的基准称为工艺基准。按用途的不同可将其分为以下四种：

(1) 定位基准

定位基准是加工时工件定位所用的基准。用夹具装夹时，定位基准就是工件上直接与夹具的定位元件相接触的点、线、面。例如，将图 3-4 所示零件套在心轴上磨削 ϕ40h6 外圆表面时，内孔中心线即是定位基准。定位基准又可分为粗基准和精基准。粗基准是指没有经过机械加工的定位基准，而已经过机械加工的定位基准则为精基准。

(2) 测量基准

用以检验已加工表面形状、尺寸及位置的基准，称为测量基准。

(3) 工序基准

在工序简图上用来确定本工序加工表面加工后的尺寸、形状、位置的基准，称为工序基准。简言之，它是工序图上的基准。例如，图 3-5 所示为钻套零件的车削加工工序图，A 面即是B、C 面的工序基准。

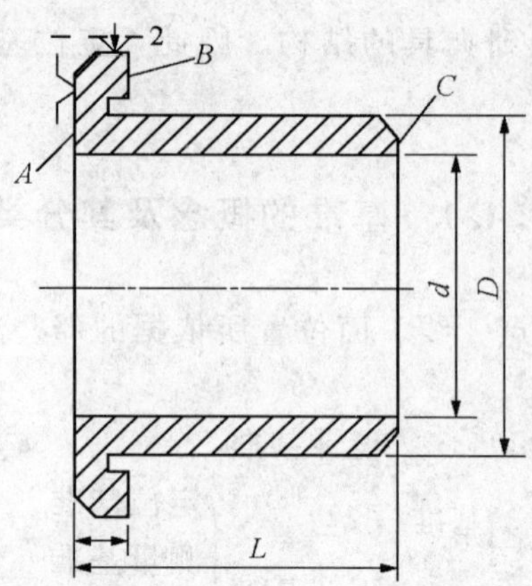

图 3-5　钻套零件车削工序简图

(4) 装配基准

装配时用以确定零件在部件或成品中位置的基准，称为装配基准。例如图 3-4 所示钻套零件上的 ϕ40h6 外圆柱面及端面 B 就是该钻套零件装在钻床夹具的钻模板上的孔中时的装配基准。

零件上的基准通常是零件表面具体存在的一些点、线、面，但也可以是一些假定的点、线、面，如孔或轴的中心线、槽的对称面等。这些假定的基准，必须由零件上某些相交的具体表面来体现，这样的表面称为基准面。例如图 3-4 所示钻套零件的内孔中心线并不具体存在，而是由内孔圆柱面来体现的，故内孔中心线是基准，内孔圆柱面是基准面。

3.4.2　定位基准的选择

选择定位基准时，是从保证工件加工精度要求出发的，因此，定位基准的选择应先选择精基准，再选择粗基准。

1. 精基准的选择

选择精基准时，主要应考虑保证加工精度和工件安装方便、可靠。选择精基准的原则如下。

(1) 基准重合原则

选择被加工表面的设计基准为定位基准，以避免基准不重合引起的基准不重合误差。如图 3-6 (a) 所示的零件，为了遵守基准重合原则，应选择加工表面 C 的设计基准 A 表面作为定位基准。按调整法加工该零件时，加工表面 C 对设计基准 A 的位置精度的保证，仅取决于本工序的加工误差。即在基准重合的条件下，只要 C 面相对 A 面的平行度误差不超过 0.02mm，位置尺寸 b 的加工误差不超过设计误差 T_b 的范围就能保证加工精度，表面 B 的加工误差对表面 C 的加工精度不产生影响，如图 3-6 (b) 所示。但是，当设计基准为表面 B 时 [图 3-6 (c)]，如果仍以表面 A 为定位基准按调整法加工就违背了基准重合原则，会产生基准不重合误差。因此尺寸 c 的加工误差不仅包括本工序所出现的加工误差 Δ_1，而且还包括由于基准不重合带来的设计基准（B 表面）和定位基准（A 表面）之间的尺寸误差，其大小为尺寸 a 的误差 T_a [图 3-6 (d)]。为了保证尺寸 c 的精度要求，应使 $\Delta_1 + T_a \leqslant T_c$。可以看出，在 T_c 一定的条件下，由于基准不重合误差的存在，势必导致加工误差容许数值的减小，即提高了本工序的加工精度，增加了加工难度和成本。当然，就本例来讲，以设计基准（表面 B）作为定位基准，势必要增加夹具设计与制造的难度。故遵守基准重合原则，有利于保证加工表面获得较高的加工精度，但应用基准重合原则时，应注意具体条件。

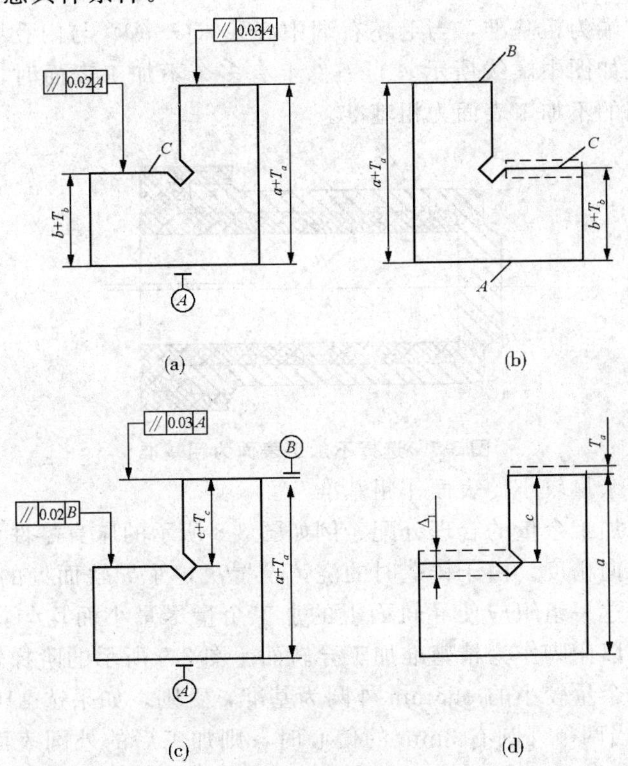

图 3-6　基准重合原则

定位过程中产生的基准不重合误差，是在用调整法加工一批工件时产生的。若用试切法加工，直接保证设计要求，则不存在基准不重合误差。

(2) 基准统一原则

采用同一组基准来加工工件的多个表面，不仅可以避免因基准变化而引起的定位误差，而且在一次装夹中能加工较多的表面，既便于保证各个被加工表面的位置精度，又有利于提高生产率。例如，加工轴类零件采用中心孔定位加工各外圆表面、齿轮加工中以其内孔及一端面为定位基准，均属基准统一原则。

(3) 自为基准原则

以加工表面本身作为定位基准称为自为基准原则。有些精加工或是光整加工工序要求加工余量小而均匀，经常采用这一原则。遵循自为基准原则时，不能提高加工表面的位置精度，只是提高加工表面自身的尺寸、形状精度和表面质量。

(4) 互为基准原则

当对工件上两个相互位置精度要求很高的表面进行加工时，需要用两个表面互相作为基准，反复进行加工，以保证位置精度要求。

2. 粗基准的选择

选择粗基准，主要要求保证各加工面有足够的余量，并尽快获得精基准面。在具体选择时应考虑下面原则。

(1) 以不加工表面作粗基准

用不加工表面作粗基准，可以保证不加工表面与加工表面之间的相互位置关系。例如图 3-7

所示的毛坯，铸造时孔和外圆 A 有偏心，选不加工的外圆 A 为粗基准，从而保证孔 B 的壁厚均匀。若以需要加工的右端为粗基准，当毛坯右端中心线（$O—O$）与内孔中心线不重合时，将会导致内孔壁厚不均匀，如图中虚线所示。当工件上有多个不加工表面时，选择与加工表面之间相互位置精度要求较高的不加工表面为粗基准。

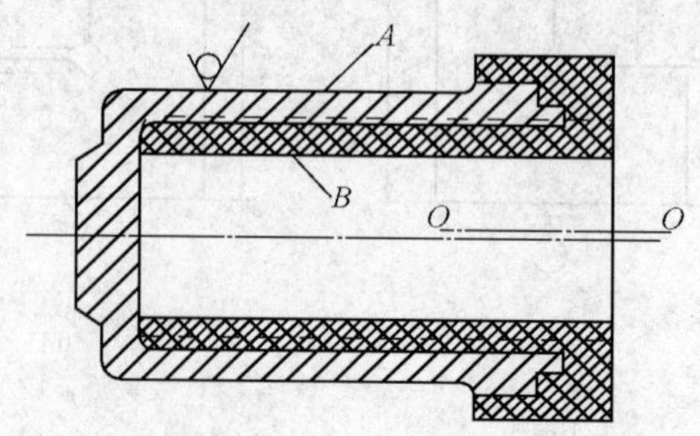

图 3-7　选择不加工表面为粗基准

(2) 以重要表面、余量较小的表面作粗基准

此原则主要是考虑加工余量的合理分配。例如图 3-8 所示的床身零件，要求导轨面应有较好的耐磨性，以保持其导向精度。由于铸造时的浇铸位置决定了导轨面处的金属组织均匀而致密，在机械加工中，为保留这一组织应使导轨面上的加工余量尽量小而均匀，因此应选择导轨面作为粗基准加工床脚，再以床脚作为精基准加工导轨面。图 3-9 所示的阶梯轴，大小端余量不同且有偏心，加工时应选择余量较小的 ϕ55mm 外圆为基准，否则，如果选 ϕ108mm 外圆为粗基准加工 ϕ55mm 外圆表面，当两个外圆有 3mm 的偏心时，则加工后的外圆表面的一侧可能会因余量不足而残留部分毛坯表面，从而使工件报废。

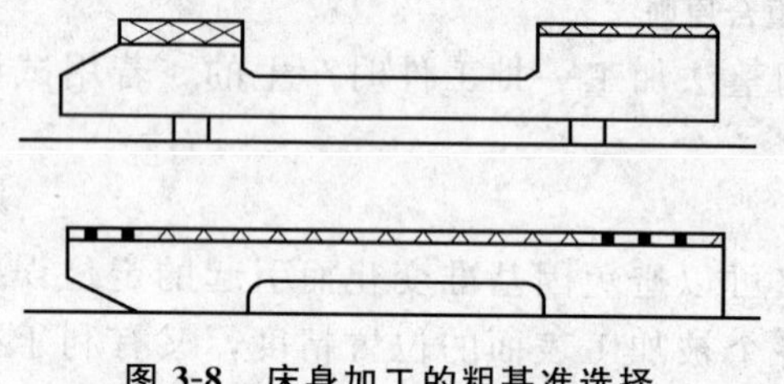

图 3-8　床身加工的粗基准选择

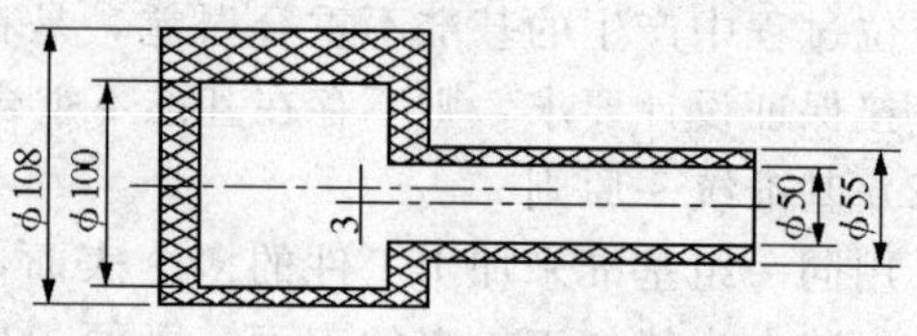

图 3-9　阶梯轴加工的粗基准选择

(3) 粗基准应尽量避免重复使用

在同一尺寸上（即同一自由度方向上）通常只允许使用一次粗基准，作为粗基准的毛坯表面一般都比较粗糙，如二次使用，定位误差较大。因此，粗基准应避免重复使用。如图 3-10 所示的心轴，如重复使用毛坯面 B 定位去加工 A 和 C 表面，则会使 A 和 C 表面的轴线产生较大的同轴度误差。

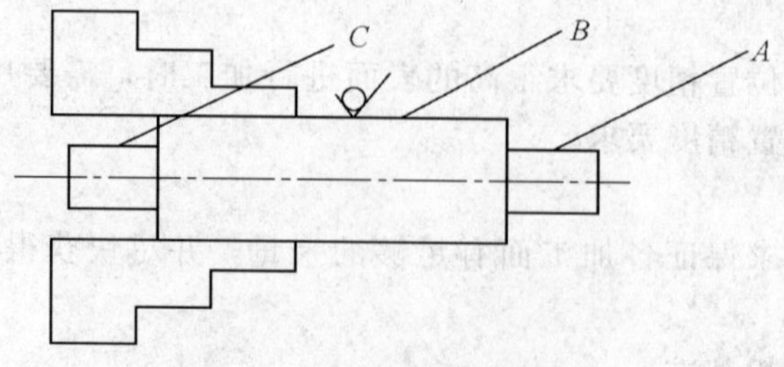

图 3-10　粗基准重复使用示例

（4）以质量较好的毛坯作粗基准

应尽量选择没有飞边、浇口或其他缺陷的平整表面作为粗基准，使工件定位稳定、夹紧可靠。

实际上，无论精基准还是粗基准的选择，上述原则都不一定能同时满足，有时还是互相矛盾的，因此，在选择时应根据具体情况作具体分析，权衡利弊，保证其主要要求。

任务五　工艺路线的拟定

工艺路线的拟定是工艺规程制定过程中的关键阶段，其主要工作是选择零件表面的加工方法和安排各表面的加工顺序。设计时一般应提出几种方案，通过分析对比，从中选择最佳方案。

3.5.1　表面加工方法的选择

不同的加工表面所采用的加工方法不同，而同一加工表面，可能有许多加工方法可供选择。表面加工方法的选择应满足加工质量、生产率和经济性各方面的要求。一般要考虑以下问题。

1. 加工经济精度和经济表面粗糙度

所谓经济精度是指在正常条件下（采用符合质量标准的设备、工艺装备，由标准技术等级的工人加工，不延长加工时间）所能保证的加工精度。若延长加工时间，就会增加成本，虽然精度能提高，但不经济。经济表面粗糙度的概念类同于经济精度。经济精度和经济表面粗糙度均已制成表格，在有关机械加工的手册中可以查到。表 3-8、表 3-9 和表 3-10 分别摘录了外圆、孔和平面等典型表面的加工方法及其经济精度和经济表面粗糙度（经济精度用公差等级表示）。选择加工方法常常根据经验或查表确定，再根据实际情况或通过工艺验证进行修改。

表 3-8　外圆柱面加工方法

<table>
<tr><th>序号</th><th>加工方法</th><th>经济精度
（以公差等级表示）</th><th>经济表面粗糙度
Ra 值/μm</th><th>适用范围</th></tr>
<tr><td>1</td><td>粗车</td><td>IT11～IT13</td><td>12.5～50</td><td rowspan="4">适用于淬火钢外的各种金属</td></tr>
<tr><td>2</td><td>粗车—半精车</td><td>IT8～IT10</td><td>3.2～6.3</td></tr>
<tr><td>3</td><td>粗车—半精车—精车</td><td>IT7～IT8</td><td>0.8～1.6</td></tr>
<tr><td>4</td><td>粗车—半精车—精车—滚压</td><td>IT7～IT8</td><td>0.025～0.2</td></tr>
<tr><td>5</td><td>粗车—半精车—磨削</td><td>IT7～IT8</td><td>0.4～0.8</td><td rowspan="3">主要用于淬火钢，也可用于未淬火钢，但不宜加工有色金属</td></tr>
<tr><td>6</td><td>粗车—半精车—粗磨—精磨</td><td>IT6～IT7</td><td>0.1～0.4</td></tr>
<tr><td>7</td><td>粗车—半精车—粗磨—精磨—超精加工</td><td>IT5</td><td>0.012～0.1</td></tr>
</table>

续 表

序号	加工方法	经济精度（以公差等级表示）	经济表面粗糙度 Ra 值/μm	适用范围
8	粗车—半精车—精车—精细车	IT6～IT7	0.025～0.4	主要用于要求较高的有色金属加工
9	粗车—半精车—粗磨—精磨—超精磨	IT5以上	0.006～0.025	极高精度的外圆加工
10	粗车—半精车—粗磨—精磨—研磨	IT5以上	0.006～0.1	

表 3-9　孔加工方法

序号	加工方法	经济精度（以公差等级表示）	经济表面粗糙度 Ra 值/μm	适用范围
1	钻	IT11～IT13	12.5～50	加工未淬火钢及铸铁的实心毛坯，也可用于加工有色金属。孔径小于20mm
2	钻—铰	IT8～IT10	3.2～6.3	
3	钻—粗铰—精铰	IT7～IT8	0.8～1.6	
4	钻—扩	IT10～IT11	0.2～0.8	加工未淬火钢及铸铁的实心毛坯，也可用于加工有色金属。孔径小于20mm
5	钻—扩—铰	IT8～IT9	6.3～12.5	
6	钻—扩—粗铰—精铰	IT7	1.6～3.2	
7	钻—扩—机铰—手铰	IT6～IT7	0.2～0.4	
8	钻—扩—拉	IT7～IT9	0.1～1.6	大批大量生产（精度由拉刀的精度决定）
9	粗镗（或扩孔）	IT11～IT13	6.3～12.5	除淬火钢外的各种材料，毛坯有铸出孔或锻出孔
10	粗镗（粗扩）—半精镗（精扩）	IT9～IT10	1.6～3.2	
11	粗镗（粗扩）—半精镗（精扩）—精镗（铰）	IT7～IT8	0.8～1.6	
12	粗镗（粗扩）—半精镗（精扩）—精镗—浮动镗刀精镗	IT6～IT7	0.4～0.8	

续　表

序号	加工方法	经济精度（以公差等级表示）	经济表面粗糙度 Ra 值/μm	适用范围
13	粗镗（扩）—半精镗—磨孔	IT7～IT8	0.2～0.8	主要用于淬火钢，但不宜用于有色金属
14	粗镗（扩）—半精镗—粗磨—精磨	IT6～IT7	0.1～0.2	
15	粗镗—半精镗—精镗—精细镗	IT6～IT7	0.05～0.4	主要用于精度要求高的有色金属
16	钻—（扩）—粗镗—精镗—珩—磨；钻—（扩）—拉—珩—磨；粗镗（扩）—半精镗—粗磨—珩磨	IT6～IT7	0.025～0.2	精度要求很高的孔
17	以研磨代替上述方法中的珩磨	IT5～IT6	0.006～0.1	

表 3-10　平面加工方法

序号	加工方法	经济精度（以公差等级表示）	经济表面粗糙度 Ra 值/μm	适用范围
1	粗车	IT11～IT13	12.5～50	端面
2	粗车—半精车	IT8～IT10	3.2～6.3	
3	粗车—半精车—精车	IT7～IT8	0.8～1.6	
4	粗车—半精车—磨削	IT6～IT8	0.2～0.8	
5	粗刨（或粗铣）	IT11～IT13	6.3～25	一般不淬硬平面（端铣表面粗糙度较小）
6	粗刨（或粗铣）—精刨（或精铣）	IT8～IT10	1.6～6.3	
7	粗刨（或粗铣）—精刨（或精铣）—刮研	IT6～IT7	0.1～0.6	主要用于要求较高的有色金属加工
8	以宽刃精刨代替上述刮研	IT7	0.2～0.8	
9	粗刨（或粗铣）—精刨（或精铣）—磨削	IT7	0.2～0.8	精度要求高的淬硬平面或不淬硬平面
10	粗刨（或粗铣）—精刨（或精铣）—粗磨—精磨	IT6～IT7	0.025～0.4	
11	粗铣—拉	IT7～IT9	0.2～0.8	大量生产，较小的平面（精度视拉刀精度而定）
12	粗铣—精铣—磨削—研磨	IT5 以上	0.006～0.1（或 0.05）	高精度平面

2. 工件材料的性质

各种加工方法对工件材料及其热处理状态有不同的适用性。淬火钢的精加工要采用磨削，有色金属的精加工为避免磨削时堵塞砂轮，则要用高速精细车或精细镗（金钢镗）。

3. 工件的形状和尺寸

工件的形状和加工表面的尺寸大小不同，采用的加工方法和加工方案往往不同。例如一般情况下，大孔常常采用粗镗——半精镗——精镗的方法，小孔常采用钻——扩——铰的方法。

4. 生产类型、生产率和经济性

各种加工方法的生产率有很大的差异，经济性也各不相同。如内孔键槽的加工方法可以选择拉和插，单件小批量生产主要适宜用插，可以获得较好的经济性，而大批量生产中为了提高生产率大多采用拉削加工。

5. 加工表面的特殊要求

有些加工表面可能会有一些特殊要求，如表面切削纹路方向的要求。不同的加工方法纹路方向有所不同，铰削和镗削的纹路方向与拉削的纹路方向就不相同。选择加工方法时应考虑加工表面的特殊要求。

3.5.2 加工阶段的划分

当加工零件的质量要求比较高时，往往不可能在一两个工序中完成全部的加工工作，而必须分几个阶段来进行加工。一般说来，整个加工过程可分为粗加工、半精加工、精加工等几个阶段。加工精度和表面质量要求特别高时，还可以增设光整加工和超精加工阶段。加工过程中将粗、精加工分开进行，由粗到精使工件逐步达到所要求的精度水平。

1. 各加工阶段的主要任务

各加工阶段的主要任务如下。

①粗加工阶段　这一阶段的主要任务是尽快从毛坯上去除大部分余量，关键问题是提高生产率。

②半精加工阶段　在粗加工阶段的基础上提高零件精度和表面质量，并留合适的余量，为精加工作好准备工作。

③精加工阶段　从工件表面切除少量余量，达到工件设计要求的加工精度和表面粗糙度。

④光整加工阶段　对于零件尺寸精度和表面粗糙度要求很高的表面，还要安排光整加工阶段，这一阶段的主要任务是提高尺寸精度和减小表面粗糙度。

当毛坯余量较大、表面非常粗糙时，在粗加工阶段前还可以安排荒加工阶段。为能及时发现毛坯缺陷，减少运输量，荒加工阶段常在毛坯准备车间进行。

2. 划分加工阶段的作用

将工艺过程划分阶段有以下作用。

(1) 保证加工质量

工件划分阶段后，因粗加工的加工余量很大，切削变形大，会出现较大的加工误差，通过半精加工和精加工逐步得到纠正，以保证加工质量。

(2) 合理使用设备

划分加工阶段后，可以充分发挥粗、精加工设备的特点，避免以精干粗，做到合理使用设备。

(3) 便于安排热处理工序

粗加工阶段前后，一般要安排去应力等预先热处理工序，精加工前则要安排淬火等最终热处理，最终热处理后工件的变形可以通过精加工工序予以消除。划分加工阶段后，便于热处理工序的安排，使冷热工序配合更好。

(4) 便于及时发现毛坯缺陷

毛坯的有些缺陷往往在加工后才暴露出来。粗、精加工分开后，粗加工阶段就可以及时发现和处理毛坯缺陷。

同时精加工工序安排在最后，可以避免已加工好的表面在搬运和夹紧中受到损伤。

划分加工阶段是对整个工艺过程而言的，以工件加工表面为主线进行划分，不应以个别表面和个别工序来判断。对于具体的工件，加工阶段的划分还应灵活掌握。对于加工质量要求不高、工件刚性好、毛坯精度高、余量较小的工件，就可少划分几个阶段或不划分加工阶段。

3.5.3 工序集中与工序分散

在确定了工件上各表面的加工方法以后，安排加工工序的时候可以采取两种不同的原则：工序集中和工序分散原则。工序集中就是将工件的加工集中在少数几道工序内完成，每道工序的加工内容较多。工序分散就是将工件的加工分散在较多的工序内进行，每道工序的加工内容很少，最少时每道工序仅有一个简单的工步。

1. 工序集中的特点

(1) 可以采用高效机床和工艺装备，生产率高。

(2) 工件装夹次数减少，易于保证表面间相互位置精度，还能减少工序间的运输量。

(3) 工序数目少，可以减少机床数量、操作工人数和生产面积，还可以简化生产。

(4) 如果采用结构复杂的专用设备及工艺装备，则投资巨大，调整和维修复杂，生产准备工作量大，转换新产品比较费时。

2. 工序分散的特点

(1) 设备及工艺装备比较简单，调整和维修方便，易适应产品更换。

(2) 可采用最合理的切削用量，减少基本时间。

(3) 设备数量多，操作工人多，占用生产面积大。

在一般情况下，单件小批量生产多采用工序集中，大批量生产则工序集中和分散二者兼有。实际生产中采用工序集中或工序分散，需根据具体情况，通过技术经济分析来确定。

3.5.4 加工顺序的安排

复杂零件的机械加工顺序包括切削加工、热处理和辅助工序，因此在拟定工艺路线时要将三者加以考虑。

1. 切削加工工序的安排

切削加工工序顺序的安排，一般应遵循以下原则。

(1) 先粗后精

零件分阶段进行加工时一般应遵守“先粗后精”的加工顺序，即先进行粗加工，中间安排半精加工，最后安排精加工和光整加工。

(2) 先主后次

零件的加工先考虑主要表面的加工，然后考虑次要表面的加工。次要表面可适当穿插在主要表面加工工序之间。所谓主要表面是指整个零件上加工精度要求高、表面粗糙度值要求小的装配表面和工作表面等。

(3) 基准先行

被选为精基准的表面，应安排在起始工序进行加工，以便尽快为后面工序的加工提供精基准。

(4) 先面后孔

对于箱体、支架类零件，其主要加工面是孔和平面，一般先以孔作粗基准加工平面，然后以平面为精基准加工孔，以保证平面和孔的位置精度要求。

2. 热处理工序的安排

为了使零件具有较好的切削性能而进行的预先热处理工序，如时效、正火、退火等热处理工序，应安排在粗加工之前。对于精度要求较高的零件有时在粗加工之后，甚至半精加工后还安排一次时效处理。为了提高零件的综合性能而进行的热处理，如调质，应安排在粗加工之后、半精加工之前进行，对于一些没有特别要求的零件，调质也常作为最终热处理。为了得到高硬度、高耐磨性的表面而进行的渗碳、淬火等工序，一般应安排在半精加工之后、精加工之前。对于整体淬火的零件，则应在淬火之前，尽量将所有用金属刀具加工的表面都加工完，经淬火后，一般只能进行磨削加工。为了提高零件硬度、耐磨性、疲劳强度和抗腐蚀性而进行的渗氮处理，由于渗氮层较薄，引起工件的变形极小，故应尽量靠后安排，一般安排在精加工或光整加工之前。

3. 辅助工序的安排

辅助工序包括工件的检验、去毛刺、清洗和防锈等，其中检验工序是主要的辅助工序，它对保证产品质量有极重要的作用，检验工序应安排在粗加工结束后、重要工序前后、转移车间前后或全部加工工序完成后。

任务六　加工余量的确定

3.6.1　加工余量的概念

加工余量是指加工过程中从加工表面切去的金属表面层。加工余量可分为工序加工余量和总加工余量。

1. 工序余量

工序余量是相邻两工序的工序尺寸之差，即在一道工序中从某一加工表面切除的材料层厚度。

对于如图 3-11 所示的单边加工表面，其单边加工余量为

$$Z_1 = A_1 - A_2 \quad Z_2 = A_2 - A_1$$

式中　A_1——前道工序的工序尺寸；

A_2——本道工序的工序尺寸。

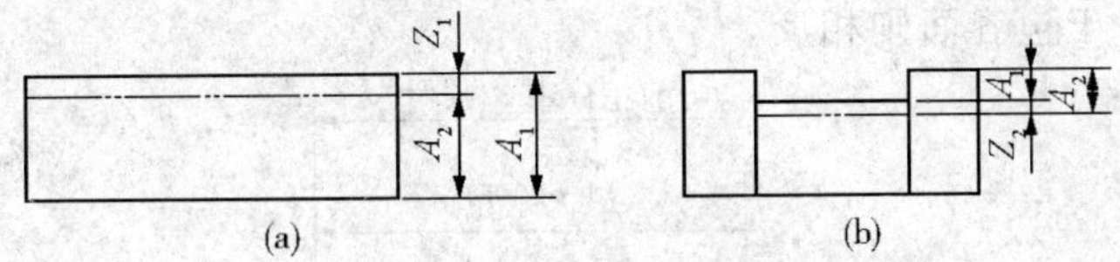

图 3-11　单边加工余量

对于对称表面，其加工余量是对称分布的，是双边余量，如图 3-12 所示。

对于轴　$2Z_2 = d_1 - d_2$

对于孔　$2Z_2 = D_1 - D_2$

式中　$2Z_2$——直径上的加工余量；

D_1、d_1——前道工序的工序尺寸（直径）；

D_2、d_2——本道工序的工序尺寸（直径）。

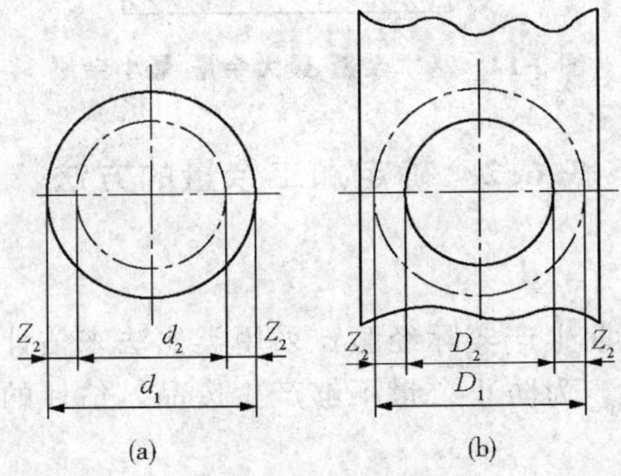

图 3-12　双边加工余量

加工总余量是毛坯尺寸与零件图的设计尺寸之差，也称毛坯余量。它等于同一个加工表面各道工序的余量之和。

图 3-13 是轴和孔的毛坯余量及各工序余量的分布情况。图中还给出了各工序尺寸及其公差、毛坯尺寸及其公差。对于被包容面（轴），基本尺寸为最大工序尺寸；对于包容面（孔），基本尺寸为最小工序尺寸。毛坯尺寸的公差一般采用双向标注。

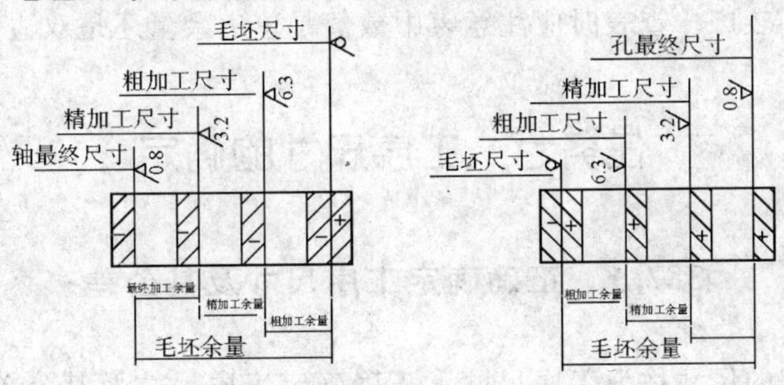

图 3-13　工序余量和毛坯余量

2. 基本余量、最大余量、最小余量

由于毛坯尺寸和工序尺寸都有制造公差，总余量和工序余量都是变动的。因此，加工余量有基本余量、最大余量、最小余量 3 种情况。

如图 3-14 所示的被包容面表面加工，基本余量是前工序和本工序基本尺寸之差；最小余量是前工序最小工序尺寸和本工序最大工序尺寸之差；最大余量是前工序最大工序尺寸和本工序最小工序尺寸之差。对于包容面则相反。

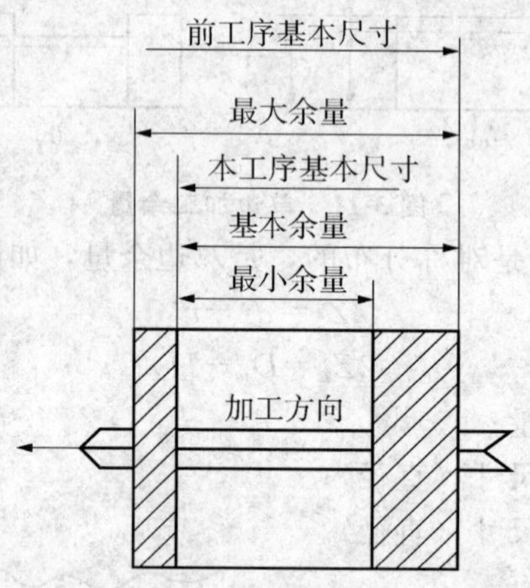

图 3-14　基本余量 最大余量 最小余量

3.6.2　确定加工余量的方法

1. 经验估计法

根据工艺人员和工人的长期生产实际经验，采用类比法来估计确定加工余量的大小。此法简单易行，但有时为经验所限，为防止余量不够产生废品，估计的余量一般偏大。多用于单件小批量生产。

2. 分析计算法

以一定的实验资料和计算公式为依据，对影响加工余量的诸多因素进行逐项的分析和计算以确定加工余量的大小。该法所确定的加工余量经济合理，但要有可靠的实验数据和资料，计算较复杂，仅在贵重材料及大批生产和大量生产中采用。

3. 查表修正法

以有关工艺手册和资料所推荐的加工余量为基础，结合实际加工情况进行修正以确定加工余量的大小。此法应用较广。查表时应注意表中数值是单边余量还是双边余量。

任务七　工序尺寸的确定

3.7.1　正确确定工序尺寸及其公差

某工序加工应达到的尺寸称为工序尺寸。正确确定工序尺寸及其公差是制订零件工艺规程的重要工作之一。工序尺寸及公差的大小不仅受到加工余量大小的影响，而且与工序基准的选择有密切关系。下面分两种情况进行讨论。

1. 工艺基准与设计基准重合时工序尺寸及其公差的确定

这是指工艺基准与设计基准重合时，同一表面经过多次加工才能达到精度要求，应如何确定工序尺寸及其公差。一般外圆柱面和内孔加工多属这种情况。

要确定工序尺寸，首先必须确定零件各工序的基本余量。生产中常采用查表法确定工序的基本余量。工序尺寸公差也可从有关手册中查得（或按所采用加工方法的经济精度确定）。按基本余量计算各工序尺寸，再由最后一道工序开始向前推算。对于轴，前道工序的工序尺寸等于相邻后续工序尺寸与其基本余量之和；对于孔，前道工序的工序尺寸等于相邻后续工序尺寸与其基本余量之差。计算时应注意，对于某些型材毛坯（如轧制棒料）应按计算结果从材料的尺寸规格中选择一个相等或相近尺寸为毛坯尺寸。在毛坯尺寸确定后应重新修正粗加工（第一道工序）的工序余量；精加工工序余量应进行验算，以确保精加工余量不至于过大或过小。

例 3.1 加工外圆柱面，设计尺寸为 $\phi 40^{+0.050}_{+0.034}$，表面粗糙度 $Ra<0.4\mu m$。加工的工艺路线为：粗车→半精车→磨外圆。用查表法确定毛坯尺寸、各工序尺寸及其公差。

先从有关资料或手册查取各工序的基本余量及工序尺寸（见表 3-11）。最后一道工序的加工精度应达到外圆柱面的设计要求，其工序尺寸为设计尺寸。其余各工序的工序基本尺寸为相邻后工序的基本尺寸，加上该后续工序的基本余量。经过计算得各工序的工序尺寸见表 3-11。

表 3-11 加工 $\phi 40^{+0.050}_{+0.034}$ 外圆柱面的工序尺寸计算/mm

工序	工序基本余量	工序尺寸公差	工序尺寸	工序尺寸及其公差
磨外圆	0.6	0.016（IT6）	$\phi 40$	$\phi 40^{+0.050}_{+0.034}$
半精车	1.4	0.062（IT9）	$\phi 40.6$	$\phi 40.6^{\ 0}_{-0.062}$
粗车	3	0.25（IT12）	$\phi 42$	$\phi 42^{\ 0}_{-0.25}$
毛坯	5	4±2	$\phi 45$	$\phi 45\pm 2$

验算磨削余量如下。

直径上最小余量　　40.6－0.062－（40＋0.05）＝0.488（mm）

直径上最大余量　　40.6－（40＋0.34）＝0.566（mm）

验算结果表明，磨削余量是合适的。

2. 工艺基准与设计基准不重合时工序尺寸及其工差的确定

根据加工的需要，在工艺附图或工艺规程中所给出的尺寸称为工艺尺寸。它可以是零件的实际尺寸，也可以是设计图上没有而检验时需要的测量尺寸或工艺规程中的工艺尺寸等。当工艺基准和设计基准不重合时，需要将设计尺寸换算成工艺尺寸，此时，需用工艺尺寸链理论进行工序尺寸的分析和计算。

（1）工艺尺寸链的概念

在零件的加工过程中，被加工表面以及各表面之间的尺寸都在不断地变化，这种变化无论是在一道工序内，还是在各工序之间都有一定的内在联系。运用工艺尺寸链理论去揭示这些尺寸间的相互关系，是合理确定工序尺寸及其公差的基础，已成为编制工艺规程时确定工艺尺寸的重要手段。

如图 3-15（a）所示零件，平面 1、2 已加工，要加工平面 3，平面 3 的位置尺寸为 A_2，其设计基准为平面2。当选择平面1为定位基准，这就出现了设计基准与定位基准不重合的情况。在采用调整法加工时，工艺人员需要在工序图3-15（*b*）上标注工序尺寸 A_3，供对刀和检验时使用，以便直接控制工序尺寸 A_3，间接保证零件的设计尺寸 A_2。尺寸 A_1、A_2、A_3 首尾相连构成一封闭的尺寸组合。在机械制造中称这种相互联系且按一定顺序排列的封闭尺寸组合为尺寸链，如图3-15（c）所示。由工艺尺寸所组成的尺寸链称为工艺尺寸链。尺寸链的主要特征是封闭性，即组成尺寸链的有关尺寸按一定顺序首尾相连构成封闭图形，没有开口。

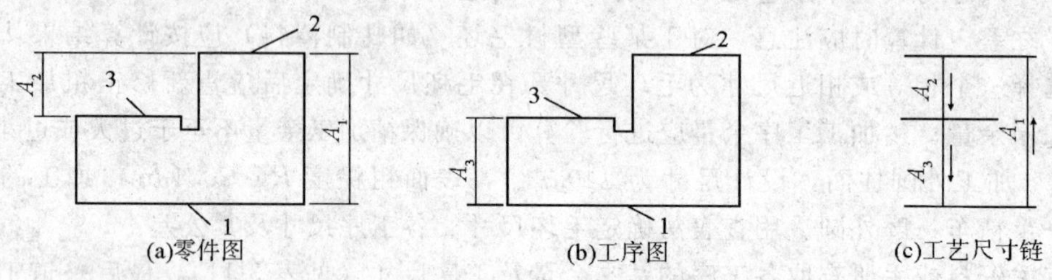

图3-15 零件加工中的工艺尺寸链

（2）工艺尺寸链的组成

组成工艺尺寸链的每一个尺寸称为工艺尺寸链的环。如图2-15（c）所示尺寸链有3个环。

在加工过程中直接保证的尺寸称为组成环，用 A_i 表示，如图3-15中的 A_1、A_3。

在加工过程中间接得到的尺寸称为封闭环，用 A_Σ 表示，图3-15（*c*）中 A_Σ 为尺寸 A_2。

由于工艺尺寸链是由一个封闭环和若干个组成环组成的封闭环图形，故尺寸链中组成环的尺寸变化必然引起封闭环的尺寸变化。当某组成环增大（其他组成环保持不变），封闭环也随之增大时，则该组成环称为增环，以 $\overrightarrow{A_i}$ 表示，如图3-15（c）中的 A_1。当某组成环增大（其他组成环保持不变），封闭环反而减小，则该组成环为减环以 $\overrightarrow{A_i}i$ 表示，如图3-15（c）中的 A_3。

为了迅速确定工艺尺寸链中各组成环的性质，可先在尺寸链图上平行于封闭环，沿任意方向画一箭头，然后沿此箭头方向环绕工艺尺寸链，平行于每一个组成环依次画出箭头，箭头指向与环绕方向相同，如图3-15（c）所示。箭头指向与封闭环箭头指向相反的组成环为增环（如图中 A_1），相同为减环（如图中 A_3）。

应着重指出：正确判断尺寸链的封闭环是解工艺尺寸链最关键的一步。如果封闭环判断错了，整个工艺链的解算也就错了。因此，在确定封闭环时，要根据零件的工艺方案紧紧抓住间接得到的尺寸这一要点。

3.7.2 工艺尺寸链的计算

1. 用极值法进行工艺尺寸链计算的基本公式

计算工艺尺寸链的目的是要求出工艺尺寸链中某些环的基本尺寸及其上、下偏差。计算方法有极值法和概率法两种。这里介绍用极值法解算工艺尺寸链。

用极值法解工艺尺寸链，是以尺寸链中各环的最大极限尺寸和最小极限尺寸为基础进行计算的。

表3-12列出了计算工艺尺寸链用到的尺寸及偏差（或公差）符号。

表 3-12　工艺尺寸链的尺寸及偏差符号

环的类型	符号名称						
	基本尺寸	最大尺寸	最小尺寸	上偏差	下偏差	公差	平均尺寸
封闭环	A_Σ	$A_{\Sigma\max}$	$A_{\Sigma\min}$	ESA_Σ	EIA_Σ	T_Σ	$A_{\Sigma m}$
增　环	$\overrightarrow{A}_i$	$\overrightarrow{A}_{i\max}$	$\overrightarrow{A}_{i\min}$	$ES\overrightarrow{A}_i$	$EI\overrightarrow{A}_i$	$\overrightarrow{T}_i$	$\overrightarrow{A}_{im}$
减　环	$\overleftarrow{A}_i$	$\overleftarrow{A}_{i\max}$	$\overleftarrow{A}_{i\min}$	$ES\overleftarrow{A}_i$	$EI\overleftarrow{A}_i$	$\overleftarrow{T}_i$	$\overleftarrow{A}_{im}$

(1) 基本尺寸

封闭环的基本尺寸 A_Σ 等于所有增环的基本尺寸$\overrightarrow{A}_i$之和减去所有减环的基本尺寸$\overleftarrow{A}_i$之和，即

$$A_\Sigma = \sum_{i=1}^{m} \overrightarrow{A}_i - \sum_{i=m+1}^{n-1} \overleftarrow{A}_i \tag{3-2}$$

式中　m——增环的环数；

n——尺寸链的总环数。

(2) 极限尺寸

封闭环最大极限尺寸$A_{\Sigma\max}$等于所有增环的最大极限尺寸$\overrightarrow{A}_{i\max}$之和减去所有减环的最小极限尺寸$\overleftarrow{A}_{i\min}$之和，即

$$A_{\Sigma\max} = \sum_{i=1}^{m} \overrightarrow{A}_{i\max} - \sum_{i=m+1}^{n-1} \overleftarrow{A}_{i\min} \tag{3-3}$$

封闭环最小极限尺寸$A_{\Sigma\min}$等于所有增环的最小极限尺寸$\overrightarrow{A}_{i\min}$之和减去所有减环的最大极限尺寸$\overleftarrow{A}_{i\max}$之和，即

$$A_{\Sigma\min} = \sum_{i=1}^{m} \overrightarrow{A}_{i\min} - \sum_{i=m+1}^{n-1} \overleftarrow{A}_{i\max} \tag{3-4}$$

(3) 上、下偏差

封闭环的上偏差 ESA_Σ 等于所有增环的上偏差 $ES\overrightarrow{A}_i$之和减去所有减环的下偏差$EI\overleftarrow{A}_i$之和，即

$$ESA_\Sigma = \sum_{i=1}^{m} ES\overrightarrow{A}_i - \sum_{i=m+1}^{n-1} EI\overleftarrow{A}_i \tag{3-5}$$

封闭环的下偏差EIA_Σ等于所有增环的下偏差 $EI\overrightarrow{A}_i$之和减去所有减环的上偏差 $ES\overleftarrow{A}_i$之和，即

$$EIA_\Sigma = \sum_{i=1}^{m} EI\overrightarrow{A}_i - \sum_{i=m+1}^{n-1} ES\overleftarrow{A}_i \tag{3-6}$$

(4) 公差

封闭环的公差 T_Σ 等于各组成环的公差 T_i 之和，即

$$T_\Sigma = \sum_{i=1}^{n-1} T_i \tag{3-7}$$

(5) 平均尺寸

各环平均尺寸的计算公式为

$$A_{\Sigma m} = \sum_{i=1}^{m} \overrightarrow{A}_{im} - \sum_{i=m+1}^{n-1} \overleftarrow{A}_{im} \tag{3-8}$$

式中　A_{im}——各组成环平均尺寸，$A_{im} = \frac{1}{2}(A_{i\max} + A_{i\min})$；

n——包括封闭环在内的尺寸链总环数；

m——增环数目；

$n-1$——组成环（包括增环和减环）的数目。

2. 用尺寸链计算工艺尺寸

(1) 定位基准与设计基准不重合的尺寸换算

例 3.2 如图 3-16（a）所示零件，各平面及槽均已加工，求以侧面 K 定位钻 ϕ10mm 孔的工序尺寸及其偏差。

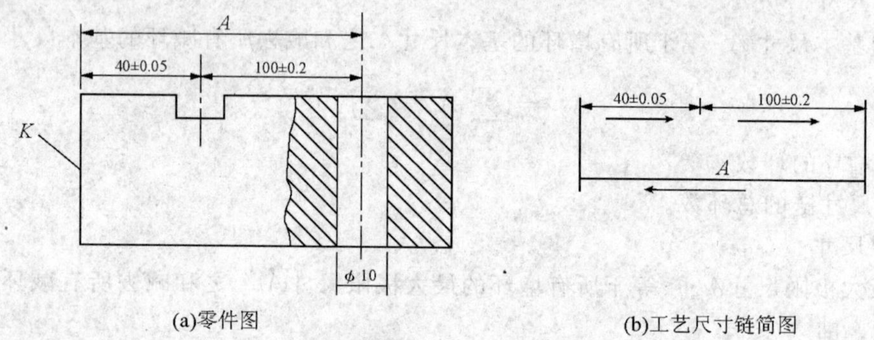

(a)零件图　　(b)工艺尺寸链简图

图 3-16　定位基准与设计基准不重合的尺寸换算

由于孔的设计基准为槽中心线，钻孔的定位基准 K 与设计基准不重合，工序尺寸及其偏差应按工艺尺寸链进行计算。解算步骤如下。

确定封闭环：在零件加工过程中直接控制的是工序尺寸（40±0.05）mm 和 A，孔的位置尺寸（100±0.2）mm 是间接得到的，故尺寸（100±0.2）mm 为封闭环。

绘出工艺尺寸链图：如图 1-36（b）所示。

判断组成环的性质：尺寸 A 的箭头方向与封闭环相反为增环，尺寸 40mm 为减环。

计算工序尺寸 A 及其上、下偏差。

A 的基本尺寸

$$100\text{mm}=A-40\text{mm}\quad A=140\text{mm}$$

计算 A 的上、下偏差

$$0.2\text{mm}=ESA-(-0.05)\text{mm}$$

$$ESA=0.15\text{mm}$$

$$-0.2\text{mm}=EIA-0.05\text{mm}$$

$$EIA=-0.15\text{mm}$$

验算：根据式（3-7）得：

$$[0.2-(-0.2)]\text{mm}=[0.05-(-0.05)]\text{mm}+[0.15-(-0.15)]\text{mm}$$

$$0.4\text{mm}=0.4\text{mm}$$

各组成环公差之和等于封闭环的公差，计算无误。故以侧面 K 定位钻孔 ϕ10mm 的工序尺寸为（140±0.15）mm。可以看出本工序尺寸公差减小的数字等于定位基准与设计基准之间距离尺寸的公差（±0.15）mm，它就是本工序的基准不重合误差。

(2) 测量基准与设计基准不重合的尺寸换算

例 3.3 加工零件的轴向尺寸（设计尺寸）如图 3-17（a）所示。

在加工内孔的端面 B 时，设计尺寸 $3_{-0.1}^{\ 0}$ 不便测量。

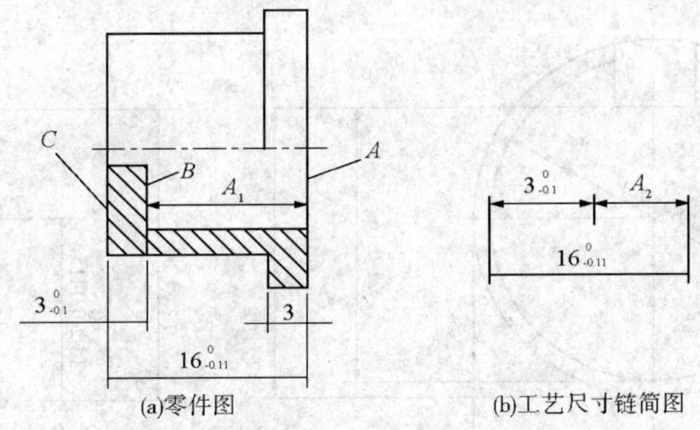

(a)零件图　　(b)工艺尺寸链简图

图 3-17　测量基准与设计基准不重合的尺寸换算

为了便于测量，现改为测量尺寸 A_2，以此判断零件合格与否。根据上述工艺关系，建立工艺尺寸链如图 3-17（b）所示。由于设计尺寸 $3_{-0.1}^{0}$ mm 是间接得到的尺寸，故为尺寸链的封闭环。由图 3-17（b）可知，尺寸 $16_{-0.11}^{0}$ 为增环，尺寸 A_2 为减环。

由于该尺寸链中封闭环的公差（0.1mm），小于组成环（$16_{-0.11}^{0}$）的公差，不满足 $T_m=\sum_{i=1}^{n-1}T_i$，用极值法解尺寸链，不能正确求得 A_2 的尺寸偏差。

现采用压缩组成环的公差的办法来处理。由于尺寸 $16_{-0.11}^{0}$ 是外形尺寸，比内孔端面 B 尺寸 A_2 易于控制，故将它的公差值缩小，取 $T_1=0.043$（IT9）。经压缩公差后，尺寸 16mm 的尺寸偏差为 $16_{-0.043}^{0}$ mm。

按工艺尺寸链计算加工内孔端面 B 的测量尺寸 A_2 及偏差：

由式（3-2）得　　$3\text{mm}=16\text{mm}-A_2$

由式（3-5）得　　$0=0-EI\overrightarrow{A}_2\quad EI\overrightarrow{A}_2=0$

由式（3-6）得　　$-0.1\text{mm}=-0.043\text{mm}-ES\overleftarrow{A}_2$

$$ES\overleftarrow{A}_2=0.057\text{mm}$$

校核计算结果，可知计算无误。

内孔端面 B 的测量尺寸及偏差为 $13_{0}^{+0.057}$ mm。

（3）工序基准是尚待继续加工的表面

在有些加工中，会出现要用尚待继续加工的表面为基准标注工序尺寸。该工序尺寸及其偏差也要通过工艺尺寸计算来确定。

例 3.4　加工图 3-18（a）所示外圆及键槽，其加工顺序如下。

①车外圆至 $\phi26.40_{-0.083}^{0}$；

②铣键槽至尺寸 A；

③淬火；

④磨外圆至 $\phi260_{-0.021}^{0}$。

磨外圆后应保证键槽设计尺寸 $21_{-0.16}^{0}$。

从上述工艺过程可知，工序尺寸 A 的基准是一个尚待继续加工的表面，该尺寸应按尺寸链进行计算来获得。

尺寸 $21_{-0.16}^{0}$ 是间接保证尺寸，是尺寸链的封闭环。尺寸 $A\phi26.4_{-0.83}^{0}$、$\phi26_{-0.021}^{0}$ 是尺寸链的组成环。该组尺寸构成的尺寸链如图 3.18（b）所示。尺寸 A、$13_{-0.0105}^{0}$ 为增环，$13.2_{-0.0415}^{0}$ 为减环。

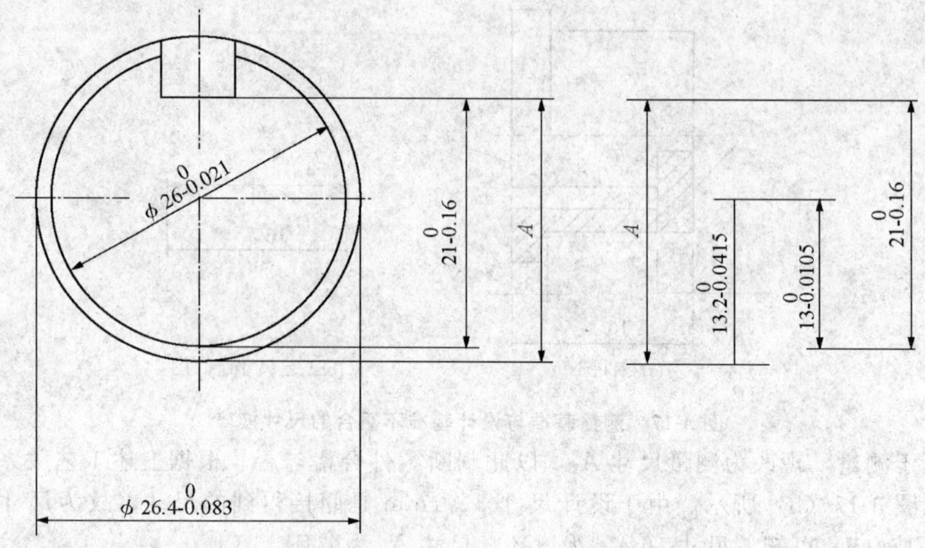

图 3-18 加工键槽的尺寸换算

键槽的工序尺寸及偏差计算如下。

由式（3-2）得 $21\text{mm}=A+13\text{mm}-13.2\text{mm} \quad A=21.2\text{mm}$

由式（3-5）得 $0=ES\overrightarrow{A}+0-(-0.0415)\ \text{mm}$

$$ES\overrightarrow{A}\approx-0.042\text{mm}$$

由式（3-6）得 $-0.16\text{mm}=EI\overrightarrow{A}+(-0.0105)\ \text{mm}-0$

$$EI\overrightarrow{A}\approx-0.150\text{mm}$$

加工键槽的工序尺寸 A 为 $21.2_{-0.150}^{-0.042}$ mm。

任务八 机床与工艺装备的确定

制订机械加工工艺规程时，正确选择各工序所用机床设备的名称与型号、工艺装备的名称与型号以及合理确定切削用量和时间定额是满足零件质量要求、提高生产率、降低劳动成本的一项重要措施。

3.8.1 机床的选择

在选择机床时应注意下述几点。

1. 机床主要规格尺寸与加工零件的外廓尺寸相适应

机床的精度过低，满足不了加工质量要求；机床的精度过高，又会增加零件的制造成本。单件小批量生产时，特别是没有高精度的设备来加工高精度的零件时，为充分利用现有机床，可以选用精度低一些的机床，而在工艺上采用措施来满足加工精度的要求。

2. 机床的精确度应与工序要求的加工精度相适应

小工件选用小机床加工，大工件选用大机床加工，做到设备的合理利用。

3. 机床的生产率应与加工零件的生产类型相适应

单件小批生产应选择工艺范围较广的通用机床；大批大量生产选择生产率和自动化程度较

高的专门化或专用机床。

4. 机床选择还应结合现场的实际情况

应充分利用现有设备，如果没有合适的机床可供选用，应合理地提出专用设备设计或旧机床改装的任务书，或提供购置新设备的具体型号。

3.8.2　工艺装备的选择

工艺设备选择是否合理，直接影响到工件的加工精度、生产率和经济性。因此，要结合生产类型、具体的加工条件、工件的加工技术要求和结构特点等合理选择。

1. 夹具的选择

单件小批生产应尽量选择通用夹具。例如，各种卡盘、虎钳和回转台等。如条件具备，可使用组合夹具，以提高生产率。大批量生产，应选择生产率和自动化程度高的专用夹具。多品种中小批量生产可选用可调整夹具或成组夹具。夹具的精度应与工件的加工精度相适应。

2. 刀具的选择

一般应选择标准刀具，必要时可选择各种高生产率的复合刀具及其他一些专用刀具。刀具的类型、规格及精度应与工件的加工要求相适应。

3. 量具的选择

单件小批生产应选用通用量具，如游标卡尺、千分尺、千分表等。大批量生产应尽量选用效率较高的专用量具，如各种极限量规、专用检验夹具和测量仪器等。所选量具的量程和精度要求要与工件的尺寸和精度相适应。

3.8.3　切削用量的确定

正确地确定切削用量，对保证加工质量、提高生产率、获得良好的经济效益都有着重要的意义。确定切削用量时，应综合考虑零件的生产纲领、加工精度、表面粗糙度、材料和刀具的材料及耐用度等因素。

单件小批生产时，为了简化工艺文件，常不具体规定切削用量，而由操作者根据具体情况自行确定。

批量较大时，特别是组合机床、自动机床及多刀加工工序的切削用量，应科学、严格地确定。

一般来说，粗加工时，由于要求保证的加工精度低、表面粗糙度值较大，切削用量的确定应尽可能保证较高的金属切除率和必要的刀具耐用度，以达到较高的生产率。为此，在确定切削用量时，应优先考虑采用大的背吃刀量（切削深度），其次考虑采用较大的进给量。最后根据刀具的耐用度要求，确定合理的切削速度。

半精加工、精加工时，确定切削用量首先要考虑的问题是保证加工精度和表面质量，同时也要兼顾必要的刀具耐用度和生产率。半精加工和精加工时一般多采用较小的背吃刀量（切削深度）和进给量。在背吃刀量（切削深度）和进给量确定之后，再确定合理的切削速度。

在采用组合机床、自动机床等多刀具同时加工时，其加工精度、生产率和刀具的寿命与切削用量的关系很大，为保证机床正常工作，不经常换刀，其切削用量要比采用一般普通机床加工时低一些。

在确定切削用量的具体数据时，可凭经验，也可查阅有关手册中的表格，或在查表的基础上，再根据经验和加工的具体情况，对数据作适当的修改。

任务九　机械加工的生产率

时间定额是指在一定生产条件下，规定生产一件产品或完成一道工序需消耗的时间。它是安排生产计划、进行成本核算、考核工人完成任务情况、确定所需设备和工人数量的主要依据。合理的时间定额能调动工人的积极性，促进工人技术水平的提高，从而不断提高生产率。随着企业生产技术条件的不断改善和水平的不断提高，时间定额应定期进行修订，以保持定额的平均先进水平。

3.9.1　单件时间

为了便于合理地确定时间定额，把完成一道工序的时间称为单件时间，它包括如下组成部分。

1. 基本时间 T_m

基本时间是直接改变生产对象的尺寸、形状、相对位置、表面状态或材料性质等工艺过程所消耗的时间。对于机械加工来说，是指从工件上切除材料层所耗费的时间，其中包括刀具的切入和切出时间。各种加工方法的切入、切出长度可查阅有关手册确定。

2. 辅助时间 T_a

辅助时间是为实现工艺过程所必须进行的各种辅助动作所消耗的时间。这些辅助动作包括：装夹和卸下工件；开动和停止机床；改变切削用量；进、退刀具；测量工件尺寸等。

基本时间和辅助时间的总和，称为工序作业时间，即直接用于制造产品或零、部件所消耗的时间。

3. 布置工作时间 T_s

布置工作地时间是为使加工正常进行，工人照管工作地（如更换刀具、润滑机床、清理切屑、收拾工具等）所消耗的时间。布置工作地时间可按工序作业时间的2%～7%来估算。

4. 休息和生理需要时间 T_r

休息和生理需要时间是工人在工作班内为恢复体力和满足生理上的需要所消耗的时间。它可按工序作业时间的2%～4%来估算。

因此，单件时间为

$$T_t = T_m + T_a + T_s + T_r$$

5. 准备终结时间 T_e

准备与终结时间是工人为了生产一批产品或零、部件，进行准备和结束工作所消耗的时间。这些工作包括熟悉工艺文件、安装工艺装备、调整机床、归还工艺装备和送交成品等。

准备终结时间对一批零件只消耗一次，零件批量 n 越大，则分摊到每个零件上的这部分时

间就越少。所以，成批生产时的单件时间为

$$T_t = T_m + T_a + T_s + T_r + \frac{T_e}{n}$$

在大量生产时，每个工作地点完成固定的一道工序，一般不需考虑准备终结时间。

计算得到的单件时间以“min”为单位填入工艺文件的相应栏中。

3.9.2　提高劳动生产率的工艺途径

1. 缩短单件时间定额

缩短时间定额，首先应缩减占定额中比重较大部分。在单件小批量生产中，辅助时间和准备终结时间所占比重大；在大批量生产中，基本时间所占比重较大。因此，缩短单件时间定额主要从以下几方面采取措施。

(1) 缩短基本时间

基本时间 t_m 可按有关公式计算。以车削为例

$$t_m = \frac{\pi d L}{1000 v f} \cdot \frac{Z}{a_p}$$

式中 L——切削长度，mm；

d——切削直径，mm；

Z——切削余量，mm；

v——切削速度，m/min；

f——进给量，mm/r；

a_p——吃刀深度，mm。

①提高切削用量　由基本时间计算公式可知，增大 v、f、a_p 均可缩短基本时间。

②减少切削长度 L　利用 n 把刀具或复合刀具对工件的同一表面或几个表面同时进行加工或者利用宽刃刀具或成形刀具作横向走刀同时加工多个表面，实现复合工步，均能减少每把刀切削长度，减少基本时间。

③采用多件加工　多件加工通常有顺序多件加工［图 3-19 (a)］、平行多件加工［图 3-19 (b)］、平行顺序加工［图 3-19 (c)］三种形式。多件加工常见于龙门刨、平面磨削以及铣削加工中。

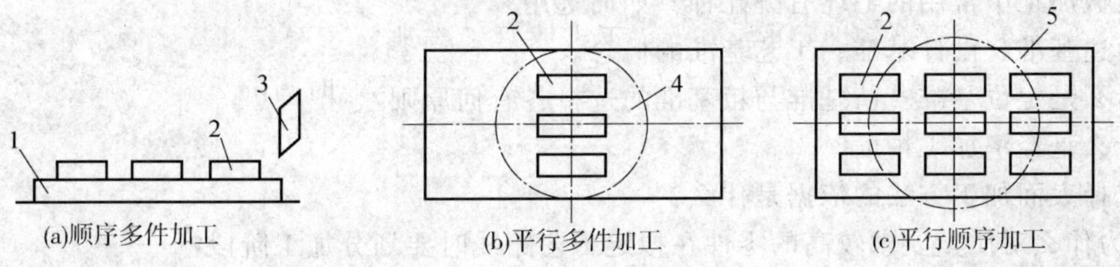

图 3-19　多件加工示意图

1—工作台　2—工件　3—刨刀　4—铣刀　5—砂轮

(2) 缩短辅助时间

①直接减少辅助时间　采用高效的气、液动夹具和自动检测装置等使辅助动作实现机械化和自动化，以缩减辅助时间。

②辅助时间与基本时间重合　采用转位夹具或回转工作台加工，使装卸工件的辅助时间与基本时间重合。

(3) 缩短布置工作地时间

提高刀具或砂轮耐用度；减少换刀次数；采用各种快换刀夹、自动换刀、对刀装置来减少换刀和调刀时间，均可缩减布置工作地时间。

(4) 缩短准备终结时间

中、小批生产中，由于批量小、品种多，准备终结时间在单位时间中占有较大比重，使生产率受到限制。扩大批量是缩减准备终结时间的有效途径。目前，采用成组技术以及零、部件通用化、标准化、产品系列化是扩大批量的有效方法。

2. 采用先进工艺方法

采用先进工艺可大大提高劳动生产率，具体措施如下。

(1) 在毛坯制造中采用新工艺

如采用粉末冶金、石蜡铸造、精锻等新工艺，能提高毛坯精度，减少某些加工劳动量和节约原材料。

(2) 采用少、无切削工艺

如采用冷挤、冷轧、滚压等方法，不仅能提高生产率，而且可提高工件表面质量和精度。

(3) 改进加工方法

如采用拉削代替镗削、铣削可大大提高生产率。

(4) 应用特种加工新工艺

对于某些特硬、特脆、特韧性材料及复杂型面的加工，往往用常规切削方法难于完成加工，而采用电加工等特种加工能显示其优越性和经济性。

习　题

1. 什么是生产过程？什么是工艺过程？二者有什么关系？
2. 举例说明工序、安装、工位、工步及走刀的概念。
3. 什么是生产纲领？有哪几种生产类型？
4. 什么是工艺规程？简述工艺规程制定的步骤。
5. 机械加工中常用的毛坯有哪几种？如何选用？
6. 简述基准、设计基准、工艺基准的概念。
7. 什么是定位基准？精基准与粗基准的选择各有何原则？
8. 什么是经济加工精度？
9. 选择表面加工方法的依据是什么？
10. 为什么对质量要求较高的零件在拟定工艺路线时要划分加工阶段？
11. 工序集中和工序分散各有什么优缺点？
12. 什么是毛坯加工余量？影响工序加工余量的因素有哪些？

项目四

机械加工质量分析

知识要点： 加工质量的概念、机械加工精度及其影响因素、机械加工表面质量及其影响因素。

机器的质量取决于零件的加工质量和机器的装配质量，零件机械加工质量包含零件机械加工后表面几何方面的质量和材料性能方面的质量两大部分。

几何方面的质量是指零件的几何形状方面的误差，它包括宏观几何形状误差和微观几何形状误差。宏观几何形状误差包括尺寸误差、几何形状误差和相互位置误差，通称为机械加工误差；微观几何形状误差是指微观几何形状的不平度，或称表面粗糙度。在机械加工中，由于振动等原因还会产生一种介于宏观几何形状误差和微观表面粗糙度之间的周期性几何形状误差，常用波度表示。

材料性能方面的质量是指机械加工后零件一定深度表面层的物理力学性能等方面的质量发生了变化（与材料基体相比），一般称之为加工变质层。

任务一　机械加工精度

4.1.1　加工精度的基本概念

机械加工精度是指零件加工后的实际几何参数（尺寸、形状和位置）与理想几何参数相符合程度。它们之间的差异称为加工误差。加工误差的大小反映了加工精度的高低。误差越大加工精度越低；反之，误差越小加工精度越高。

加工精度包括以下三个方面。

① 尺寸精度　指加工后零件的实际尺寸与零件尺寸的公差带中心的相符合程度。

② 形状精度　指加工后的零件表面的实际几何形状与理想的几何形状的相符合程度。

③ 位置精度　指加工后零件有关表面之间的实际位置与理想位置相符合程度。

4.1.2　获得加工精度的方法

1. 获得尺寸精度的方法

工件在加工时，其尺寸精度的获得方式有下列四种。

（1）试切法

试切法即依靠试切工件、测量、调整刀具，再试切直至所要求的精度。

（2）调整法

先按试切法调整好刀具相对于机床或夹具的位置，然后再成批加工工件。

（3）定尺寸法

定尺寸法就是用一定的形状和尺寸的刀具（或组合刀具）来保证工件的加工形状和尺寸精度。如钻孔、铰孔、拉孔、攻丝和镗孔。定尺寸法加工精度比较稳定，对工人的技术水平要求不高，生产率高，在各种生产类型中广泛应用。

（4）自动控制法

这种方法是由测量装置、进给装置和控制系统等组成自动控制加工系统，使加工过程的尺寸测量、刀具补偿调整和切削加工以及机床停车等一系列工作自动完成，自动达到所要求的尺寸精度。

如在数控机床上加工时，将数控加工程序输入到CNC装置中，由CNC装置发出的指令信号，通过伺服驱动机构使机床工作，检测装置进行自动测量和比较，输出反馈信号使工作台补充位移，最终达到零件规定的形状和尺寸精度。

2. 获得形状精度的方法

工件在加工时，其形状精度的获得方法有下列三种。

（1）轨迹法

这种方法是依靠刀具与工件的相对运动轨迹来获得工件形状的。如利用工件的回转和车刀按靠模作的曲线运动来车削成形表面等。

（2）成形法

为了提高生产率，简化机床结构，常采用成形刀具来代替通用刀具。此时，机床的某些成形运动就被成形刀具的刃形所代替。如用成形车刀车曲面等。

（3）展成法

各种齿形的加工常采用此法。如滚齿时，滚刀与工件保持一定的速比关系，而工件的齿形则是由一系列刀齿的包络线所形成的。

3. 获得位置精度的方法

获得位置精度的方法有两种：一是根据工件加工过的表面进行找正的方法；二是用夹具安装工件，工件的位置精度由夹具来保证。

4.1.3 影响加工精度的原始误差

在机械加工中，机床、夹具、工件和刀具构成了一个完整的系统，称为工艺系统。由于工艺系统本身的结构和状态、操作过程以及加工过程中的物理力学现象而产生刀具和工件之间的相对位置关系发生偏移所产生的误差称为原始误差，从而影响零件加工精度。一部分原始误差与工艺系统本身的初始状态有关；一部分原始误差与切削过程有关。这两部分误差又受环境条件、操作者技术水平等因素的影响。

1. 与工艺系统本身初始状态有关的原始误差

（1）原理误差

原理误差即加工方法原理上存在的误差。

（2）工艺系统几何误差

它可归纳为以下两类。

①工件与刀具的相对位置在静态下已存在的误差，如刀具和夹具制造误差，调整误差以及安装误差。

②工件与刀具的相对位置在运动状态下存在的误差，如机床的主轴回转运动误差，导轨的导向误差，传动链的传动误差等。

2. 与切削过程有关的原始误差

①工艺系统力效应引起的变形，如工艺系统受力变形、工件内应力的产生和消失而引起的变形等。

②工艺系统热效应引起的变形，如机床、刀具、工件的热变形等。

4.1.4 加工原理误差

加工原理误差是由于采用了近似的加工运动方式或者近似的刀具轮廓而产生的误差。因为它在加工原理上存在误差，故称原理误差。原理误差在允许范围内是可行的。

1. 采用近似的加工运动造成的误差

在许多场合，为了得到要求的工件表面，必须在工件或刀具的运动之间建立一定的联系。从理论上讲，应采用完全准确的运动联系。但是，采用理论上完全准确的加工原理有时使机床或夹具极为复杂，致使制造困难，反而难以达到较高的加工精度，有时甚至是不可能做到的。如在车削或磨削模数螺纹时，由于其导程 $t=\pi m$，式中有 π 这个无理因子，在用配换齿轮来得到导程数值时，就存在原理误差。

2. 采用近似的刀具轮廓造成的误差

用成形刀具加工复杂的曲面时，要使刀具刃口做得完全符合理论曲线的轮廓，有时非常困难，往往采用圆弧、直线等简单近似的线型代替理论曲线。如用滚刀滚切渐开线齿轮时，为了滚刀的制造方便，多用阿基米德基本蜗杆或法向直廓基本蜗杆来代替渐开线基本蜗杆，从而产生了加工原理误差。

4.1.5 机床的几何误差

机床是工艺系统中重要的组成部分，机床的制造误差、安装误差、使用中的磨损都直接影响工件的加工精度。这里着重分析对工件加工精度影响较大的主轴回转运动误差、导轨导向误差和传动链传动误差。

1. 主轴回转运动误差

（1）主轴回转精度的概念

主轴回转时，在理想状态下，主轴回转轴线在空间的位置应是稳定不变的，但是，由于主轴、轴承、箱体的制造和装配误差以及受静力、动力作用引起的变形、温升热变形等，主轴回转轴线瞬时都在变化（漂移）。通常以各瞬时回转轴线的平均位置作为平均轴线来代替理想轴线。主轴回转精度是指主轴的实际回转轴线与平均回转轴线相符合的程度，它们的差异就称为主轴回转运动误差。主轴回转运动误差可分解为三种形式：纯轴向窜动、纯径向跳动和纯角度摆动，如图 4-1 所示。

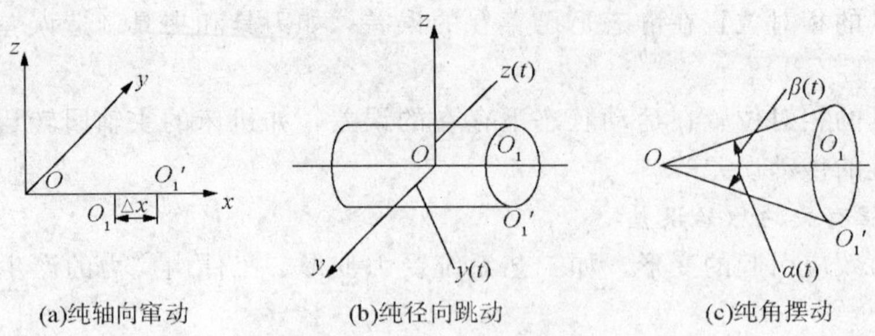

(a)纯轴向窜动 (b)纯径向跳动 (c)纯角摆动

图 4-1 主轴回转精度误差

(2) 影响主轴回转精度的主要因素

实践和理论分析表明，影响主轴回转精度的主要因素有主轴的误差、轴承的误差、床头箱体主轴孔的误差以及与轴承配合零件的误差等。当采用滑动轴承时，影响主轴回转精度的因素有：主轴颈和轴瓦内孔的圆度误差以及轴颈和轴瓦内孔的配合精度。对于车床类机床，轴瓦内孔的圆度误差对加工误差影响很小。因为切削力方向不变，回转的主轴轴颈总是与轴瓦内孔的某固定部分接触，因而轴瓦内孔的圆度误差几乎对主轴回转运动误差影响为零，如图 4-2 (a) 所示。

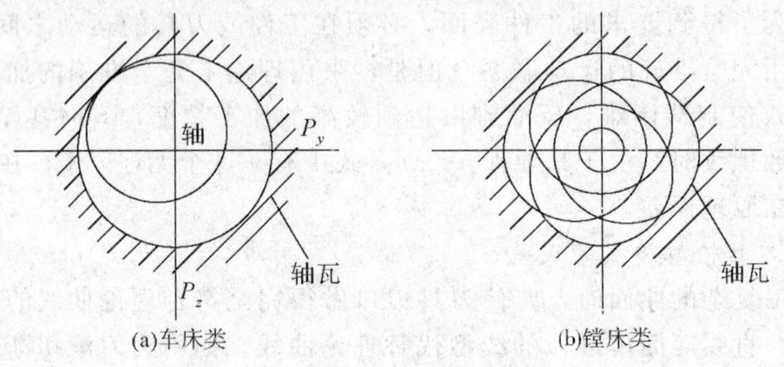

(a)车床类 (b)镗床类

图 4-2 滑动轴承对主轴回转精度的影响

对于镗床类机床，因为切削力方向是变化的，轴瓦的内孔总是与主轴颈的某一固定部分接触。因而，轴瓦内孔的圆度误差对主轴回转精度影响较大，主轴轴颈的圆度误差对主轴回转精度影响较小，如图 4-2 (b) 所示。

采用滚动轴承的主轴部分影响主轴回转精度的因素很多，如内圈与主轴颈的配合精度，外圈与箱体孔配合精度，外圈、内圈滚道的圆度误差，内圈孔与滚道的同轴度，以及滚动体的形状精度和尺寸精度。

床头箱体的轴承孔不圆，使外圈滚道变形；主轴轴颈不圆，使轴承内圈滚道变形，都会产生主轴回转误差。主轴前后轴颈之间，床头箱体的前后轴承孔之间存在同轴度误差，会使滚动轴承内外圈相对倾斜，主轴产生径向跳动和端面跳动。此外，主轴上的定位轴套、锁紧螺母端面的跳动等也会影响主轴的回转精度。

(3) 提高主轴回转精度的措施

①提高主轴、箱体的制造精度。主轴回转精度只有 20%决定于轴承精度，而 80%取决于主轴和箱体的精度和装配质量。

②高速主轴部件要进行动平衡，以消除激振力。

③滚动轴承采用预紧。轴向施加适当的预加载荷（约为径向载荷的 20%～30%），消除轴承

间隙，使滚动体产生微量弹性变形，可提高刚度、回转精度和使用寿命。

④采用多油楔动压轴承（限于高速主轴）。上海机床厂生产的 MGB1432 高精度半自动外圆磨床采用三块瓦式三油楔动压轴承，轴心漂移量可控制在 1μm 以下。

⑤采用静压轴承。静压轴承由于是纯液体摩擦，摩擦系数为 0.0005，因此，摩擦阻力较小，可以均化主轴颈与轴瓦的制造误差，具有很高的回转精度。

⑥采用固定顶尖结构。如果磨床前顶尖固定，不随主轴回转，则工件圆度只和一对顶尖及工件顶尖孔的精度有关，而与主轴回转精度关系很小。主轴回转只起传递动力带动工件转动的作用。

2. 导轨的导向误差

导轨在机床中起导向和承载作用。它既是确定机床主要部件相对位置的基准，也是运动的基准。导轨的各项误差直接影响工件的加工质量。

（1）水平面内导轨直线度的影响

由于车床的误差敏感方向在水平面（Y 方向），所以这项误差对加工精度影响极大。导轨误差为 ΔY，引起尺寸误差 $\Delta d=2\Delta Y$。当导轨形状有误差时，造成圆柱度误差，如当导轨中部向前凸出时，工件产生鞍形（中凹形）；当导轨中部向后凸出时，工件产生鼓形（中凸形）。

（2）垂直面内导轨直线度的影响

对车床来说，垂直面内（Z 方向）不是误差的敏感方向，但也会产生直径方向误差。

3. 传动链传动误差

切削过程中，工件表面的成形运动是通过一系列的传动机构来实现的。传动机构的传动元件有齿轮、丝杆、螺母、蜗轮及蜗杆等。这些传动元件由于其加工、装配和使用过程中磨损而产生误差，这些误差就构成了传动链的传动误差。传动机构越多，传动路线越长，则传动误差越大。为了减小这一误差，除了提高传动机构的制造精度和安装精度外，还可采用缩短传动路线或附加校正装置。

4.1.6　刀具、夹具的制造误差及磨损

一般刀具（如车刀、镗刀及铣刀等）的制造误差，对加工精度没有直接的影响

定尺寸刀具（如钻头、铰刀、拉刀及槽铣刀等）的尺寸误差，直接影响被加工零件的尺寸精度。同时刀具的工作条件，如机床主轴的跳动或因刀具安装不当引起径向或端面跳动等，都会影响加工面的尺寸。

成形刀（成形刀、成形铣刀以及齿轮滚刀等）的误差，主要影响被加工面的形状精度。

夹具的制造误差一般指定位元件、导向元件及夹具体等零件的加工和装配误差。这些误差对被加工零件的精度影响较大。所以在设计和制造夹具时，凡影响零件加工精度的尺寸都控制较严。

刀具的磨损会直接影响刀具相对被加工表面的位置，造成被加工零件的尺寸误差；夹具的磨损会引起工件的定位误差。所以，在加工过程中，上述两种磨损均应引起足够的重视。

4.1.7　工艺系统受力变形引起的加工误差

工艺系统在切削力、传动力、惯性力、夹紧力以及重力的作用下，产生相应的变形和振动，

将会破坏刀具和工件之间的成形运动的位置关系和速度关系，影响切削运动的稳定性，从而产生各种加工误差和表面粗糙度。

1. 切削过程中受力点位置变化引起的加工误差

切削过程中，工艺系统的刚度随切削力着力点位置的变化而变化，引起系统变形的差异，使零件产生加工误差。

①在两顶尖车削粗而短的光轴时，由于工件刚度较大，在切削力作用下的变形，相对机床、夹具和刀具的变形要小得多，故可忽略不计。此时，工艺系统的总变形完全取决于机床头、尾架（包括顶尖）和刀架（包括刀具）的变形。工件产生的误差为双曲线圆柱度误差。

②在两顶尖间车削细长轴时，由于工件细长，刚度小，在切削力作用下，其变形大大超过机床、夹具和刀具的受力变形。因此，机床、夹具结合刀具承受力变形可略去不计，工艺系统的变形完全取决于工件的变形。加工中当车刀处于如图 4-3 所示的位置时，工件的轴线将会产生弯曲变形，根据材料力学的计算公式 $y=\frac{F_y}{3EI}\cdot\frac{(L-x)^2x^2}{L}$可得其变形量。

由式中可以看出，车刀车至 $x=L/2$ 处时工件产生的变形最大，工件呈中间粗、两头细的腰鼓形。

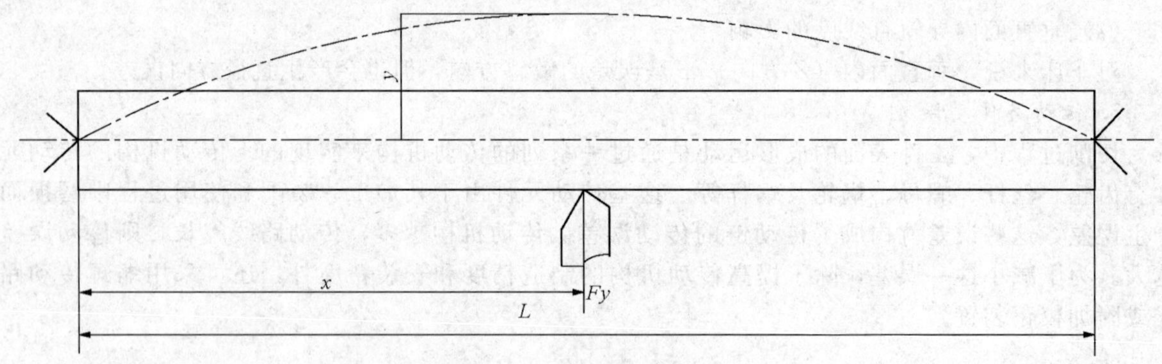

图 4-3　车削细长轴时受力变形产生的加工误差

2. 切削力大小变化引起的加工误差——误差复映

工件的毛坯外形虽然具有粗略的零件形状，但它在尺寸、形状以及表面层材料硬度上都有较大的误差。毛坯的这些误差在加工时使切削深度不断发生变化，从而导致切削力的变化，进而引起工艺系统产生相应的变形，使得零件在加工后还保留与毛坯表面类似的形状或尺寸误差。当然工件表面残留的误差比毛坯表面误差要小得多。这种现象称为“误差复映规律”，所引起的加工误差称为“复映误差”。

除切削力外，传动力、惯性重力、夹紧力等其他作用力也会使工艺系统的变形发生变化，从而引起加工误差，影响加工质量。

3. 减小工艺系统受力变形的措施

减小工艺系统受力变形，不仅可以提高零件的加工精度，而且有利于提高生产率。因此，生产中必须采取有力措施，减小工艺系统受力变形。

（1）提高工艺系统各部分的刚度

①提高工件加工时的刚度　有些工件因其自身刚度很差，加工中将产生变形而引起加工误差，因此必须设法提高工件自身刚度。例如，车削细长轴时，为提高细长轴刚度，可采用如下措施。

● 减小工件支承长度。为此常采用跟刀架或中心架及其他支承架。

● 减小工件所受法向切削力 F_y 通常可采取增大前角 γ_o、主偏角 κ_y 选为 90°以及适当减小进给量 f 和切削深度 α_p 等措施减小 F_y。

● 采用反向走刀法，使工件从原来的轴向受压变为轴向受拉。

②提高工件安装时的夹紧刚度　对薄壁件，夹紧时应选择适当的夹紧方法和夹紧部位，否则会产生很大的形状误差。

如图 4-4 所示的薄板工件，由于工件本身有形状误差，用电磁吸盘吸紧时，工件产生弹性变形，磨削后松开工件，因弹性恢复工件表面仍有形状误差（翘曲）。解决办法是在工件和电磁吸盘之间垫入一薄橡皮（0.5mm 以下）。当吸紧时，橡皮被压缩，工件变形减小，经几次反复磨削逐渐修正工件的翘曲，将工件磨平。

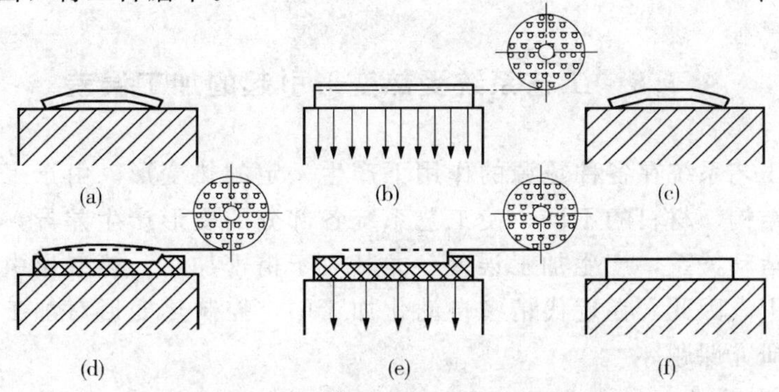

图 4-4　薄板零件的磨削

③提高机床部件的刚度　机床部件的刚度在工艺系统中占有很大的比重，在机械加工时常用一些辅助装置提高其刚度。如图 4-5（a）所示为六角车床上提高刀架刚度的装置。该装置的导向加强杆与辅助支承套或装于主轴孔内的导套配合，从而使刀架刚度大大提高，如图 4-5（b）所示。

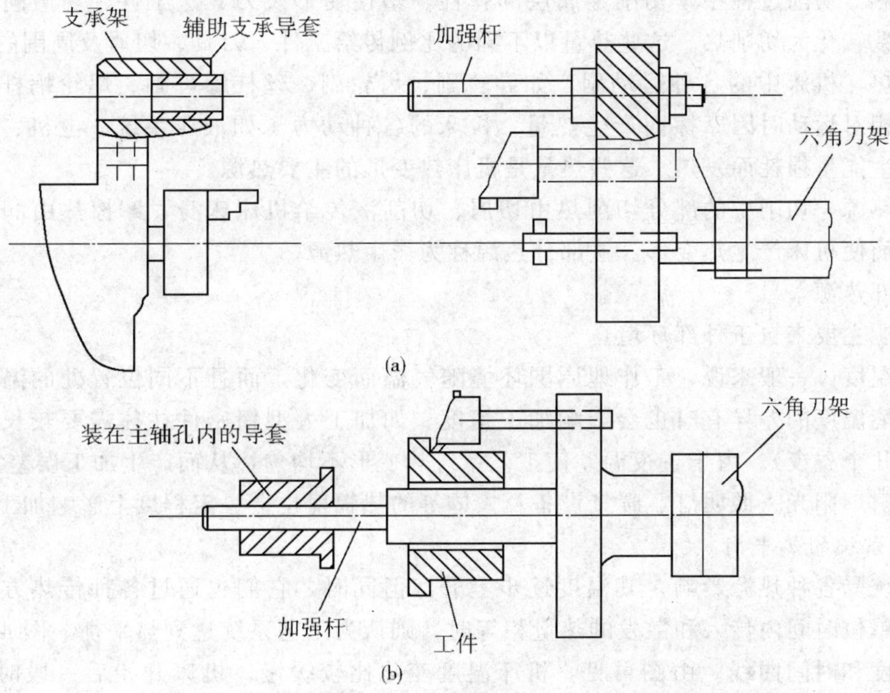

图 4-5　提高刀架刚度的装置

（2）提高接触刚度

由于部件的接触刚度远远低于实体零件本身的刚度，因此，提高接触刚度是提高工艺系统刚度的关键，常用的方法如下。

①改善工艺系统主要零件接触面的配合质量　如机床导轨副、锥体与锥孔、顶尖与顶尖等配合面采用刮研与研磨，以提高配合表面的形状精度，降低表面粗糙度。

②预加载荷　由于配合表面的接触刚度随所受载的增大而不断增大，所以对机床部件的各配合表面施加预紧载荷不仅可以消除配合间隙，而且还可以使接触表面之间产生预变形，从而大大提高了连接表面的接触刚度。例如，为了提高主轴部件的刚度，常常对机床主轴轴承进行预紧等。

4.1.8　工艺系统受热变形引起的加工误差

机械加工中，工艺系统在各种热源的作用下产生一定的热变形。由于工艺系统热源分布的不均匀性及各环节结构、材料的不同，使工艺系统各部分的变形产生差异，从而破坏了刀具与工件的准确位置及运动关系，产生加工误差。尤其对于精密加工，热变形引起的加工误差占总加工误差的一半以上。因此，在近代精密自动化加工中，控制热变形对加工精度的影响已成为一项重要的任务和研究课题。

1. 工艺系统的热源

加工过程中，工艺系统的热源主要有两大类：内部热源和外部热源。

（1）内部热源

内部热源来自切削过程，主要包括以下三部分。

①切削热　切削过程中，切削金属层的弹性、塑性变形及刀具、工件、切屑间摩擦消耗的能量绝大多数转化为切削热。这些热量以不同的比例传给工件、刀具、切屑及周围的介质。

②摩擦热　机床中的各种运动副，如导轨副、齿轮副、丝杠螺母副、蜗轮蜗杆副、摩擦离合器等，在相对运动时因摩擦而产生热量。机床的各种动力源如液压系统、电机、马达等，工作时也要产生能量损耗而发热。这些热量是机床热变形的主要热源。

③派生热源　切削中的部分切削热由切屑、切削液传给机床床身，摩擦热由润滑油传给机床各处，从而使机床产生热变形。这部分热源称为派生热源。

（2）外部热源

外部热源主要来自于外部环境。

①环境温度　一般来说，工作地周围环境随气温而变化，而且不同位置处的温度也各不相同，这种环境温度的差异有时也会影响加工精度。如加工大型精密件往往需要较长的时间（有时甚至需要几个昼夜）。由于昼夜温差使工艺系统热变形不均匀，从而产生加工误差。

②热辐射　阳光、照明灯、暖气设备及人体等的热辐射也会一定程度上影响加工精度。

2. 工艺系统的热平衡

工艺系统受各种热源影响，其温度逐步上升。但同时，它们也通过各种传热方式向周围散发热量。当单位时间内传入和散发的热量相等时，则认为工艺系统达到热平衡。图 4-6 所示为一般机床的温度和时间曲线。由图可见，机床温度变化比较缓慢。机床开始后一段时间（约 2～6h）里，温升才逐渐趋于稳定。当机床各点温度都达到稳定值时，则被认为处于热平衡，此时的温度场，是比较稳定的温度场，其热变形也相应地趋于稳定。此时引起的加工误差是有规律的。

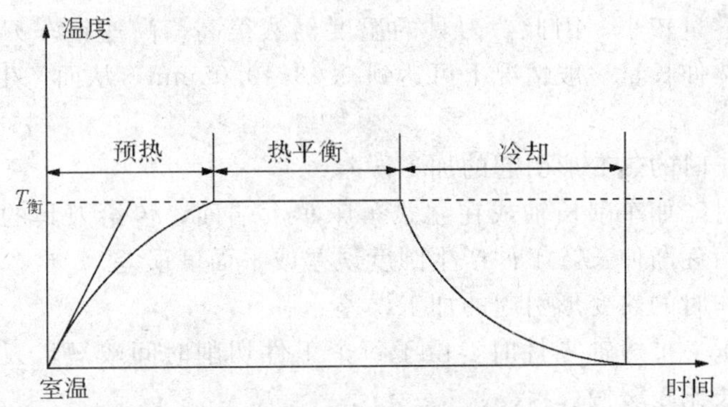

图 4-6　温度和时间曲线

当机床处于平衡之前的预热期，温度随时间而升高，其热变形将随温度的升高而变化，故对加工精度的影响比较大。因此，精密加工应在热平衡之后进行。

3. 机床热变形引起的加工误差

由于机床的结构和工作条件差别很大，因此引起热变形的主要热源也不大相同，大致分为以下三种。

①主要热源来自机床的主传动系统　如普通机床、六角机床、铣床、卧式镗床、坐标镗床等。

②主要热源来自机床导轨的摩擦　如龙门刨床、立式车床等。

③主要热源来自液压系统　如各种液压机床。

热源的热量，一部分传给周围介质，一部分传给热源近处的机床零部件和刀具，以致产生热变形，影响加工精度。由于机床各部分的体积较大，热容量也大，因而机床热变形进行得缓慢，如车床主轴箱温度一般不高于 60°C，车床部件中受热最多而变形最大的是主轴箱，其他部分如刀架、尾座等温升不高，热变形较小。

图 4-7 所示的虚线表示车床的热变形。可以看出，车床主轴前轴承的温升最高。对加工精度影响最大的因素是主轴轴线的抬高和倾斜。实践表明，主轴抬高是主轴轴承温度升高而引起主轴箱变形的结果，它约占总抬高量的 70%。由床身热变形所引起的抬高量一般小于 30%。影响主轴倾斜的主要原因是床身的受热弯曲，它约占总倾斜量的 75%。主轴前后轴承的温差所引起的主轴倾斜只占 25%。

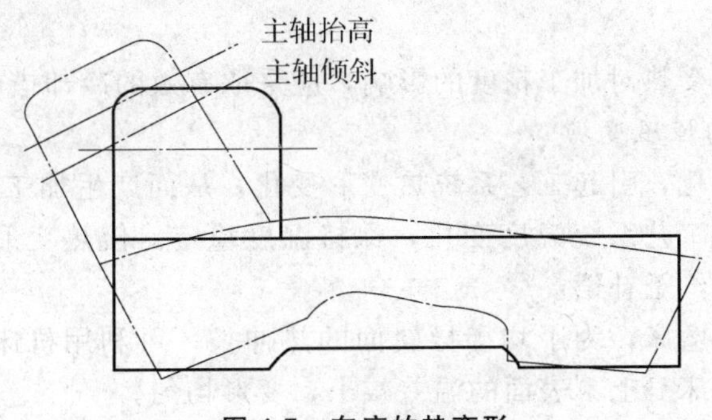

图 4-7　车床的热变形

4. 刀具热变形及对加工精度的影响

切削过程中，一部分切削热传给刀具，尽管这部分热量很少（高速车削时只占1%～2%），但由于刀体较小，热容量较小，因此，刀具的温度仍然很高，高速钢车刀的工作表面温度可达700～800℃。刀具受热伸长量一般情况下可达到0.03～0.05mm，从而产生加工误差，影响加工精度。

(1) 刀具连续工作时的热变形引起的加工误差

当刀具连续工作时，如车削长轴或在立式车床车大端面，传给刀具的切削热随时间不断增加，刀具产生热变形而逐渐伸长，工件产生圆度误差或平面度误差。

(2) 刀具间歇工作时的热变形引起的加工误差

当采用调整法加工一批短轴零件时，由于每个工件切削时间较短，刀具的受热与冷却间歇进行，故刀具的热伸长比较缓慢。

总的来说，刀具能够迅速达到热平衡，刀具的磨损又能与刀具的受热伸长进行部分地补偿，故刀具热变形对加工质量影响并不显著。

5. 工件热变形引起的加工误差

(1) 工件均匀受热

当加工比较简单的轴、套、盘类零件的内外圆表面时，切削热比较均匀地传给工件，工件产生均匀热变形。

加工盘类零件或较短的轴套类零件，由于加工行程较短，可以近似认为沿工件轴向方向的温升相等。因此，加工出的工件只产生径向尺寸误差而不产生形位误差。若工件精度要求不高，则可忽略热变形的影响。对于较长工件（如长轴）的加工，开始走刀时，工件温度较低，变形较小。随着切削的进行，工件温度逐渐升高，直径逐渐增大，因此工件表面被切去的金属层厚度越来越大，冷却后不仅产生径向尺寸误差，而且还会产生圆柱度误差。若该长轴（尤其是细长轴）工件用两顶尖装夹，且后顶尖固定锁紧，则加工中工件的轴向热伸长使工件产生弯曲并可能引起切削不稳。因此，加工细长轴时，工人经常车一刀后转一下后顶尖，再车下一刀，或后顶尖改用弹簧顶尖，目的是消除工件热应力和弯曲变形。

对于轴向精度要求较高的工件（如精密丝杠），其热变形引起的轴向伸长将产生螺距误差。因此，加工精密丝杠时必须采用有效冷却措施，减少工件的热伸长。

(2) 工件不均匀受热

当工件进行铣、刨、磨等平面的加工时，工件单侧受热，上下表面温升不等，从而导致工件向上凸起，中间切去的材料较多。冷却后被加工表面呈凹形。这种现象对于加工薄片类零件尤为突出。

为了减小工件不均匀受热对加工精度的影响，应采取有效的冷却措施，减小切削表面温升。

6. 控制温度变化，均恒温度场

由于工艺系统温度变化，引起工艺系统热变形变化，从而产生加工误差，并且具有随机性。因而，必须采取措施控制工艺系统温度变化，保持温度稳定。使热变形产生的加工误差具有规律性，便于采取相应措施给予补偿。

对于床身较长的导轨磨床，为了均衡导轨面的热伸长，可利用机床润滑系统回油的余热来提高床身下部的温度，使床身上下表面的温差减小，变形均匀。

4.1.9 工件残余应力引起的误差

1. 基本概念

残余应力也称内应力，是指当外部载荷去掉以后仍存留在工件内部的应力。残余应力是由于金属内部组织发生了不均匀的体积变化而产生的。其外界因素来自热加工和冷加工。

具有内应力的工件，是处在一种不稳定状态之中，它内部的组织有强烈的恢复到没有内应力稳定状态的倾向。即使在常温下工件的内部组织也在不断发生变化，直到内应力完全消失为止。在这一过程中，工件的形状逐渐改变（如翘曲变形），从而丧失其原有精度。如果把存在内应力的工件装配到机器中，则会因其在使用中的变形而破坏整台机器的精度。

2. 残余应力产生的原因

（1）毛坯制造中产生的残余应力

在铸、锻、焊及热处理等加工过程中，由于工件各部分热胀冷缩不均匀以及金相组织转变时的体积变化，使毛坯内部产生了相当大的残余应力。毛坯的结构愈复杂，各部分壁厚愈不均匀，散热条件差别愈大，毛坯内部产生的残余应力也愈大。具有残余应力的毛坯在短时间内还看不出有什么变化，残余应力暂时处于相对平衡的状态，但当切去一层金属后，就打破了这种平衡，残余应力重新分布，工件就明显地出现了变形。

（2）冷校直产生的残余应力

一些刚度较差、容易变形的工件（如丝杠等），通常采用冷校直的办法修正其变形。如图4-8所示，当工件中部受到载荷 F 作用时，工件内部产生应力，其轴心线以上产生压应力，轴心线以下产生拉应力［图 4-8（b）］，而且两条虚线之间为弹性变形区，虚线之外为塑性变形区。当去掉外力后，工件的弹性恢复受到塑性变形区的阻碍，致使残余应力重新分布［图 4-8（c）］。由此可见，工件经冷校直后内部产生残余应力，处于不稳定状态，若再进行切削加工，工件将重新发生弯曲。

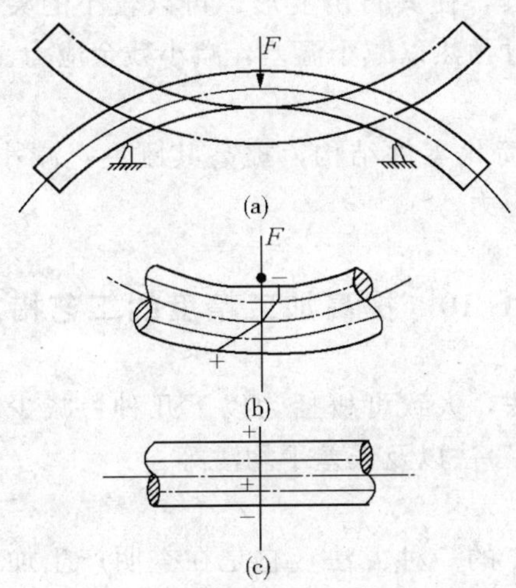

图 4-8　冷校直引起的残余应力

（3）切削加工中产生的残余应力

工件切削加工时，在各种力和热的作用下，其各部分将产生不同程度的塑性变形及金相组织变化，从而产生残余应力，引起工件变形。

实践证明，在加工过程中切去表面一层金属后，所引起残余应力重新分布的变形最为强烈。因此，粗加工后，应将被夹紧的工件松开，使之有时间使残余应力重新分布。否则，在继续加工时，工件处于弹性应力状态下，而在加工完成后，必然要逐渐产生变形，致使破坏最终工序所得到的精度。因而机械加工中常采用粗、精加工分开，以消除残余应力对加工精度的影响。

3. 减少或消除残余应力的措施

(1) 采取时效处理

①自然时效处理　主要是在毛坯制造之后，或粗、精加工之间，让工件停留一段时间，利用温度的自然变化，经过多次热胀冷缩，使工件的晶体内部或晶界之间产生了微观滑移，从而达到减少或消除残余应力的目的。这种过程对大型精密件（如床身、箱体等）需要很长时间，往往影响产品的制造周期，所以除特别精密件外，一般较少采用。

②人工时效处理　这是目前使用最广的一种方法。它是将工件放在炉内加热到一定温度，使工件金属原子获得大量热能来加速它的运动，并保温一段时间达到原子组织重新排列，再随炉冷却，以达到消除残余应力的目的。这种方法对大型件就需要一套很大的设备，其投资和能源消耗都较大。

③振动时效处理　这是消除残余应力、减少变形以及保持工件尺寸稳定的一种新方法，可用于铸造件、锻件、焊接件以及有色金属件等。它是以激振的形式将机械能加到含有大量残余应力的工件内，引起工件金属内部晶格错位蠕变，使金属的结构状态稳定，以减少和消除工件的内应力。操作时，将激振器牢固地夹持在工件的适当位置上，根据工件的固有频率调节激振器的频率，直到达到共振状态，再根据工件尺寸及残余应力调整激振力，使工件在一定的振动强度下，保持几分钟甚至几十分钟的振动，这样，不需庞大的设备，经济简便，效率高。

(2) 合理安排工艺路线

对于精密零件，粗、精加工分开。对于大型零件，由于粗、精加工一般安排在一个工序内进行，故粗加工后先将工件松开，使其自由变形，再以较小的夹紧力夹紧工件进行精加工。对于焊接件焊接前，工件必须经过预热以减小温差，减小残余应力。

(3) 合理设计零件结构

设计零件结构时，应注意简化零件结构，提高其刚度，减小壁厚差，如果是焊接结构时，则应使焊缝均匀，以减小残余应力。

4.1.10　提高加工精度的工艺措施

保证和提高加工精度的方法，大致可概括为以下几种：减少误差法、误差补偿法、误差分组法、误差转移法、“就地加工”法以及误差平均法等。

1. 减少误差法

这种方法是生产中应用较广的一种方法，它是在查明产生加工误差的主要因素之后，设法予以消除或减少。

例如细长轴的车削，现在采用了“大走刀反向车削法”，基本消除了轴向切削力引起的弯曲变形。若辅之以弹簧顶尖，则可进一步消除热变形引起的热伸长的危害。

再如薄片磨削中，由于采用了弹性加压和树脂胶合以加强工件刚度的办法，使工件在自由状态下得到固定，解决了薄片零件加工平面度不易保证的难题。

2. 误差补偿法或误差抵消法

误差补偿法，是人为地造出一种新的误差，去抵销原来工艺系统中固有的原始误差。当原始误差是负值时，人为的误差就取正值，反之，取负值，尽量使两者大小相等、方向相反。或者利用一种原始误差去抵消另一种原始误差，也是尽量使两者大小相等、方向相反，从而达到减少加工误差，提高加工精度的目的。

如用预加载荷法精加工磨床床身导轨，借以补偿装配后受部件自重而产生的变形。磨床床身是一个狭长结构，刚性比较差，虽然在加工时床身导轨的各项精度都能达到，但装上横向进给机构、操纵箱以后，往往发现导轨精度超差。这是因为这些部件的自重引起床身变形的缘故。为此，某些磨床厂在加工床身导轨时采取用“配重”代替部件重量，或者先将该部件装好再磨削的办法，使加工、装配和使用条件一致，以保持导轨高的精度。

3. 误差分组法

在加工中，由于上道工序“毛坯”误差存在，造成了本工序的加工误差。由于工件材料性能改变，或者上道工序的工艺改变（如毛坯精化后，把原来的切削加工工序取消），引起毛坯误差发生较大的变化，这种毛坯误差的变化，对本工序的影响主要有以下两种情况。

（1）误差复映，引起本工序误差。

（2）定位误差扩大，引起本工序误差。

解决这个问题，最好是采用分组调整均分误差的办法。这种办法的实质就是把毛坯按误差的大小分为 n 组，每组毛坯误差范围就缩小为原来的 $1/n$，然后按各组分别调整加工。

例如，某厂生产 Y7520W 齿轮磨床交换齿轮时，产生了剃齿时心轴与工件定位孔的配合问题。配合间隙大了，剃后的工件产生较大的几何偏心，反映在齿圈径向跳动超差。同时剃齿时也容易产生振动，引起齿面波度，使齿轮工作时噪声较大。因此，必须设法限制配合间隙，保证工件孔和心轴间的同轴度要求。由于工件的孔已是 IT6 级精度，不宜再提高。为此，采用了多档尺寸的心轴，对工件孔进行分组选配，减少由于间隙而产生的定位误差，从而提高了加工精度。

4. 误差转移法

误差转移法实质上是转移工艺系统的几何误差、受力变形和热变形等。

误差转移的实例很多。如当机床精度达不到零件加工要求时，常常不是一味提高机床精度，而是在工艺上或夹具上想办法，创造条件，使机床的几何误差转移到不影响加工精度的方面去。如磨削主轴锥孔保证其和轴颈的同轴度，不是靠机床主轴的回转精度来保证，而是靠夹具保证。当机床主轴与工件主轴之间浮动连接以后，机床主轴的原始误差就被转移掉了。在箱体的孔系加工中，用坐标法在普通镗床上保证孔系的加工精度，其要点就是采用了精密量棒、内径千分尺和百分表等进行精密定位。这样，镗床上因丝杠、刻度盘和刻线尺而产生的误差就不反映到工件的定位精度上去了。

5. “就地加工”法

在加工和装配中有些精度问题，牵扯到零、部件间的相互关系，相当复杂，如果一味地提高零、部件本身精度，有时不仅困难，甚至不可能，若采用“就地加工”的方法，就可能很方便地解决了看起来非常困难的精度问题。

例如，六角车床制造中，转塔上六个安装刀架的大孔，其轴心线必须保证和主轴旋转中心线重合，而六个面又必须和主轴中心线垂直。如果把转塔作为单独零件，加工出这些表面后再装配，因包含了很复杂的尺寸链关系，要想达到上述两项要求是很困难的。因而实际生产中采用了“就地加工”法。这些表面在装配前不进行精加工，等它装配到机床上以后，再加工六个大孔及端面。

6. 误差平均法

对配合精度要求很高的轴和孔，常采用研磨方法来达到。研具本身并不要求具有高精度，但它却能在和工件相对运动过程中对工件进行微量切削，最终达到很高的精度。这种工件和研具表面间的相对摩擦和磨损的过程也是误差不断减少的过程，此即称为误差平均法。

如内燃机进排气阀门与阀座的配合的最终加工，船用气、液阀座间配合的最终加工，常用误差平均法消除配合间隙。

利用误差平均法制造精密零件，在机械行业中由来已久，在没有精密机床的时代，用“三块平板合研”的误差平均法刮研制造出号称原始平面的精密平板，平面度达几个微米。像平板一类的基准工具，如直尺、角度规、多棱体、分度盘及标准丝杠等高精度量具和工具，当今还采用误差平均法来制造。

任务二　机械加工表面质量

4.2.1　表面质量的基本概念

机器零件的加工质量，除了加工精度外，还包括零件在加工后的表面质量。表面质量的好坏对零件的使用性能和寿命影响很大。机械加工表面质量包括以下两个方面的内容。

1. 表面层的几何形状特性

(1) 表面粗糙度

它是指加工表面的微观几何形状误差，在图 4-9 (a) 中 Ra 表示轮廓算术平均偏差。表面粗糙度通常是由机械加工中切削刀具的运动轨迹所形成。

(2) 表面波度

它是介于宏观几何形状误差与微观几何形状误差之间的周期性几何形状误差。图 4-9 (b) 中，A 表示波度的高度。表面波度通常是由于加工过程中工艺系统的低频振动所造成。

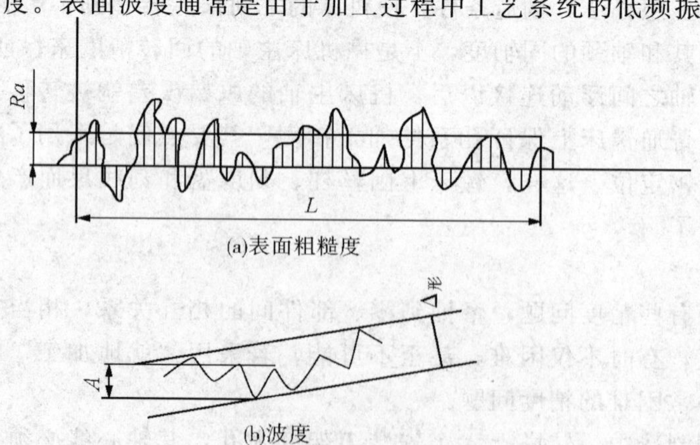

图 4-9　表面粗糙度与波度

2. 表面层物理机械性能

表面层物理机械性能主要是指下列三个方面。

(1) 表面层冷作硬化

表面冷作硬化是由于机械加工时，工件表面层金属受到切削力的作用，产生强烈的塑性变形，使金属的晶格被拉长、扭曲，甚至破坏而引起的。其结果一方面引起材料的强化，表面硬度提高，塑性降低，物理机械性能发生变化。另一方面，机械加工中产生的切削热在一定条件下会使金属在塑性变形中产生回复现象（已强化的金属回复到正常状态），使金属失去冷作硬化中所得到的物理机械性能，因此，机械加工表面层的冷硬，是强化作用与回复作用综合结果。

(2) 表面层金相组织的变化

对于一般的切削加工，切削热大部分被切屑带走，加工表面温升不高，故对工件表面层的金相组织的影响不甚严重。而磨削时，磨粒在高速（一般是35m/s）下以很大的负前角切削薄层金属，在工件表面引起很大的摩擦和塑性变形，其单位切削功率消耗远远大于一般切削加工。由于消耗的功率大部分转化为磨削热，其中约80%的热量将传给工件，所以磨削是一种典型的容易产生加工表面金相组织变化（磨削烧伤）的加工方法。

磨削烧伤分为回火烧伤、淬火烧伤和退火烧伤，它们的特征是在工件表面呈现烧伤色，不同的烧伤色表明表面层具有不同的温度与不同的烧伤深度。

表面层烧伤将使零件的物理机械性能大为降低，使用寿命也可能急剧下降，因此工艺上必须采取措施，避免烧伤的出现。

(3) 表面层残余应力

表面层残余应力是指工件经机械加工后，由于表面层组织发生形状或组织变化导致在表面层与基体材料的交界处产生互相平衡的内部应力。表面残余压应力可提高工件表面的耐磨性和疲劳强度，而残余拉应力则降低工件表面的耐磨性和疲劳强度，且当拉应力值超过工件材料的疲劳强度极限值时，会使工件表面产生裂纹，加速工件损坏。

4.2.2　表面质量对零件使用性能的影响

1. 表面质量对零件耐磨性的影响

零件的使用寿命常常是由耐磨性决定的，而零件的耐磨性不仅和材料及热处理有关，而且还与零件接触表面的粗糙度有关，若两接触表面产生相对运动时，则最初只在部分凸峰处接触，因此实际接触面积比理论接触面积小得多，从而使得单位面积上的压力很大。当其超过材料的屈服点时，就会使凸峰部分产生塑性变形甚至被折断或因接触面的滑移而迅速磨损，这就是零件表面的初期磨损阶段，如图4-10中第Ⅰ阶段。以后随接触面积的增大，单位面积上的压力减小，磨损减慢，进入正常磨损阶段，如图4-10中第Ⅱ阶段。此阶段零件的耐磨性最好，持续的时间也较长。最后，由于凸峰被磨平，粗糙度值变得非常小，不利于润滑油的贮存，且使接触表面之间的分子亲和力增大，甚至发生分子粘合，使摩擦阻力增大，从而进入急剧磨损阶段，如图4-10中第Ⅲ阶段。零件表面层的冷作硬化或淬硬处理，可提高零件的耐磨性。

2. 表面质量对零件疲劳强度的影响

零件由于疲劳而破坏都是从表面开始的，因此表面层的粗糙度对零件的疲劳强度影响很大。在交变载荷作用下，由于表面上微观不平的凹谷处，容易形成应力集中，产生和加剧疲劳裂纹

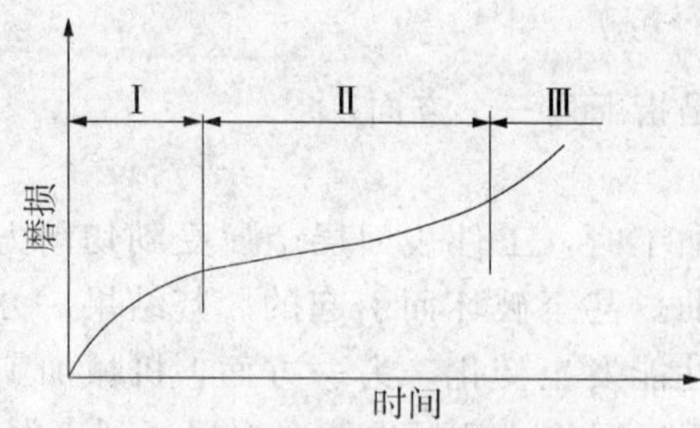

图 4-10　零件的磨损过程

以致疲劳损坏。实验证明，表面粗糙度值从 0.02μm 降到 0.2μm，其疲劳强度下降约为 25%。

零件表面的冷硬层，有助于提高疲劳强度。因为强化过的表面冷硬层具有阻碍裂纹继续扩大和新裂纹产生的能力。此外，当表面层具有残余压应力时，能使疲劳强度提高；当表面层具有残余拉应力时，则使疲劳强度进一步降低。

3. 表面质量对零件耐腐蚀性的影响

零件的耐腐蚀性在很大程度上取决于表面粗糙度。表面粗糙度值越大，越容易积聚腐蚀性物质，凹谷越深，渗透与腐蚀作用越强烈。故减小表面粗糙度值，可提高零件的耐蚀性。此外，残余压应力使零件表面紧密腐蚀性物质不易进入，可增强零件的耐蚀性。

4. 表面质量对配合性质的影响

在间隙配合中，如果配合表面粗糙，则在初期磨损阶段由于配合表面迅速磨损，使配合间隙增大，改变了配合性质。在过盈配合中，如果配合表面粗糙，则装配后表面的凸峰将被挤压，而使有效过盈量减少，降低了配合强度。

4.2.3　影响表面粗糙度的因素

机械加工时，表面粗糙度形成原因大致归纳为两个方面：一是刀刃与工件相对运动轨迹所形成的表面粗糙度——几何因素；二是与被加工材料性质及切削机理有关的因素——物理因素。

1. 切削加工中影响表面粗糙度的因素

(1) 几何因素

切削加工时，由于刀具切削刃的形状和进给量的影响，不可能把余量完全切除，而在工作表面上留下一定的残余面积，残留面积高度愈大，表面愈粗糙。残留面积高度与进给量、刀具主偏角等有关。

(2) 物理因素

切削加工时，影响表面粗糙度的物理因素主要表现为以下几方面。

①积屑瘤　用中等或较低的切削速度（一般 $v_c < 80\text{m/min}$）切削塑性材料时，易于产生积屑瘤。合理选择切削量，采用润滑性能优良的切削液，都能抑制积屑瘤产生，降低表面粗糙度。

②刀具表面对工件表面的挤压与摩擦　在切削过程中，刀具切削刃总有一定的钝圆半径，因此在整个切削厚度内会有一薄层金属无法切去，这层金属与刀刃接触的瞬间，先受到剧烈的挤压而变形，当通过刀刃后又立即弹性恢复，与后刀面强烈摩擦，再次受到一次拉伸变形，这样往往在已加工表面上形成鳞片状的细裂纹（称为鳞刺）而使表面粗糙度值增大。降低刀具前、后刀面的表面粗糙度，保持刀具锋利及充分施加润滑液，可减小摩擦，有利于降低工件表面粗糙度。

③工件材料性质　切削脆性金属材料，往往出现微粒崩碎现象，在加工表面上留下麻点，使表面粗糙度值增大。降低切削用量并使用切削液有利于降低表面粗糙度。切削塑性材料时，往往挤压变形而产生金属的撕裂和积屑瘤现象，增大了表面粗糙度。此外，被加工材料的金相组织对加工表面粗糙度也有较大的影响。实验证明，在低速切削时，片状珠光体组织较粒状珠光体能获得较低的表面粗糙度；在中速切削时，粒状珠光体组织则比片状珠光体好；高速切削时，工件材料性能对表面粗糙度的影响较小。加工前如对工件材料调质处理，降低材料的塑性，也有利于降低表面粗糙度。

2. 磨削加工中影响表面粗糙度的因素

磨削加工是由砂轮的微刃切削形成加工表面，单位面积上刻痕越多，且刻痕细密均匀，则表面粗糙度越细。磨削加工中影响表面粗糙度的因素如下。

(1) 磨削用量

砂轮速度对表面粗糙度的影响较大，砂轮速度大时，参与切削的磨粒数增多，可以增加工件单位面积上的刻痕数，同时高速磨削时工件表面塑性变形不充分，因而提高砂轮速度有利于降低表面粗糙度。

磨削深度与进给速度增大时，将使工件表面塑性变形加剧，因而使表面粗糙度值增大。为了提高磨削效率，通常在开始磨削时采用较大的磨削深度，而后采用小的磨削深度或光磨，以减小表面粗糙度值。

(2) 砂轮

砂轮的粒度愈细，单位面积上的磨粒数多、刻痕磨粒数多，刻痕细密，则表面粗糙度值愈小。但粒度过细，容易堵塞砂轮而使工件表面塑性变形增加，影响表面粗糙度。

砂轮硬度应适宜，使磨粒在磨钝后及时脱落，露出新的磨粒来继续切削，即具有良好的“自砺性”，工件就能获得较细的表面粗糙度。

砂轮应及时修整，以去除已钝化的磨粒，保证砂轮具有等高微刃，砂轮上的切削微刃越多，其等高性越好，磨出的表面越细。

(3) 工件材料

工件材料的硬度、塑性、韧性和导热性能等对表面粗糙度有显著影响，工件材料太硬时，磨粒易钝化；太软时砂轮易堵塞；韧性大和导热性差的材料，使磨粒早期崩落而破坏了微刃的等高性，因此均使表面粗糙度值增大。

(4) 冷却润滑液

磨削冷却润滑液对减少磨削力、温度及砂轮磨损等都有良好的效果。正确选用冷却润滑液有利于减小表面粗糙度值。

4.2.4　影响表面层物理机械性能的因素

1. 影响表面层冷作硬化的因素

(1) 切削用量

①切削速度 v_c　随着切削速度的增大，被加工金属塑性变形减小，同时由于切削温度上升使回复作用加强，因此冷硬程度下降。当切削速度高于 100m/min 时，由于切削热的作用时间减小，回复作用降低，故冷硬程度反而有所增加。

②进给量 f　进给量增大使切削厚度增大，切削力增大，工件表面层金属的塑性变化增大，故冷硬程度增加。

（2）刀具

①刀具刃口圆弧半径 r_ε　刀具刃口圆弧半径增大，表面层金属的塑性变形加剧，导致冷硬程度增大。

②刀具后刀面磨损宽度 VB　一般地说随后刀面磨损宽度 VB 的增大，刀具后刀面与工作表面摩擦加剧，塑性变形增大，导致表面层冷硬程度增大。但当磨损宽度超过一定值时，摩擦热急剧增大，从而使得硬化的表面得以回复，所以显微硬度并不继续随 VB 的增大而增高。

③前角 γ_o　前角增大，可减小加工表面的变形，故冷硬程度减小。实验表明，当前角在 $\pm15°$ 范围内变化时，对表面冷硬程度的影响很小，前角小于 $-20°$ 时，表面层的冷硬程度将急剧增大。

刀具后角 α_o、主偏角 κ_r、副偏角 κ'_r 及刀尖圆角半径 γ_ε 等对表面层冷硬程度影响不大。

（3）工件材料

工件材料的塑性越大，加工表面层的冷硬程度越严重，碳钢中含碳量越高，强度越高，其冷硬程度越小。

有色金属熔点较低，容易回复，故冷硬程度要比结构钢小得多。

2. 影响加工表面的金相组织变化的因素

加工表面金相组织产生变化主要发生在磨削加工中，故以下讨论影响磨削表面金相组织变化的因素。

（1）磨削用量

① 磨削深度 α_p　当磨削深度增加时，无论是工件表面温度，还是表面层下不同深度的温度，都随之升高，故烧伤的可能性增大。

② 纵向进给量 f_a　纵向进给量增大，热作用时间减少，使金相组织来不及变化，磨削烧伤减轻。但 f_a 大时，加工表面的粗糙度增大，一般可采用宽砂轮来弥补。

③工件线速度 v_w　工件线速度增大，虽使发热量增大，但热作用时间减少，故对磨削烧伤影响不大。提高工件线速度会导致工件表面更为粗糙。为了弥补这一缺陷而又能保持高的生产率，一般可提高砂轮速度。

（2）砂轮的选择

若砂轮的粒度越细、硬度越高、自砺性差，则磨削温度也增高。砂轮组织太紧密时磨屑堵塞砂轮，易出现烧伤。

砂轮结合剂最好采用具有一定弹性的材料，磨削力增大时，砂轮磨粒能产生一定的弹性退让，使切削深度减小，避免烧伤。

（3）工件材料

工件材料对磨削区温度的影响主要取决于它的硬度、强度、韧性和导热系数。

工件的强度、硬度越高或韧性越大，磨削时磨削力越大，功率消耗也大，造成表面层温度增高，因而容易造成磨削烧伤。

导热性能较差的材料，如轴承钢、高速钢以及镍铬钢等，受热后更易磨削烧伤。

（4）冷却润滑

采用切削液带走磨削区热量可以避免烧伤。但是磨削时，由于砂轮转速较高，在其周围表面会产生一层强气流，用一般冷却方法，切削液很难进入磨削区。目前采用的比较有效的冷却方法有内冷却法、喷射法和含油砂轮等。

3. 影响加工表面的残余应力的因素

切削加工的残余应力与冷作硬化及热塑性变形密切相关。凡是影响冷作硬化及热塑性变形的因素如工件材料、刀具几何参数、切削用量等都将影响表面残余应力，其中影响最大的是刀具前角和切削速度。

习　题

1. 叙述加工精度和加工误差的概念及它们之间的区别。

2. 表面质量包括哪几方面的含义？

3. 机床几何误差有哪几项？各项误差对加工精度有何影响？

4. 工艺系统受力变形对加工精度有何影响？

5. 工艺系统受热变形对加工精度有何影响？

6. 表面质量对产品使用性能有何影响？

7. 什么叫做表面硬化？什么叫做磨削烧伤？有哪些措施可以减少或避免？

8. 在车床上用两顶尖安装车削轴类零件时，出现图 4-11 所示误差的原因是什么？应分别采取何种工艺措施以减小或消除误差？

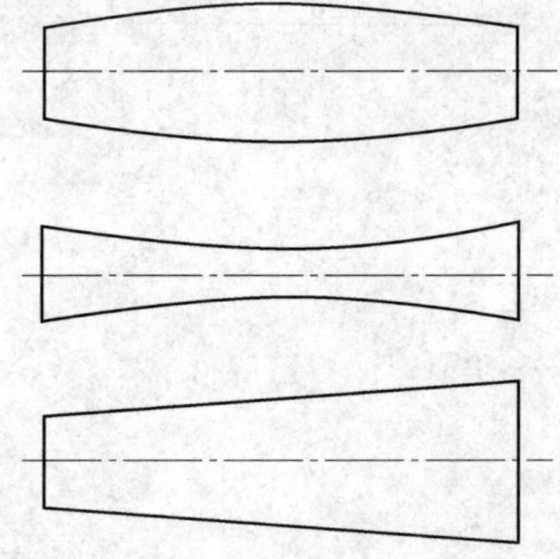

图 4-11

9. 在磨削锥孔时，用检验锥度的塞规着色检验，发现只在塞规的中部接触或在塞规的两端接触，如图 4-12 所示。试分析产生误差的因素。

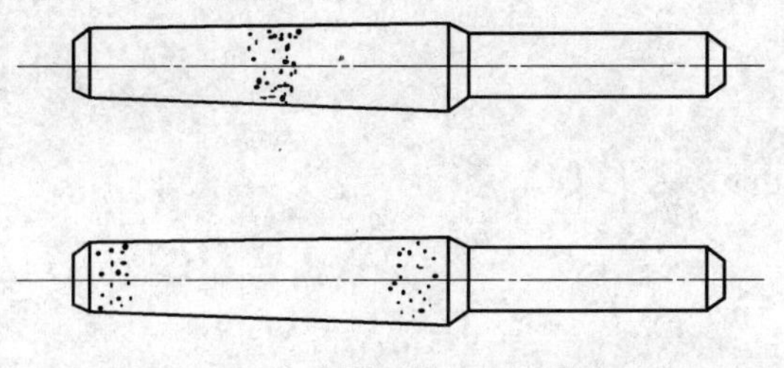

图 4-12

10. 在卧式铣床上铣削键槽，如图 4-13 所示，经测量发现靠工件两端深度大于中间，且都比调整的深度尺寸小。分析产生这一现象的原因。

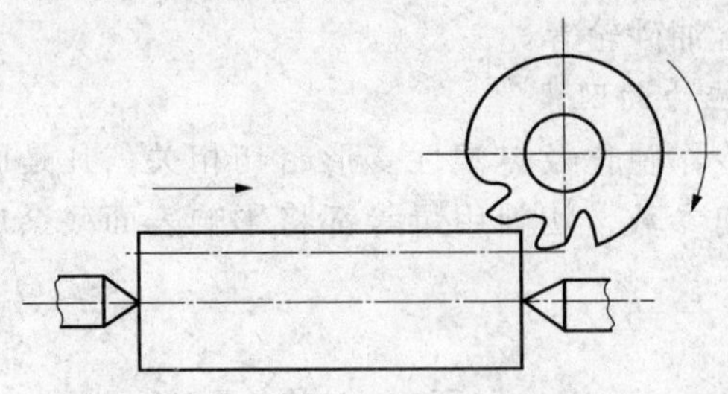

图 4-13

11. 在车床上用三爪卡盘装夹精镗一批薄壁铜套的内孔，如图 4-14 所示。工件以 ϕ50h7 外圆定位，采用调整法加工。试分析影响镗孔的尺寸、形状精度以及内孔对已加工外圆 ϕ46h6 同轴度误差的主要因素有哪些？

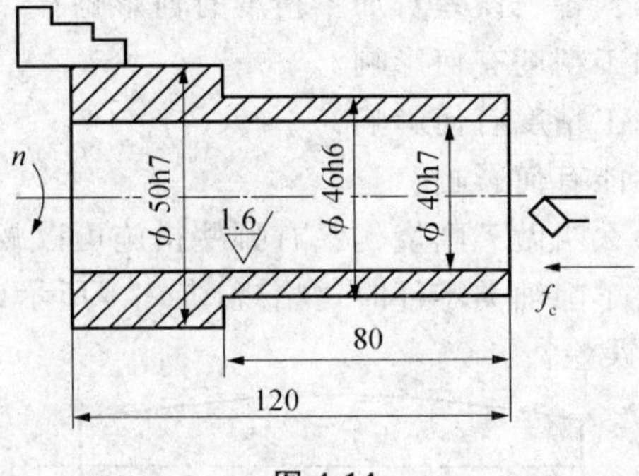

图 4-14

项目五 典型零件加工工艺

知识要点：从零件的结构特征上，可以将零件分为轴类零件、套筒类零件、叉架类零件、箱体类零件及齿轮零件，各类零件有其自身的加工工艺特点。本项目即对典型轴类零件、箱体类零件、套筒零件和齿轮零件的结构特点、加工工艺过程进行综合分析。

任务一 轴类零件加工

5.1.1 概 述

1. 轴类零件的功能和结构特点

轴类零件是机械零件中的关键零件之一，主要用以传递旋转运动和扭矩，支撑传动零件并承受载荷，而且是保证装在轴上零件回转精度的基础。

轴类零件是回转体零件，一般来说其长度大于直径。轴类零件的主要加工表面是内、外旋转表面，次要表面有键槽、花键、螺纹和横向孔等。轴类零件按结构形状可分为光轴、阶梯轴、空心轴和异型轴（如曲轴、凸轮轴、偏心轴等），按长径比（l/d）又可分为刚性轴（$l/d \leqslant 12$）和挠性轴（$l/d > 12$）。其中，以刚性光轴和阶梯轴工艺性较好。

2. 轴类零件的技术要求

（1）尺寸精度

尺寸精度包括直径尺寸精度和长度尺寸精度。精密轴颈为IT5级，重要轴颈为IT6～IT8级，一般轴颈为IT9级。轴向尺寸一般要求较低。

（2）相互位置精度

相互位置精度，主要指装配传动件的轴颈相对于支承轴颈的同轴度及端面对轴心线的垂直度等。通常用径向圆跳动来标注。普通精度轴的径向圆跳动为0.01～0.03mm，高精度的轴径向圆跳动通常为0.005～0.01mm。

（3）几何形状精度

几何形状精度主要指轴颈的圆度、圆柱度，一般应符合包容原则（即形状误差包容在直径公差范围内）。当几何形状精度要求较高时，零件图上应单独注出规定允许的偏差。

（4）表面粗糙度

轴类零件的表面粗糙度和尺寸精度应与表面工作要求相适应。通常支承轴颈的表面粗糙度 Ra 值为3.2～0.4μm，配合轴颈的表面粗糙度 Ra 值为0.8～0.1μm。

3. 轴类零件的材料与热处理

轴类零件应根据不同的工作情况，选择不同的材料和热处理规范。一般轴类零件常用中碳钢，如45钢，经正火、调质及部分表面淬火等热处理，得到所要求的强度、韧性和硬度。对中等精度而转速较高的轴类零件，一般选用合金钢（如40Cr等），经过调质和表面淬火处理，使其具有较高的综合力学性能。对在高转速、重载荷等条件下工作的轴类零件，可选用20CrMnTi、20Mn2B、20Cr等低碳合金钢，经渗碳淬火处理后，具有很高的表面硬度，心部则获得较高的强度和韧性。对高精度和高转速的轴，可选用38CrMoAl钢，其热处理变形较小，经调质和表面渗氮处理，达到很高的心部强度和表面硬度，从而获得优良的耐磨性和耐疲劳性。

4. 轴类零件的毛坯

轴类零件的毛坯常采用棒料、锻件和铸件等毛坯形式。一般光轴或外圆直径相差不大的阶梯轴采用棒料，对外圆直径相差较大或较重要的轴常采用锻件；对某些大型的或结构复杂的轴（如曲轴）可采用铸件。

5.1.2 车床主轴加工工艺分析

1. 车床主轴技术条件的分析

图5-1所示为CA6140车床的主轴简图。

（1）主轴支承轴颈的技术要求

主轴的支承轴颈是主轴的装配基准，它的制造精度直接影响主轴的回转精度，主轴上各重要表面均以支承轴颈为设计基准，有严格的位置要求。

支承轴颈为了使轴承内圈能涨大以便调整轴承间隙，故采用锥面结构。轴承内圈是薄壁零件，装配时轴颈上的形状误差会反映到内圈的滚道上，影响主轴回转精度，故必须 涂色检查接触面积，严格控制轴颈形状误差。

（2）主轴工作表面的技术要求

车床主轴锥孔是用来安装顶尖或刀具锥柄的，前端圆锥面和端面是安装卡盘或花盘的。这些安装夹具或刀具的定心表面均是主轴的工作表面。对于它们的要求有：内外锥面的尺寸精度、形状精度、表面粗糙度和接触精度；定心表面相对于支承轴颈$A-B$轴心线的同轴度；定位端面D相对于支承轴颈$A-B$轴心线的跳动等。它们的误差会造成夹具或刀具的安装误差，从而影响工件的加工精度。图5-2表示不同情况下安装误差的影响。

当主轴轴端外锥相对于支承轴颈不同轴时［图5-2（a）］，会使卡盘产生安装偏心；主轴的莫氏锥度相对于支承轴颈表面的同轴度误差也会使前后顶尖形成的轴心线与实际的回转轴心线偏离［图5-2（b）］。此外主轴端部定心表面轴心线对支承轴颈表面的轴心线倾斜，会造成安装在定心表面上的夹具及工件或刀具和回转中心不同轴，而且离轴端愈远，同轴度误差值愈大［图5-2（c）］。因此在机床精度检验标准中，规定了近主轴端部和离轴端300mm处的圆跳动误差。

（3）空套齿轮轴颈的技术要求

空套齿轮轴颈是主轴与齿轮孔相配合的表面，它对支承轴颈应有一定的同轴度要求，否则会引起主轴传动齿轮啮合不良。当主轴转速很高时，还会产生振动和噪声，使工件外圆产生振纹，尤其在精车是，这种影响更为明显。

空套齿轮轴颈对支承轴颈$A-B$的径向跳动允差为0.015mm。

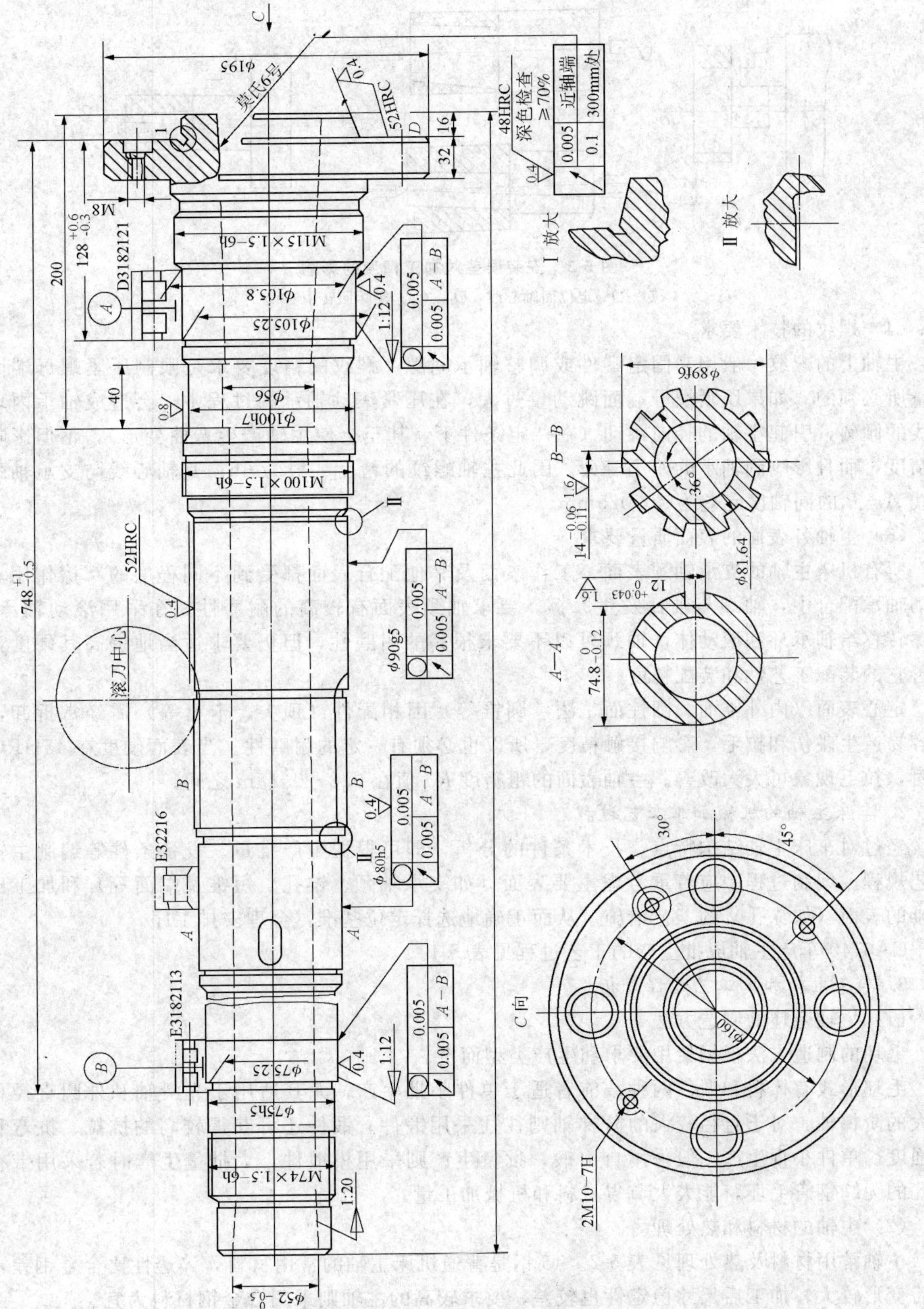

图 5-1　CA6140 车床主轴简图

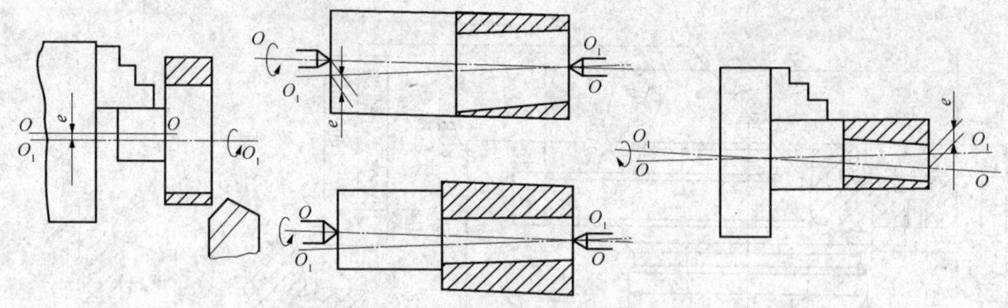

图 5-2　安装误差对加工精度的影响

$O—O$　定位面轴心线　$O_1—O_1$　实际回转中心线

(4) 螺纹的技术要求

主轴上的螺纹一般用来固定零件或调整轴承间隙。螺纹的精度要求是限制压紧螺母端面跳动量所必须的。如果压紧螺母端面跳动量过大，在压紧滚动轴承的过程中，会造成轴承内环轴心线的倾斜，引起主轴的径向跳动（在一定条件下，甚至会使主轴产生弯曲变形），不但影响加工精度，而且影响到轴承的使用寿命。因此主轴螺纹的精度一般为 6h；其轴心线与支承轴颈轴心线 $A-B$ 的同轴度允差为 $\phi0.025$mm。

(5) 主轴各表面的表面质量要求

所有机床主轴的支承轴颈表面、工作表面及其他配合表面都受到不同程度的摩擦作用。在滑动轴承配合中，轴颈与轴瓦发生摩擦，要求轴颈表面有较高的耐磨性。在采用滚动轴承时，摩擦转移给轴承环和滚动体，轴颈可以不要求很高的耐磨性，但仍要求适当地提高其硬度，以改善它的装配工艺性和装配精度。

定心表面（内外锥面、圆柱面、法兰圆锥等）因相配件（顶尖、卡盘等）需经常拆卸，表面容易产生碰伤和拉毛，影响接触精度，所以也必须有一定的耐磨性。当表面硬度在 45HRC 以上时，拉毛现象可大大改善。主轴表面的粗糙度 Ra 值在 0.8～0.2μm 之间。

2. 车床主轴的机械加工工艺过程

经过对车床主轴结构特点、技术条件的分析，即可根据生产批量、设备条件等编制主轴的工艺规程。编制过程中应着重考虑主要表面（如支承轴颈、锥孔、短锥及端面等）和加工比较困难的表面（如深孔）的工艺措施。从而正确地选择定位基准，合理安排工序。

CA6140 车床主轴成批生产的工艺过程见表 5-1。

3. 车床主轴加工工艺过程分析

(1) 主轴毛坯的制造方法

毛坯的制造方法根据使用要求和生产类型而定。

毛坯形式有棒料和锻件两种。前者适于单件小批生产，尤其适用于光滑轴和外圆直径相差不大的阶梯轴，对于直径较大的阶梯轴则往往采用锻件。锻件还可获得较高的抗拉、抗弯和抗扭强度。单件小批生产一般采用自由锻，批量生产则采用模锻件，大批量生产时若采用带有贯穿孔的无缝钢管毛坯，能大大节省材料和机械加工量。

(2) 主轴的材料和热处理

主轴常用材料及热处理见表 5-2。45 钢是普通机床主轴的常用材料，淬透性比合金钢差，淬火后变形较大，加工后尺寸稳定性也较差，要求较高的主轴则采用合金钢材料为宜。

选择合适的材料并在整个加工过程中安排足够和合理的热处理工序，对于保证主轴的力学性能、精度要求和改善其切削加工性能非常重要。车床主轴的热处理主要包括以下内容。

①毛坯热处理　车床主轴的毛坯热处理一般采用正火，其目的是消除锻造应力，细化晶粒，并使金属组织均匀，以利于切削加工。

②预备热处理　在粗加工之后、半精加工之前，安排调质处理，目的是获得均匀细密的回火索氏体组织，提高其综合力学性能，同时，细密的索氏体金相组织有利于零件精加工后获得光洁的表面。

表 5-1　CA6140 车床主轴加工工艺过程

序号	工序名称	工序简图	设备
1	备料		
2	模锻		
3	热处理	正火	
4	铣端面钻中心孔		中心孔机床
5	粗车外圆		卧式车床
6	热处理	调质 220～240HBS	
7	车大端各外圆	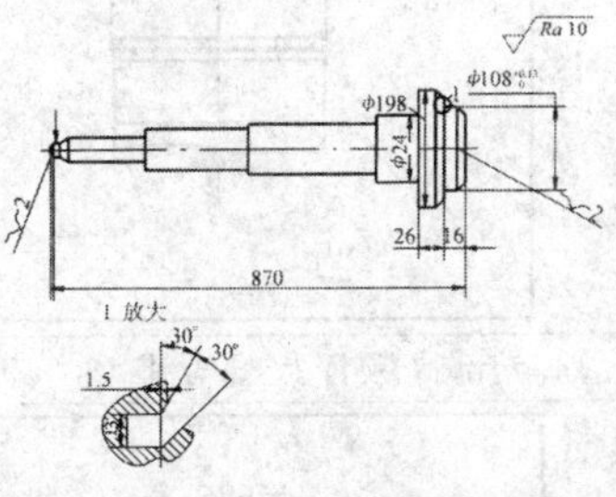	卧式车床
8	仿形车小端各部	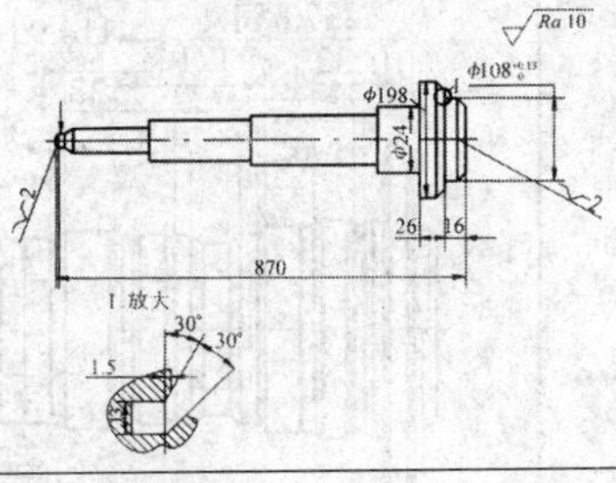	仿形多刀关自动车床 CE7120
9	钻 ϕ48mm 深孔	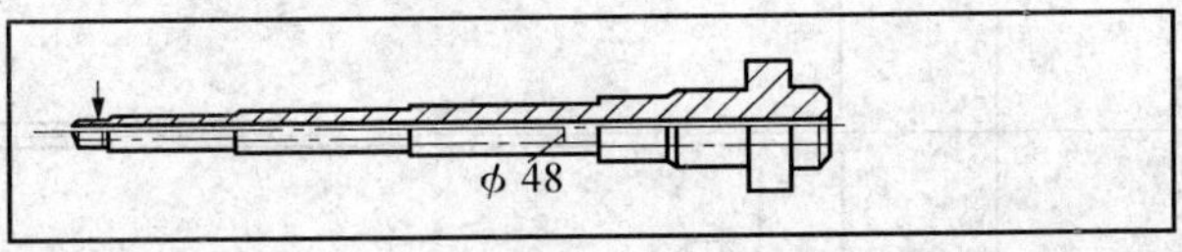	深孔钻床
10	车小端内锥孔（配 1:20 锥堵）	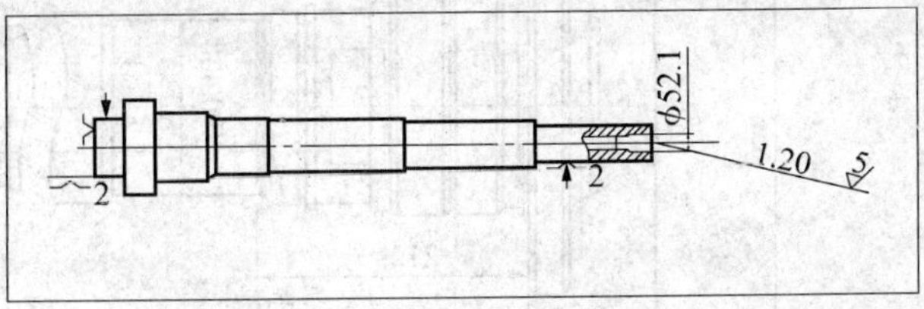	卧式车床 C6208

续 表

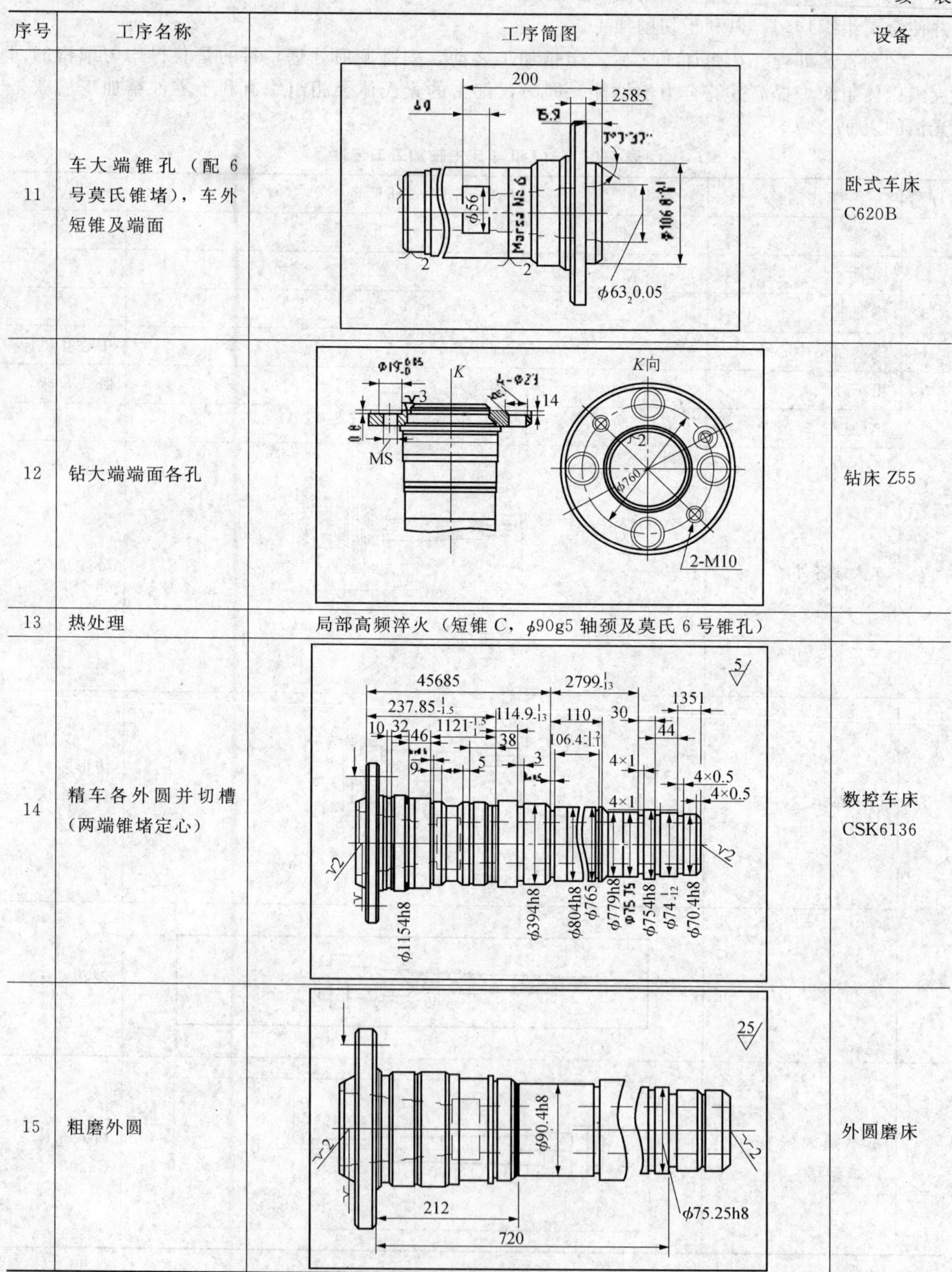

序号	工序名称	工序简图	设备
11	车大端锥孔（配 6 号莫氏锥堵），车外短锥及端面		卧式车床 C620B
12	钻大端端面各孔		钻床 Z55
13	热处理	局部高频淬火（短锥 C，ϕ90g5 轴颈及莫氏 6 号锥孔）	
14	精车各外圆并切槽（两端锥堵定心）		数控车床 CSK6136
15	粗磨外圆		外圆磨床

续　表

序号	工序名称	工序简图	设备
16	粗磨莫氏 6 号内锥孔（重配莫氏 6 号锥堵）	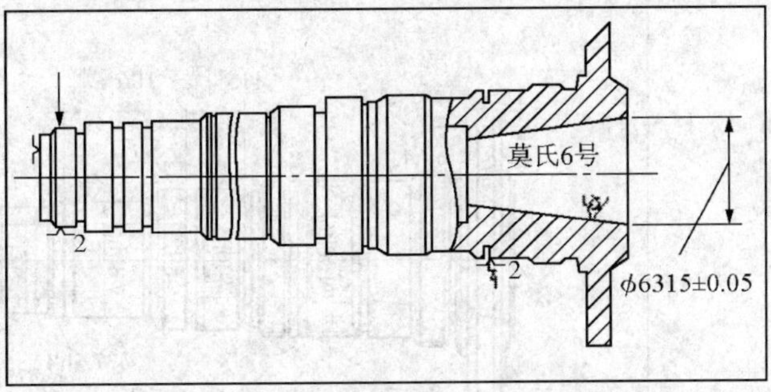莫氏6号 2 2 φ6315±0.05 用涂色法检查莫氏 6 号锥孔，接触率≥40%	圆磨床 M212
17	粗铣和精铣花键	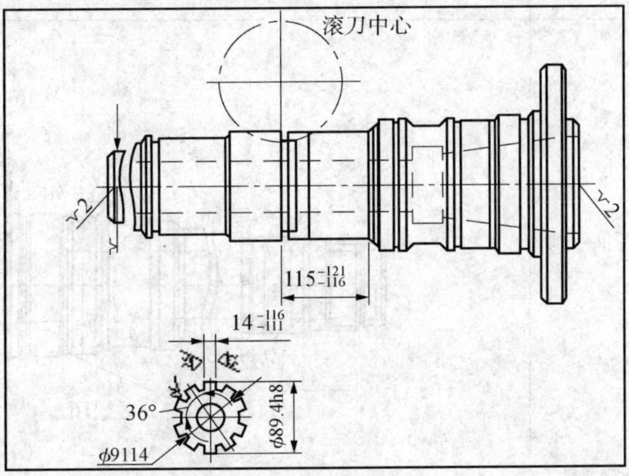滚刀中心 2 2 115$^{-121}_{-116}$ 14$^{-116}_{-111}$ 36° φ89.4h8 φ9114	半自动花键轴铣床
18	铣键槽	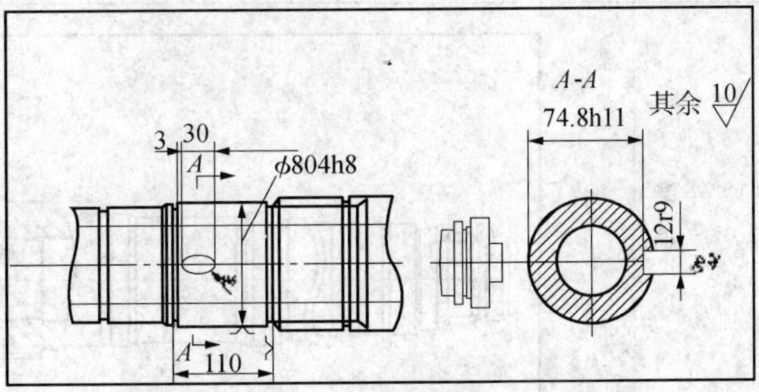A-A 74.8h11 其余 10 3 30 A φ804h8 12r9 A 110	铣床 X25
19	车大端内侧面，车三处螺纹（配螺母）	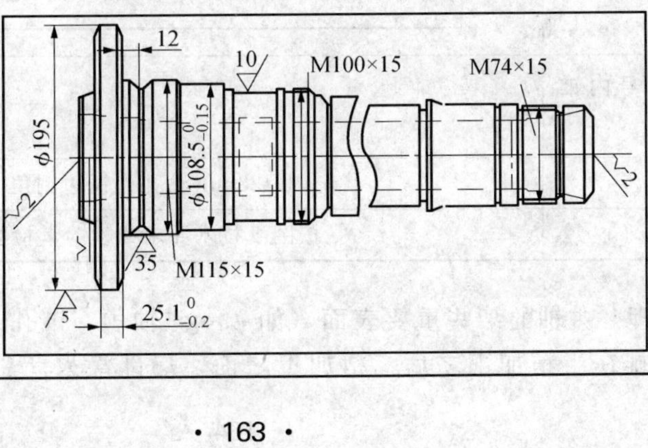12 10 M100×15 M74×15 φ195 φ108.5$^{0}_{-0.15}$ 2 2 35 M115×15 5 25.1$^{0}_{-0.2}$	卧式车床 CA6140

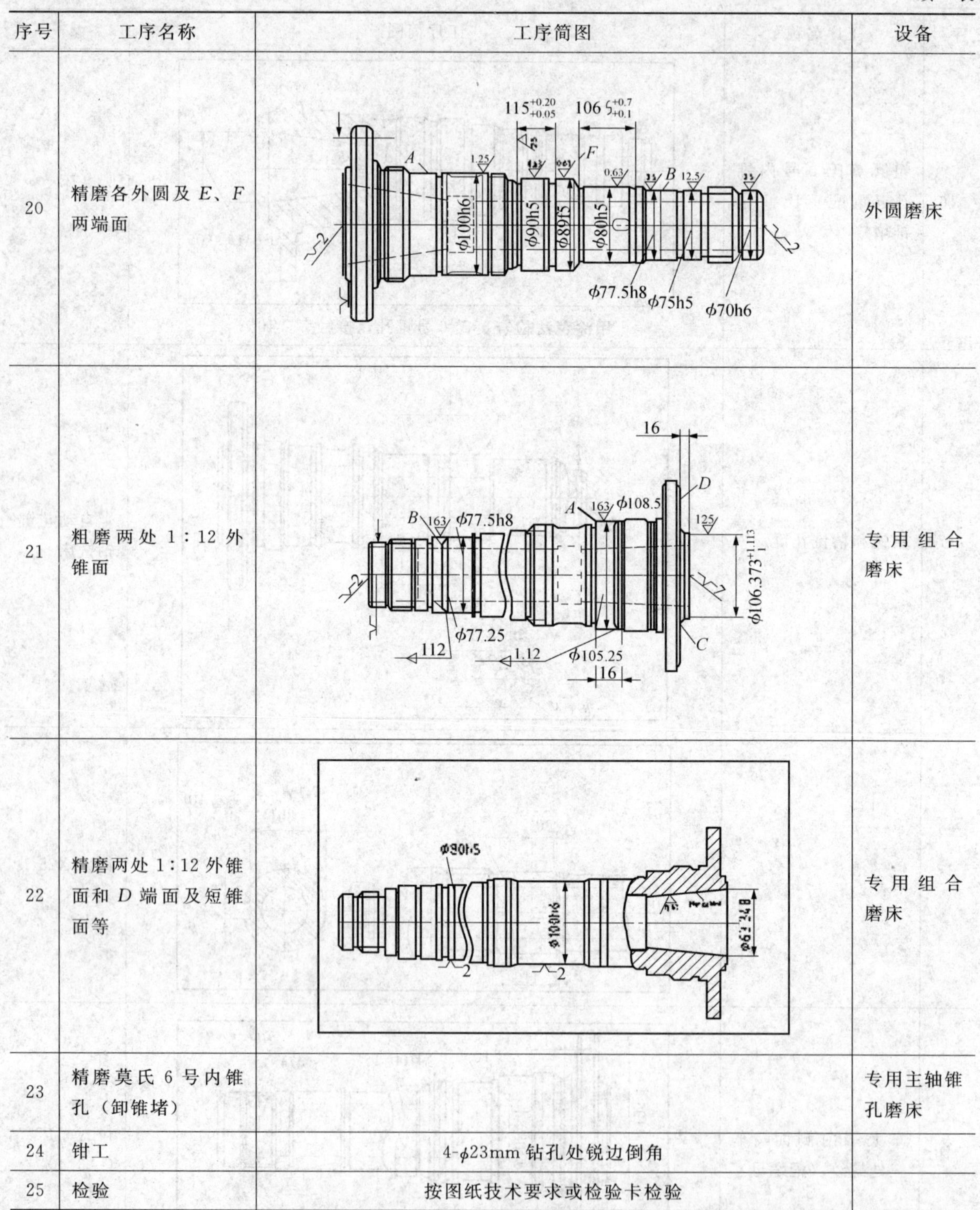

续　表

序号	工序名称	工序简图	设备
20	精磨各外圆及 E、F 两端面		外圆磨床
21	粗磨两处 1：12 外锥面		专用组合磨床
22	精磨两处 1：12 外锥面和 D 端面及短锥面等		专用组合磨床
23	精磨莫氏 6 号内锥孔（卸锥堵）		专用主轴锥孔磨床
24	钳工	4-ϕ23mm 钻孔处锐边倒角	
25	检验	按图纸技术要求或检验卡检验	

③最终热处理　主轴的某些重要表面（如 ϕ90g5 轴颈、锥孔及外锥等）需经高频淬火。最终热处理一般安排在半精加工之后、精加工之前，局部淬火产生的变形在最终精加工时得以

纠正。

精度要求高的主轴，在淬火回火后还要进行定性处理。定性处理的目的是消除加工的内应力，提高主轴的尺寸稳定性，使它能长期保持精度。定性处理是在精加工之后进行的，如低温人工时效或水冷处理。

热处理次数的多少，决定于主轴的精度要求、经济性以及热处理效果。CA6140 车床主轴一般经过正火、调质和表面局部淬火三个热处理工序，无须进行定性处理。

表 5-2　主轴材料及热处理

主轴种类	材　料	预备性热处理方法	最终热处理方法	表面硬度
车床、铣床主轴	45 钢	正火或调质	局部淬火后回火	45～52 HRC
外圆磨床砂轮轴	65Mn	调质	高频淬火后回火	50～58 HRC
专用车床主轴	40Cr	调质	局部淬火后回火	52～56 HRC
齿轮磨床主轴	20CrMnTi	正火	渗碳淬火	58～63 HRC
卧式镗床主轴 精密外圆磨床砂轮轴	38CrMoAlA	调质 消除内应力处理	渗氮	65 HRC 以上

(3) 加工阶段的划分

主轴加工过程中的各加工工序和热处理工序均会不同程度地产生加工误差和应力。为了保证加工质量，稳定加工精度，CA6140 车床主轴加工基本上划分为下列三个阶段。

①粗加工阶段。

Ⅰ. 毛坯处理：毛坯备料、锻造和正火（工序 1～3）。

Ⅱ. 粗加工：锯去多余部分，铣端面、钻中心孔和荒车外圆等（工序 4、5）。

这一阶段的主要目的是：用大的切削用量切除大部分余量，把毛坯加工到接近工件的最终形状和尺寸，只留下少量的加工余量。通过这阶段还可以及时发现锻件裂纹等缺陷，采取相应措施。

②半精加工阶段。

Ⅰ. 半精加工前热处理：对于 45 钢一般采用调质处理，达到 220～240HBS（工序 6）。

Ⅱ. 半精加工：车工艺锥面（定位锥孔）、半精车外圆端面和钻深孔等（工序 7～12）。

这个阶段的主要目的是：为精加工作好准备，尤其为精加工作好基面准备。对于一些要求不高的表面，如大端端面各孔，在这个阶段加工到图样规定的要求。

③精加工阶段。

Ⅰ. 精加工前热处理：局部高频淬火（工序 13）。

Ⅱ. 精加工前各种加工：粗磨定位锥面、粗磨外圆、铣键槽和花键槽，以及车螺纹等（工序 14～19）。

Ⅲ. 精加工：精磨外圆和两处 1:12 外锥面及莫氏 6 号内锥孔，从而保证主轴最重要表面的精度（工序 20～23）。

这一阶段的目的是：把各表面都加工到图样规定的要求。

粗加工、半精加工、精加工阶段的划分大体以热处理为界。

由此可见，整个主轴加工的工艺过程，就是以主要表面（支承轴颈、锥孔）的粗加工、半精加工和精加工为主，适当插入其他表面的加工工序而组成的。这就说明，加工阶段的划分起主导作用的是工件的精度要求。对于一般精度的机床主轴，精磨是最终机械加工工序。对精密机床的主轴，还要增加光整加工阶段，以求获得更高的尺寸精度和更低的表面粗糙度。

（4）工序顺序的安排

由表 5-1 可见，主轴的工艺路线安排大体如下：毛坯制造——正火——车端面钻中心孔——粗车——调质——半精车表面淬火——粗、精磨外圆——粗、精磨圆锥面——磨锥孔。

轴类零件各表面的加工顺序，与定位基准的转换有关，即先行工序必须为后续工序准备好定位基准。粗、精基准选定后，加工顺序也就大致排定。

在安排工序顺序时，还应注意下面几点。

①外圆加工顺序安排要照顾主轴本身的刚度，应先加工大直径后加工小直径，以免一开始就降低主轴刚度。

②就基准统一而言，希望始终以顶尖孔定位，避免使用锥堵，则深孔加工应安排在最后。但深孔加工是粗加工工序，要切除大量金属，加工过程中会引起主轴变形，所以最好在粗车外圆之后就把深孔加工出来。

③花键和键槽加工应安排在精车之后、粗磨之前。如在精车之前就铣出键槽，将会造成断续车削，既影响质量又易损坏刀具，而且也难以控制键槽的尺寸精度。但这些表面也不宜安排在主要表面最终加工工序之后进行，以防在反复运输中，碰伤主要表面。

④因主轴的螺纹对支承轴颈有一定的同轴度要求，故放在淬火之后的精加工阶段进行，以免受半精加工所产生的应力以及热处理变形的影响。

⑤主轴系加工要求很高的零件，需安排多次检验工序。检验工序一般安排在各加工阶段前后，以及重要工序前后和花费工时较多的工序前后，总检验则放在最后。必要时，还应安排探伤工序。

（5）定位基准的选择

以两顶尖孔作为轴类零件的定位基准，既符合基准重合原则，又能使基准统一。所以，只要有可能，就尽量采用顶尖孔作为定位基准。

表 5-1 所列工序中的粗车、半精车、精车、粗磨、精磨各外圆表面和端面、铣花键和车螺纹等工序，都是以顶尖孔作为定位基准的。

两顶尖孔的质量好坏，对加工精度影响很大，应尽量做到两顶尖孔轴线重合、顶尖接触面积大、表面粗糙度低。否则，将会因工件与顶尖间的接触刚度变化而产生加工误差。因此经常注意保持两顶尖孔的质量，是轴类零件加工的关键问题之一。

深孔加工后，因顶尖孔所处的实体材料已不复存在，所以采用带顶尖孔的锥堵作为定位基准。

为了保证支承轴颈与两端锥孔的同轴度要求，需要应用互为基准原则。例如 CA6140 主轴的车小端 1:20 锥孔和大端莫氏 6 号内锥孔时（表 5-1 中工序 10、11），用的是与前支承轴颈相邻而又是用同一基准加工出来的外圆柱表面为定位基面（直接用前支承轴颈作为定位基准当然更好，但由于轴颈有锥度，在制造托架时会增加困难）；工序 14 精车各外圆包括支承轴颈的 1:12 锥度时，即是以上述前后锥孔内所配锥堵的顶尖孔作为定位基准面；在工序 16 粗磨莫氏 6 号内锥孔时，又是以两圆柱表面为定位基准面，这就符合互为基准原则。在工序 21 和 22 中，粗、精磨两个支承轴颈的 1:12 锥度时，再次以粗磨后的锥孔所配锥堵的顶尖孔为定位基准。在工序 23

中，最后精磨莫氏 6 号内锥孔时，直接以精磨后的前支承轴颈和另一圆柱面为基准面，基准再一次转换。随着基准的不断转换，定位精度不断提高。转换过程就是提高过程，使加工过程有一次比一次精度更高的定位基准面。基准转换次数的多少，要根据加工精度要求而定。

在精磨莫氏 6 号内锥孔的定位方法中，采用了专用夹具，机床主轴仅起传递扭矩的作用，排除了主轴组件本身的回转误差，因此提高了加工精度。

精加工主轴外圆表面也可用外圆表面本身来定位，即在安装工件时以支承轴颈表面本身找正。如图 5-3 所示，外圆表面找正是采用一种可拆卸的锥套心轴，心轴依靠螺母 4 和垫圈 3 压紧在主轴的两端面上。心轴两端有中心孔，主轴靠心轴中心孔安装在机床的前后顶尖上。以支承轴颈表面找正时，适当敲动工件，使支承轴颈的径向圆跳动在规定的范围内（心轴和主轴靠端面上摩擦力结合在一起，主轴和锥套并不紧配，留有间隙，允许微量调整），然后进行加工。

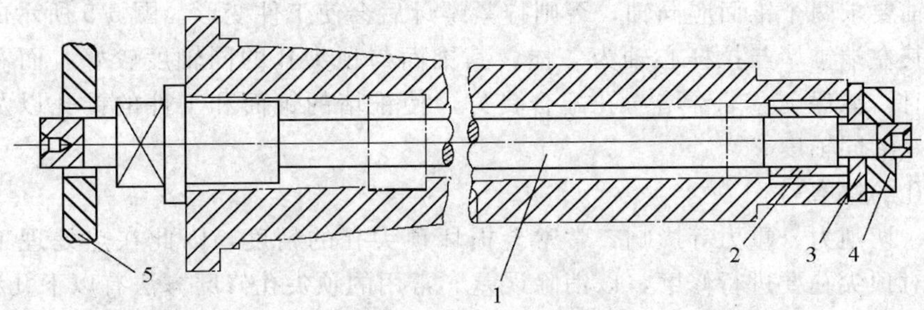

图 5-3　锥套心轴

1—心轴　2—锥套　3—垫圈　4—螺母　5—夹头

用这种定位方法，只需要准备几套心轴，因此简化了工艺装备，节省了修正中心孔工序，并可在一次安装中磨出全部外圆。

4. 主轴加工中的几个工艺问题

(1) 锥堵和锥堵心轴的使用

对于空心的轴类零件，当通孔加工后，原来的定位基准——顶尖孔已被破坏，此后必须重新建立定位基准。对于通孔直径较小的轴，可直接在孔口倒出宽度不大于 2mm 的 60°锥面，代替中心孔。而当通孔直径较大时，则不宜用倒角锥面代替，一般都采用锥堵或锥堵心轴的顶尖孔做为定位基准。

当主轴锥孔的锥度较小时（如车床主轴的锥孔为 1∶20 和莫氏 6 号）就常用锥堵，如图 5-4 所示。

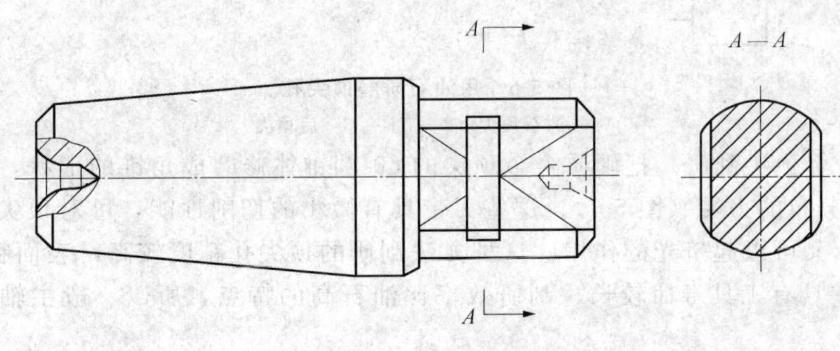

图 5-4　锥堵

当锥度较大时（如 X62 卧式铣床的主轴锥孔是 7∶24），可用带锥堵的拉杆心轴，如图 5-5 所示。

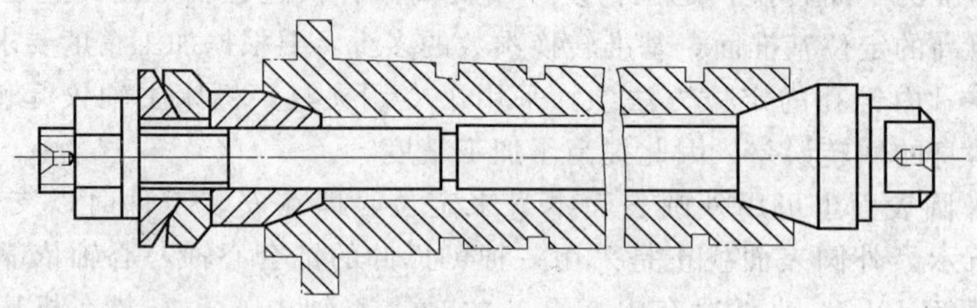

图 5-5　带有锥堵的拉杆心轴

使用锥堵或锥堵心轴时应注意以下问题。

①一般不宜中途更换或拆装，以免增加安装误差。

②锥堵心轴要求两个锥面应同轴，否则拧紧螺母后会使工件变形。图 5-5 所示的锥堵心轴结构比较合理，其左端锥堵与拉杆心轴为一体，其锥面与顶尖孔的同轴度较好，而右端有球面垫圈，拧紧螺母时，能保证左端锥堵与孔配合良好，使锥堵的锥面和工件的锥孔以及拉杆心轴上的顶尖孔有较好的同轴度。

（2）顶尖孔的修磨

因热处理、切削力、重力等影响，常常会损坏顶尖孔的精度，因此在热处理工序之后和磨削加工之前，对顶尖孔要进行修磨，以消除误差。常用的顶尖孔修磨方法有以下几种。

①用铸铁顶尖研磨。可在车床或钻床上进行，研磨时加适量的研磨剂（W10～W12 氧化铝粉和机油调和而成）。用这种方法研磨的顶尖孔，其精度较高，但研磨时间较长，效率很低，除在个别情况下用来修整尺寸较大或精度要求特别高的顶尖孔外，一般很少采用。

②用油石或橡胶砂轮夹在车床的卡盘上，用装在刀架上的金刚钻将它的前端修整成顶尖形状（60°圆锥体），接着将工件定在油石或橡胶砂轮顶尖和车床后顶尖之间（图 3-6），并加少量润滑油（柴油），然后开动车床使油石或橡胶砂轮转动，进行研磨。研磨时用手把持工件并连续而缓慢地转动。这种研磨中心孔方法效率高，质量好，也简便易行。

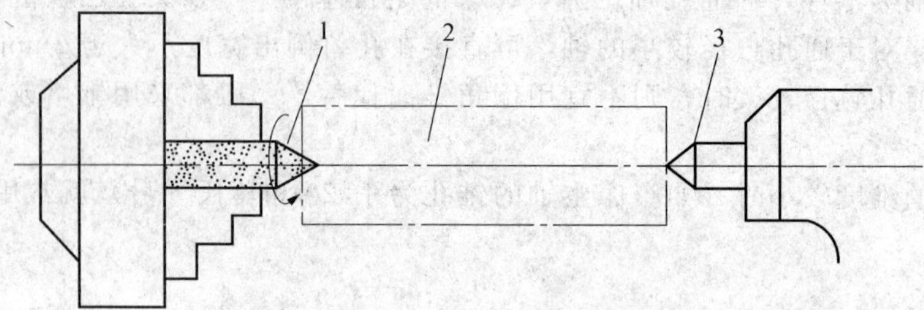

图 5-6　用油石研磨顶尖孔

1—油石顶尖　2—工件　3—后顶尖

③用硬质合金顶尖刮研。把硬质合金顶尖的 60°圆锥体修磨成角锥的形状，使圆锥面只留下 4～6 条均匀分布的刃带（图 5-7），这些刃带具有微小的切削性能，可对顶尖孔的几何形状作微量的修整，又可以起挤光的作用。这种方法刮研的顶尖孔精度较高，表面粗糙度达 Ra 值 0.8μm 以下，并具有工具寿命较长、刮研效率比油石高的特点，所以一般主轴的顶尖孔可以用此法修研。

上述三种修磨顶尖孔的方法，可以联合应用。例如先用硬质合金顶尖刮研，再选用油石或

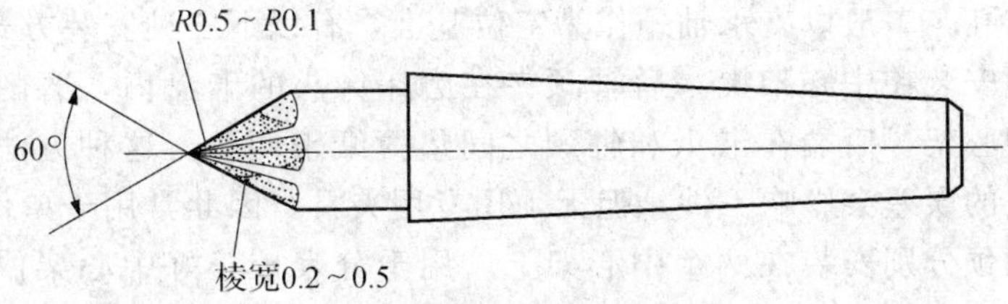

图 5-7　六棱硬质合金顶尖

橡胶砂轮顶尖研磨，这样效果会更好。

(3) 外圆表面的车削加工

主轴各外圆表面的车削通常分为粗车、半精车、精车三个步骤。粗车的目的是切除大部分余量；半精车是修整预备热处理后的变形；精车则进一步使主轴在磨削加工前各表面具有一定的同轴度和合理的磨削余量。因此提高生产率是车削加工的主要问题。在不同的生产条件下一般采用的机械设备是：单件小批生产采用普通卧式车床；成批生产多用带有液压仿形刀架的车床或液压仿形车床；大批大量生产则采用液压仿形车床或多刀半自动车床。

采用液压仿形车削可实现车削加工半自动化，其上下料仍需手动，更换靠模、调整刀具都较简便，减轻了劳动强度，提高了加工效率，对成批生产是很经济的。仿形刀架的装卸和操作也很方便，成本低，能使普通卧式车床充分发挥使用效能。但是它的加工精度还不够稳定，不适宜进行强力切削，仍应继续改进。

多刀半自动车床主要用于大量生产中。它用若干把刀具同时车削工件的各个表面，因此缩短了切削行程和切削时间，是一种高生产率加工设备，但刀具的调整费时。

(4) 主轴深孔的加工

一般把长度与直径之比大于 5 的孔称为深孔。深孔加工比一般孔加工要困难和复杂，原因是如下。

①刀具细而长，刚性差，钻头容易引偏，使被加工孔的轴心线歪斜。

②排屑困难。

③冷却困难，钻头散热条件差，容易丧失切削能力。

生产实际中一般采取下列措施来改善深孔加工的不利因素。

①用工件旋转、刀具进给的加工方法，使钻头有自定中心的能力。

②采用特殊结构的刀具——深孔钻，以增加其导向的稳定性和适应深孔加工的条件。

③在工件上预加工出一段精确的导向孔，保证钻头从一开始就不引偏。

④采用压力输送的切削润滑液并利用在压力下的冷却润滑液排出切屑。

在单件小批生产中，深孔加工一般是在卧式车床上用接长的麻花钻加工。在加工过程中需多次退出钻头，以便排出切屑和冷却工件及钻头。在批量较大时，采用深孔钻床及深孔钻头，可获得较好的加工质量并具有较高的生产率。

钻出的深孔一般都要经过精加工才能达到要求的精度和表面粗糙度。精加工的方法主要有镗和铰。由于刀具细长，目前较多采用拉镗和拉铰的方法，使刀杆只受拉力而不受压力。这些加工一般也在深孔钻床上进行。

(5) 主轴锥孔加工

主轴前端锥孔和主轴支承轴颈及前端短锥的同轴度要求高，因此磨削主轴的前端锥孔，常常成为机床主轴加工的关键工序。

磨削主轴前端锥孔，一般以支承轴颈作为定位基准，有以下三种安装方式。

①将前支承轴颈安装在中心架上，后轴颈夹在磨床床头的卡盘内，磨削前严格校正两支承轴颈，前端可调整中心架，后端在卡爪和轴颈之间垫薄纸来调整。这种方法辅助时间长，生产率低，而且磨床床头的误差会影响工件。但无须用专用夹具，因此常用于单件小批量生产。

②将前后支承轴颈分别安装在两个中心架上，用千分表校正好中心架位置。工件通过弹性联轴器或万向接头与磨床床头连接。此种方式可保证主轴轴颈的定位精度，且不受磨床床头误差的影响，但调整中心架费时，质量不稳定，一般只在生产规模不大时使用。

③成批生产时大多采用专用夹具加工，图 5-8 为磨主轴锥孔的一种夹具，是由底座、支承架及浮动卡头三部分组成。前后两个支承架与底座连成一体。作为定位元件的 V 形架镶有硬质合金，以提高耐磨性。工件的中心高应调整到正好等于磨头砂轮轴的中心高。后端的浮动卡头装在磨床主轴锥孔内，工件尾部插入弹性套内。用弹簧把浮动卡头外壳连同工件向后拉，通过钢球压向镶有硬质合金的锥柄端面，依靠压簧的涨力限制了工件的轴向窜动。采用这种连接方式，机床只传递切削扭矩，排除了磨床主轴圆跳动或同轴度误差对工件的影响，也可减小机床本身的振动对加工精度的影响。

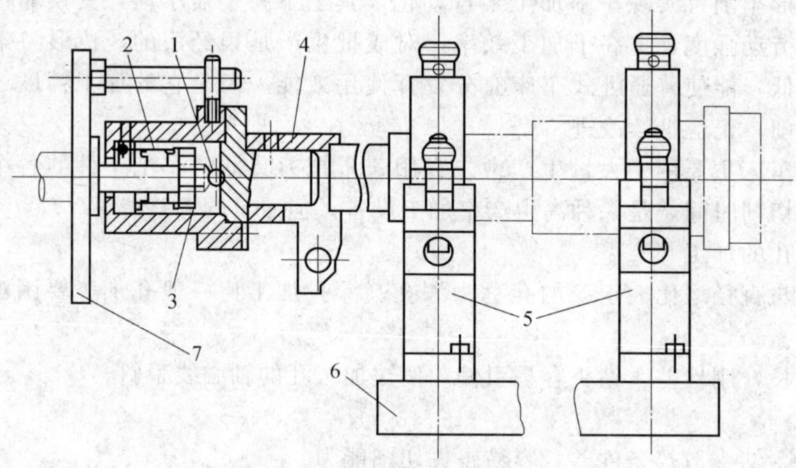

图 5-8 磨主轴锥孔专用夹具

1—钢球 2—弹簧 3—硬质合金 4—弹性套 5—支承架

(6) 主轴各外圆表面的精加工和光整加工

主轴的精加工都是用磨削的方法，安排在最终热处理工序之后进行，用以纠正在热处理中产生的变形，最后达到所需的精度和表面粗糙度。磨削加工一般能达到的经济精度和经济表面粗糙度为 IT16 和 Ra 0.8～0.2μm。对于一般精度的车床主轴，磨削是最后的加工工序。而对于精密的主轴还需要进行光整加工。

光整加工用于精密主轴的尺寸公差等级 IT5 以上或表面粗糙度低于 Ra0.1μm 的加工表面，其特点是如下。

①加工余量都很小，一般不超过 0.2mm。

②采用很小的切削用量和单位切削压力，变形小，可获得很细的表面粗糙度。

③对上道工序的表面粗糙度要求高。一般都要求低于 Ra0.2μm，表面不得有较深的加工痕迹。

④除镜面磨削外，其他光整加工方法都是“浮动的”，即依靠被加工表面本身自定中心。因

此只有镜面磨削可部分地纠正工件的形状和位置误差，而研磨只可部分地纠正形状误差。其他光整加工方法只能用于降低表面粗糙度。

几种光整加工方法的工作原理和特点见表5-3。由于镜面磨削的生产效率高，且适应性广，目前已广泛应用在机床主轴的光整加工中。

表5-3　外圆表面的各种光整加工方法的比较

光整加工方法	工作原理		特点
镜面磨削	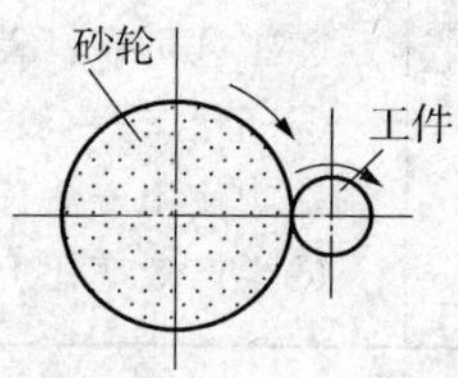 砂轮 工件	加工方式与一般磨削相同，但需要用特别软的砂轮，较低的磨削用量，极小的切削深（1～2μm），仔细过滤的冷却润滑液。修正砂轮时用极慢的工作台进给速度	①粗糙度可达 Ra0.012～0.006μm，适用范围广 ②能够部分地修正上道工序留下来的形状和位置误差 ③生产效率高，可配备自动测量仪 ④对机床设备的精度要求很高
研磨	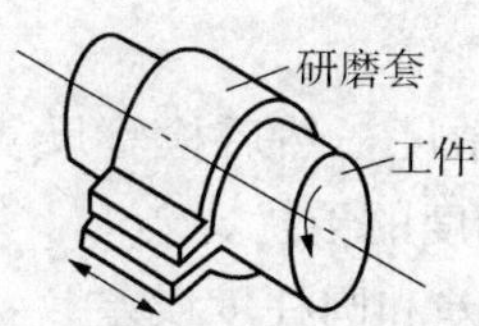 研磨套 工件	研磨套在一定的压力下与工件做复杂的相对运动，工件缓慢转动，带动磨粒起切削作用。同时研磨剂还能与金属表面层起化学作用，加速切削作用。研磨余量为0.01～0.02mm	①表面粗糙度可达 Ra0.025～0.006μm，适用范围广 ②能部分纠正形状误差，不能纠正位置误差 ③方法简单可靠，对设备要求低 ④生产率很低，工人劳动强度大，正为其他方法所取代，但仍用得相当广泛
超精加工	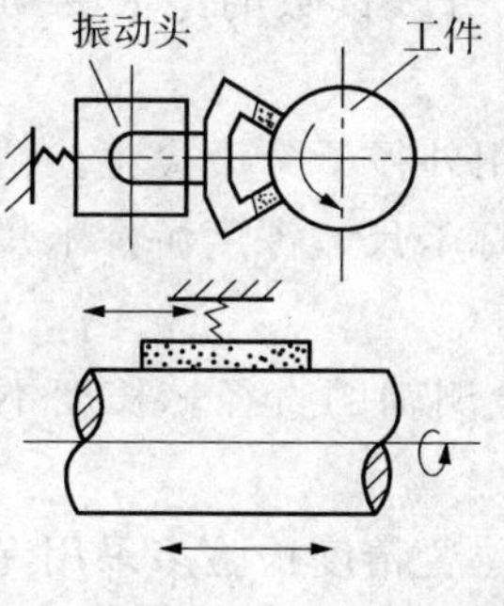 振动头 工件	工件作低速转动和轴向进给（或工件不进给，磨头进给），磨头带动磨条以一定的频率（每分钟几十次到上千次）沿工件的轴向振动，磨粒在工件表面上形成复杂轨迹。磨条采用硬度很软的细粒度油石。冷却润滑液用煤油	①表面粗糙度可达 Ra0.025～0.012μm，适用范围广 ②不能纠正上道工序留下来的形状误差和位置误差 ③设备要求简单，可在普通车床上进行 ④加工效果受油石质量的影响很大

续 表

光整加工方法	工 作 原 理		特 点
双轮珩磨	工件	珩磨轮相对工作轴心线倾斜27°～30°，并以一定的压力从相对的方向压在工件表面上。工件（或珩磨轮）沿工件轴向作往复运动。在工件转动时，因摩擦力带动珩磨轮旋转，并产生相对滑动，起微量的切削作用。冷却润滑液为煤油或油酸。	①表面粗糙度可达 $Ra0.025$～0.012μm，不适用于带轴肩类零件和锥形表面 ②不能纠正上道工序留下来的形状误差和位置误差 ③设备要求低，可用旧机床改装 ④工艺可靠，表面质量稳定 ⑤ 珩磨轮一般采用细粒度磨料制造，使用寿命长 ⑥生产效率比上述三种都高

（7）轴类零件的检验

轴类零件在加工过程中和加工完以后都要按工艺规程的技术要求进行检验。检验的项目包括表面粗糙度、硬度、尺寸精度、表面形状精度和相互位置精度。

①表面粗糙度和硬度的检验　硬度是在热处理之后用硬度计抽检。表面粗糙度一般用样块比较法检验，对于精密零件可采用干涉显微镜进行测量。

②精度检验　精度检验应按一定顺序进行，先检验形状精度，然后检验尺寸精度，最后检验位置精度。这样可以判明和排除不同性质误差之间对测量精度的干扰。

Ⅰ.形状精度检验　车床主轴的形状误差主要是指圆度误差和圆柱度误差。

圆度误差为轴的同一截面内最大直径与最小直径之差。一般用千分尺按照测量直径的方法即可检测。精度高的轴需用比较仪检验。

圆柱度误差是指同一轴向剖面内最大直径与最小直径之差，同样可用千分尺检测。弯曲度可以用千分表检验，把工件放在平板上，工件转动一周，千分表读数的最大变动量就是弯曲误差值。

Ⅱ.尺寸精确检验　在单件小批生产中，轴的直径一般用外径千分尺检验。精度较高（公差值小于0.01mm）时，可用杠杆卡规测量。台肩长度可用游标卡尺、深度游标卡尺和深度千分尺检验。

大批大量生产中，为了提高生产效率常采用极限卡规检测轴的直径。长度不大而精度又高的工件，也可用比较仪检验。

Ⅲ.位置精度检验　为提高检验精度和缩短检验时间，位置精度检验多采用专用检具，如图5-9所示。检验时，将主轴的两支承轴颈放在同一平板上的两个V形架上，并在轴的一端用挡铁、钢球和工艺锥堵挡住，限制主轴沿轴向移动。两个V形架中有一个的高度是可调的。测量时先用千分表调整轴的中心线，使它与测量平面平行。平板的倾斜角一般是15°，使工件轴端靠自重压向钢球。

在主轴前锥孔中插入检验心棒，按测量要求放置千分表，用手轻轻转动主轴，从千分表读数的变化即可测量各项误差，包括锥孔及有关表面相对支承轴颈的径向跳动和端面跳动。

锥孔的接触精度用专用锥度量规涂色检验，要求接触面积在70％以上，分布均匀而大端接

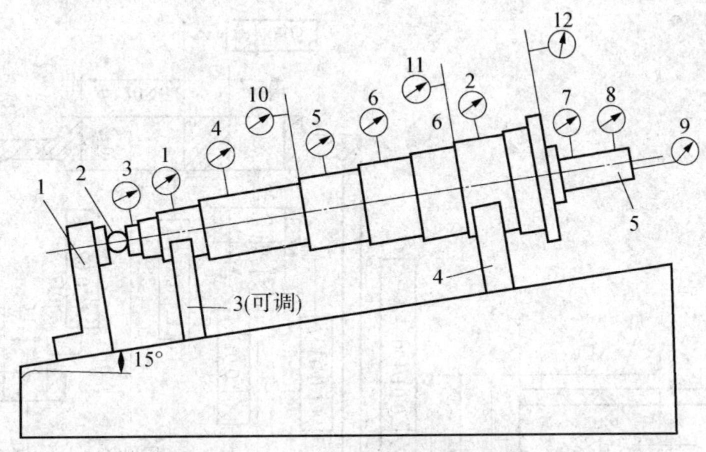

图 5-9　主轴位置精度检验示意图

1—挡铁　2—钢球　3、4—V 形架　5—检验心棒

触较“硬”，即锥度只允许偏小。这项检验应在检验锥孔跳动之前进行。

图 5-9 中各量表的功用如下：量表 7 检验锥孔对支承轴颈的同轴度误差；距轴端 300mm 处的量表 8 检查锥孔轴心线对支承轴颈轴心线的同轴度误差；量表 3、4、5、6 检查各轴颈相对支承轴颈的径向跳动；量表 10、11、12 检验端面跳动；量表 9 测量主轴的轴向窜动。

任务二　箱体类零件加工

5.2.1　概　述

1. 箱体零件的功用和结构特点

箱体是机器的基础零件，它将机器和部件中的轴、齿轮等有关零件连接成一个整体，并保持正确的相互位置，以传递转矩或改变转速来完成规定的运动。因此箱体的加工质量直接影响机器的工作精度、使用性能和寿命。

图 5-10 为某车床主轴箱简图。由图可知，箱体类零件结构复杂，壁薄且不均匀，加工部位多，加工难度大。据统计，一般中型机床制造厂花在箱体零件的机械加工劳动量约占整个产品加工量的 15%～20%。

2. 箱体零件的主要技术要求

箱体类零件中以机床主轴箱的精度要求最高，现以某车床主轴箱为例，可归纳以下五项精度要求。

(1) 孔径精度

孔径的尺寸误差和几何形状误差会使轴承与孔配合不良。孔径过大，配合过松，使主轴回转轴线不稳定，并降低了支承刚度，易产生振动和噪声；孔径过小使配合过紧，轴承将因外界变形而不能正常运转，寿命缩短。装轴承的孔不圆，也使轴承外环变形而引起主轴的径向跳动。

从以上分析可知对孔的精度要求较高。主轴孔的尺寸精度约为 IT6 级，其余孔为 IT6～IT7 级。孔的几何形状精度除作特殊规定外，一般都在尺寸公差范围内。

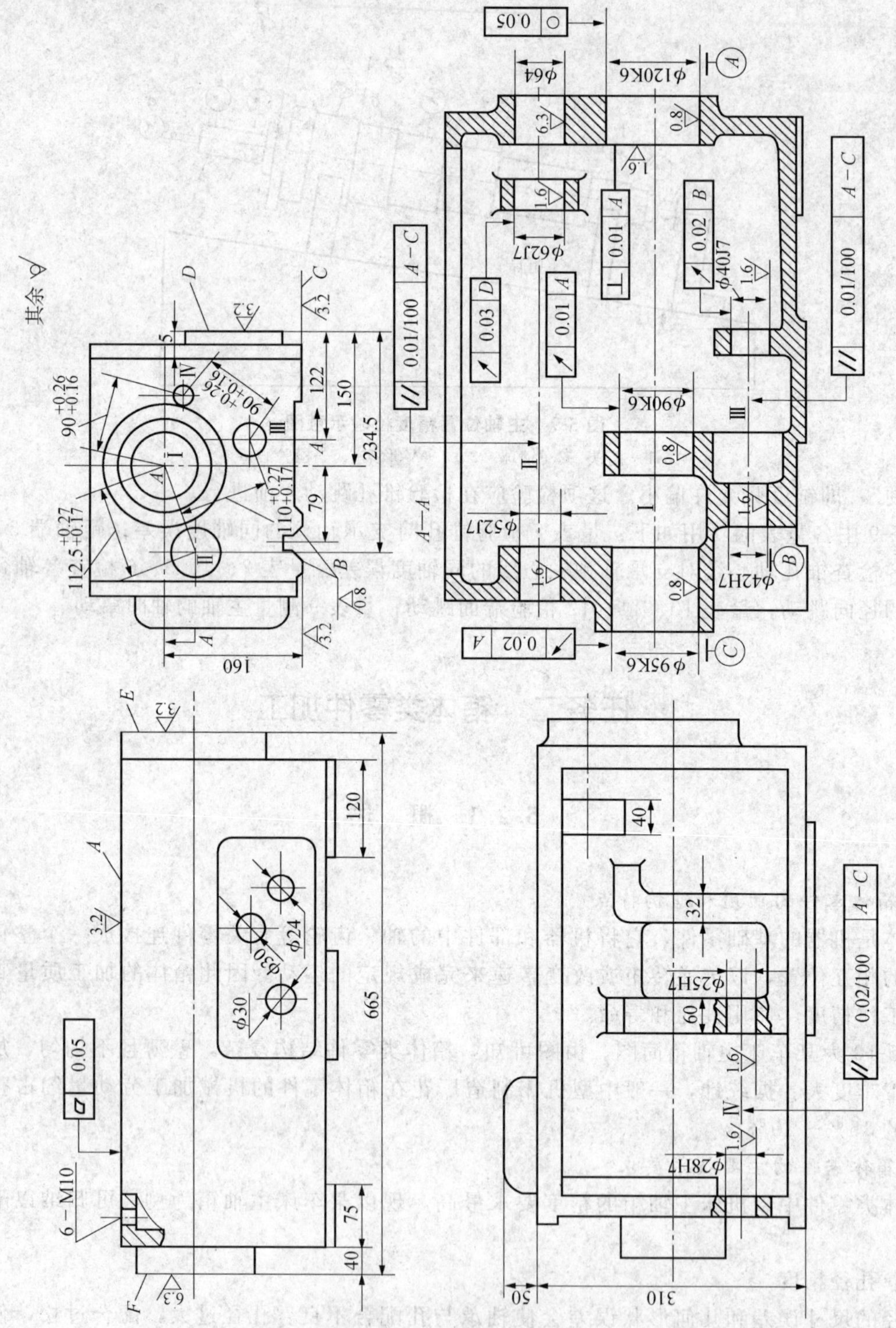

图 5-10 车床主轴箱简图

(2) 孔与孔的位置精度

同一轴线上各孔的同轴度误差和孔端面对轴线垂直度误差，会使轴和轴承装配到箱体上后产生歪斜，致使主轴产生径向跳动和轴向窜动，同时也使温度升高，加剧轴承磨损。孔系之间的平行度误差会影响齿轮的啮合质量。一般同轴上各孔的同轴度约为最小孔尺寸公差的一半。

(3) 孔和平面的位置精度

一般都要规定主要孔和主轴箱安装基面的平行度要求，它们决定了主轴与床身导轨的相互位置关系。这项精度是在总装过程中通过刮研达到的。为减少刮研工作量，一般都要规定主轴轴线对安装基面的平行度公差。在垂直和水平两个方向上只允许主轴前端向上和向前偏。

(4) 主要平面的精度

装配基面的平面度误差影响主轴箱与床身连接时的接触刚度。若在加工过程中作为定位基准时，还会影响轴孔的加工精度。因此规定底面和导向面必须平直和相互垂直。其平面度、垂直度公差等级为5级。

(5) 表面粗糙度

重要孔和主要表面的表面粗糙度会影响连接面的配合性质或接触刚度，其具体要求一般用 *Ra* 值来评价。主轴孔为 *Ra*0.4μm，其他各纵向孔为 *Ra*1.6μm，孔的内端面为 *Ra*3.2μm，装配基准面和定位基准面为 *Ra*0.63～2.5μm，其他平面为 *Ra*2.5～10μm。

3. 箱体的材料及毛坯

箱体材料一般选用HT200～HT400的各种牌号的灰铸铁，最常用的为HT200，这是因为灰铸铁不仅成本低，而且具有较高的耐磨性、可铸性、可切削性和阻尼特性。在单件生产或某些简易机床的箱体，为了缩短生产周期和降低成本，可采用钢材焊接结构。此外，精度要求较高的坐标镗床主轴箱可选用耐磨铸铁，负荷大的主轴箱也可采用铸钢件。

毛坯的加工余量与生产批量、毛坯尺寸、结构、精度和铸造方法等因素有关，可查有关资料及数据具体决定。如Ⅱ级精度灰铸铁件，在大批大量生产时，平面的总加工余量为6～10mm，孔的半径余量为7～12mm；单件小批量生产时，平面的总加工余量为7～12mm，孔半径余量为8～14mm；成批生产时小于 ϕ30mm 的孔和单件小批生产小于 ϕ50mm 的孔不铸出。

毛坯铸造时，应防止砂眼和气孔的产生。为了减少毛坯制造时产生残余应力，应使箱体壁厚尽量均匀，箱体铸造后应安排退火或时效处理工序。

4. 箱体零件的结构工艺性

箱体零件的结构工艺性对实现机械加工优质、高产、低成本具有重要意义。

箱体的基本孔可分为通孔、阶梯孔、盲孔、交叉孔等几类。通孔工艺性最好，通孔内又以孔长 L 与孔径 D 之比 $L/D \leqslant 1 \sim 1.5$ 的短圆柱孔工艺性为最好；$L/D > 5$ 的孔，称为深孔，若深度精度要求较高、表面粗糙度值较小时，加工就很困难。

阶梯孔的工艺性与“孔径比”有关。孔径相差越小则工艺性越好；孔径相差越大，且其中最小的孔径又很小，则工艺性越差。

相贯通的交叉孔的工艺性也较差，如图5-11 (a) 所示 $\phi 100^{+0.035}_{0}$ 孔与 $\phi 70^{+0.03}_{0}$ 孔贯通相交，在加工主轴孔时，刀具走到贯通部分时，由于刀具径向受力不均，孔的轴线就会偏移。为此可采取图5-11 (b) 所示，ϕ70mm 孔不铸通，加工 $\varphi 100^{+0.035}_{0}$ 主孔后再加工 ϕ70mm 孔即可。

盲孔的工艺性最差，因为在精铰或精镗盲孔时，刀具送进难以控制，加工情况不便于观察。此外，盲孔的内端面的加工也特别困难，故应尽量避免。

同一轴线上孔径大小向一个方向递减，便于镗孔时镗杆从一端伸入，逐个加工或同时加工同轴线上几个孔，以保证较高的同轴度和生产率。单件小批生产时一般采用这种分布形式［图5-12 (a)］。同孔径大小从两边向中间递减，加工时便于组合机床以两边同时加工，镗杆刚度好，

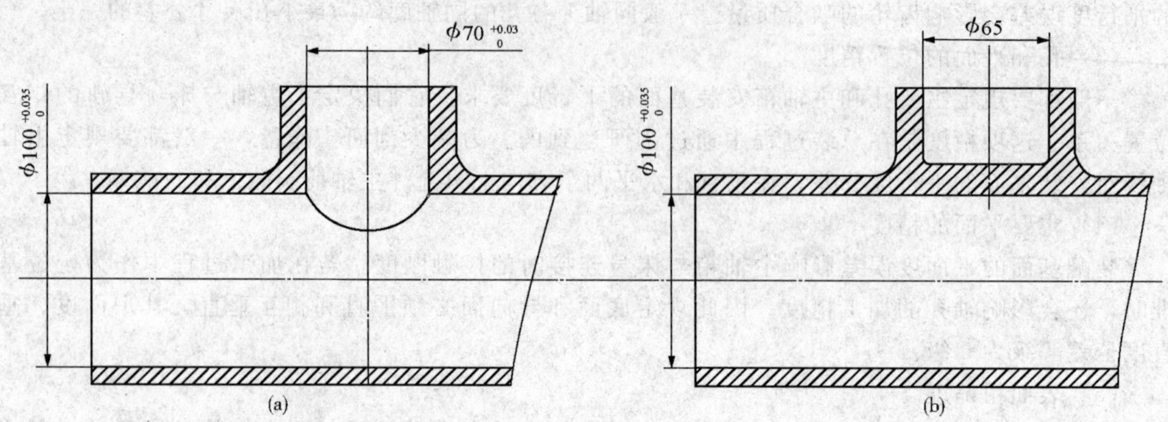

图 5-11 交叉孔的工艺性

适合大批大量生产［图 5-12（b）］。

同轴线上的孔的直径的分布形式，应尽量避免中间壁上的孔径大于外壁的孔径。因为加工这种孔时，要将刀杆伸进箱体后装刀和对刀，结构工艺性差［图 5-12（c）］。

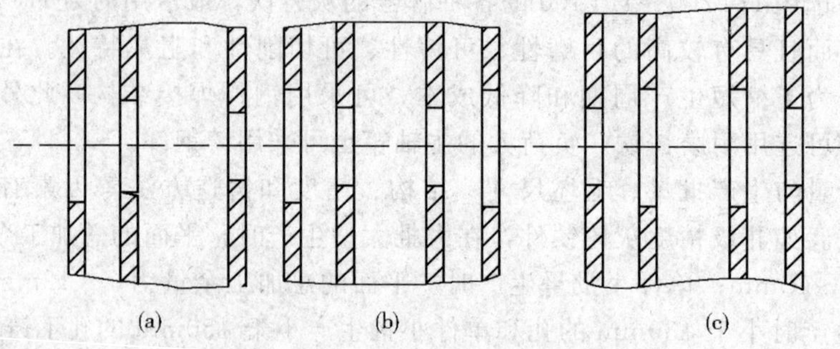

图 5-12 同轴孔径的排列方式

为便于加工、装配和检验，箱体的装配基面尺寸应尽量大，形状应尽量简单。

箱体外壁上的凸台应尽可能在一个平面上，以便可以在一次走刀中加工出来，而无须调整刀具的位置，使加工简单方便。

箱体上的紧固孔和螺孔的尺寸规格应尽量一致，以减少刀具数量和换刀次数。

5.2.2 箱体平面及孔系的加工方法

箱体零件的主要加工表面为平面及孔系。

1. 箱体的平面加工

箱体平面加工的常用方法有刨、铣和磨三种。刨削和铣削常用作平面的粗加工和半精加工，而磨削则用作平面的精加工。

刨削加工的特点是：刀具结构简单，机床调整方便，通用性好。在龙门刨床上可以利用几个刀架，在工件的一次安装中完成几个表面的加工，能比较经济地保证这些表面间的相互位置精度要求。精刨还可以代替刮研来精加工箱体平面。精刮时采用宽直刃精刨刀，在经过检修和调整的刨床上，以较低的切削速度（一般为 4～12m/min），在工件表面上切去一层很薄的金属（0.007～0.1mm）。精刨后的表面粗糙度 Ra 值可达 0.63 ～2.5μm，平面度可达 0.002mm/m。因为宽刃精刨的进给量很大（5～25mm/双行程），生产率极高。

铣削生产率高于刨销，在中批以上生产中多用铣削加工平面。当加工尺寸较大的箱体平面时，常在多轴龙门铣床上，用几把铣刀同时加工各有关平面，以保证平面间的相互位置精度并提高生产率。

平面磨削的加工质量比刨和铣都高，而且还可以加工淬硬零件。磨削平面的粗糙度 Ra 可达 0.32～1.25μm。生产批量较大时，箱体的平面常用磨削来精加工。为了提高生产率和保证平面间的相互位置精度，生产实际中还经常采用组合磨削（图 5-13）来精加工平面。

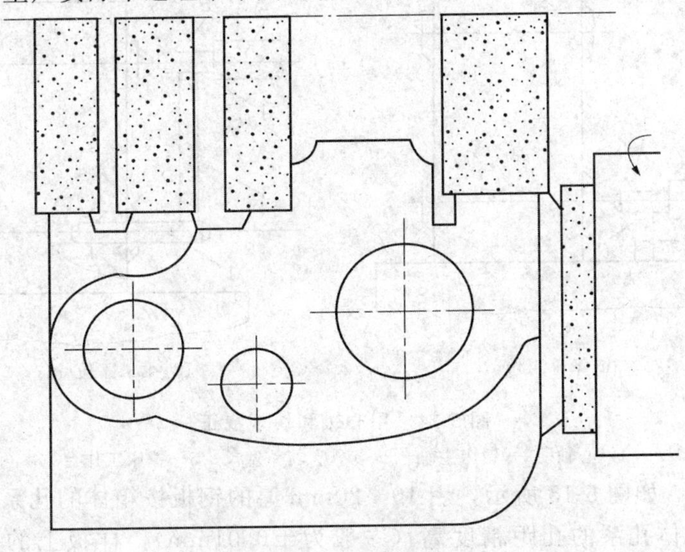

图 5-13　组合磨削

2. 箱体孔系的加工方法

箱体上一系列有相互位置精度要求的孔的组合，称为孔系。孔系可分为平行孔系、同轴孔系和交叉孔系。由于箱体功用及结构需要，箱体上的孔往往本身精度要求高，而且孔距精度和相互位置精度要求也高，所以孔系加工是箱体加工的关键。根据箱体生产批量不同和孔系精度要求不同，孔系加工所用的方法也不同。

(1) 平行孔系的加工

所谓平行孔系是指这样一些孔，它们的轴线互相平行且孔距也有精度要求。因此平行孔系加工的主要技术要求是保证孔的加工精度，保证各平行孔轴心线之间以及轴心线与基面之间的尺寸精度和相互位置精度。下面主要介绍生产中保证孔距精度的方法。

①找正法　找正法是工人在通用机床上利用辅助工具来找正要加工孔的正确位置的加工方法。这种方法加工效率低，一般只适用于单件小批生产。根据实施找正的具体手段不同，找正法又可分为以下几种。

Ⅰ. 划线找正法　加工前按照零件图纸要求在毛坯上划出各孔的加工位置线，然后按划线进行找正和加工。划线和找正时间较长，生产率低，而且加工出来的孔距精度也较低，一般为±0.3mm 左右。为了提高划线找正的精度，往往结合试切法进行，即先按划线找正镗出一孔，再按划线将机床主轴调至第二孔中心，试镗出一个比图样尺寸小的孔，测量两孔的实际中心距，若不符合图样要求，则根据测量结果重新调整主轴的位置，再进行试镗、测量、调整，如此反复几次，直至达到要求的孔距尺寸。划线找正法操作难度较大，生产效率低，孔距精度较低，适用于单件小批生产中孔距精度要求不高的孔系加工。

Ⅱ.心轴和块规找正法　如图 5-14 所示，镗第一排孔时将精密心轴插入主轴孔内（或直接利用镗床主轴），然后根据孔和定位基准的距离组合一定尺寸的块规来校正主轴位置。校正时用塞尺测量块规与心轴之间的间隙，以避免块规与心轴直接接触而损伤块规［图 5-14（a）］。镗第二排孔时，分别在机床主轴和已加工孔中插入心轴，采用同样的方法来校正主轴轴线的位置图［5-14（b）］。这种找正法的孔心距精度可达±0.03mm。

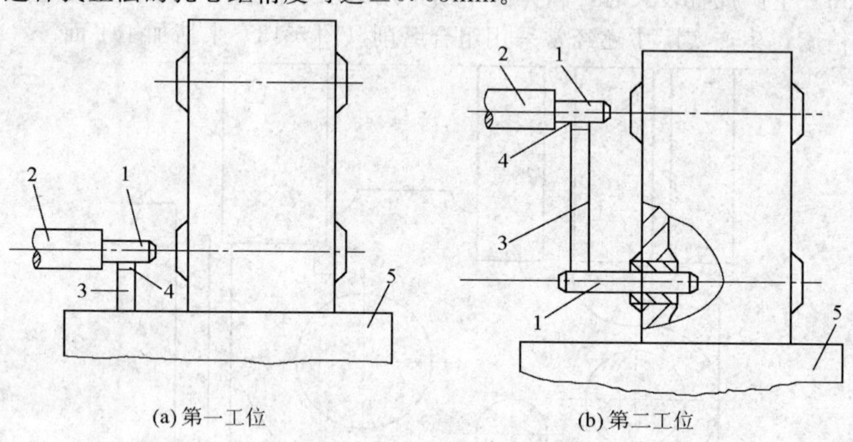

图 5-14　用心轴和块规找正

1—心轴　2—镗床主轴　3—块规　4—塞尺　5—镗床工作台

Ⅲ.样板找正法　如图 5-15 所示，用 10～20mm 厚的钢板按箱体的孔系关系制造样板 1，样板上的孔距精度较箱体孔系的孔距精度高（一般为±0.01mm），样板上的孔径较工件孔径大，以便于镗杆通过。样板上孔径尺寸精度要求不高，但有较高的形状精度和较细的表面粗糙度。使用时将样板准确地装到工件上（垂直于各孔的端面），在机床主轴上装一个千分表 2，按样板逐个找正主轴位置，换上镗刀即可加工。此法加工中找正迅速，不易出错，孔距精度可达±0.05mm，且样板成本低（仅为镗模成本的 1/7～1/9），常用于小批量大型箱体的加工。

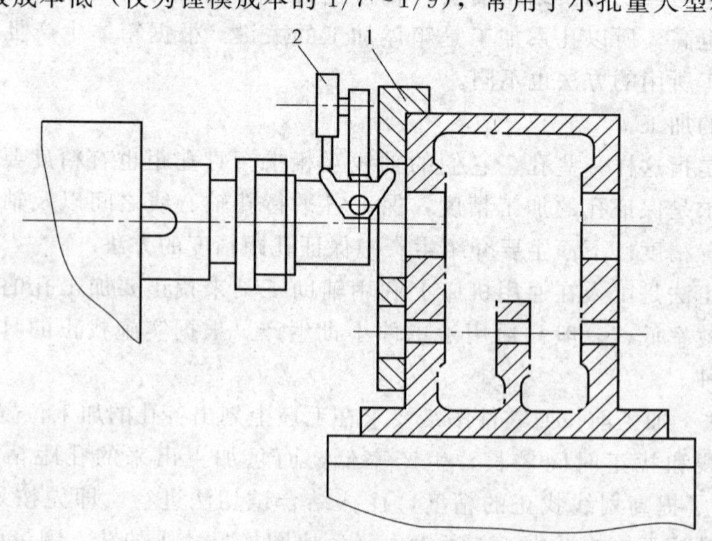

图 5-15　样板找正法

1—样板　2—千分表

②坐标法　坐标法镗孔是加工前先将图纸上被加工孔系间的孔距尺寸及其公差换算为以机

床主轴中心为原点的相互垂直的坐标尺寸及公差，加工时借助于机床设备上的测量装置，调整机床主轴与工件在水平与垂直方向的相对位置，从而保证孔距精度的一种镗孔方法。进行尺寸换算时，可利用三角几何关系及工艺尺寸链理论推算，复杂时可由计算机应用相应的坐标转换计算程序完成。

坐标法镗孔的孔距精度取决于坐标位移精度，归根结底取决于机床坐标测量装置的精度。目前，生产实际中采用坐标法加工孔系的机床有两类：一类如坐标镗床、数控镗铣床或加工中心，自身具有精确的坐标测量系统，可进行高精度的坐标位移、定位及测量等坐标控制；另一类没有精密坐标位移及测量装置，如普通镗床等。用前一类机床加工孔系，孔距精度主要由机床本身的坐标控制精度决定。用后一类机床加工孔系，往往采用相应的工艺措施以保证坐标位移精度，较常用的装置如下。

Ⅰ. 利用百分表与块规测量装置　图 5-16 为在普通镗床上用百分表 1 和块规 2 调整主轴垂直坐标和工作台水平坐标的示意图，所控制的位置精度可达± （0.02～0.04） mm。该法调整难度大且效率低，仅用于单件小批量生产。

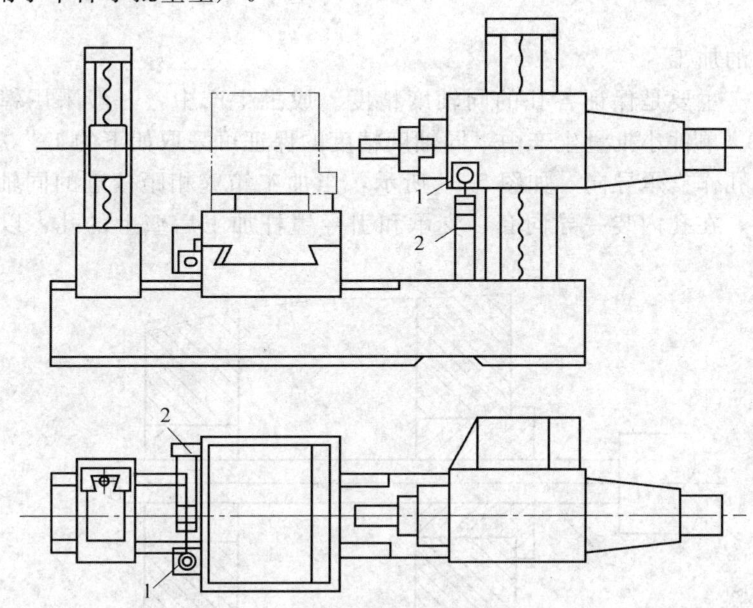

图 5-16　在普通镗床上用坐标法加工孔系

1—百分表　2—块规

Ⅱ. 加装精密测量装置　该方法是在普通机床上加装一套由金属线纹尺和光学读数头组成的精密长度测量装置。该装置操作方便，精度较高，光学读数头的读数精度为 0.01mm，可将普通镗床的位移定位精度提高到±0.02mm 左右。这种方法提高了普通机床的运动部件位移测量精度，既经济又实用，应用广泛。

采用坐标法加工孔系时，应特别注意基准孔和镗孔顺序的选择，否则，坐标尺寸的累积误差会影响孔距精度。基准孔应选择本身尺寸精度高、表面粗糙度值小的孔，以使在加工过程中可方便地校验其坐标尺寸。有孔距精度要求的两孔应连在一起加工以减少累积误差；加工中尽可能使工作台向一个方向移动，避免工作台往复移动而由进给机构的间隙造成累积误差。

③镗模法　镗模法加工孔系是利用镗模板上的孔系保证工件上孔系位置精度的一种方法，在中批生产和大批大量生产中被广泛采用。镗孔时，工件装夹在镗模上，镗杆被支撑在镗模的

导套里，由导套引导镗杆在工件的正确位置上镗孔。当用两个或两个以上的支架引导镗杆时，镗杆与机床主轴大多采用浮动连接，这种情况下机床主轴的回转精度对加工精度影响很小，孔距精度主要取决于镗模的制造精度。图 5-17 为镗杆与机床主轴浮动连接的一种结构形式。

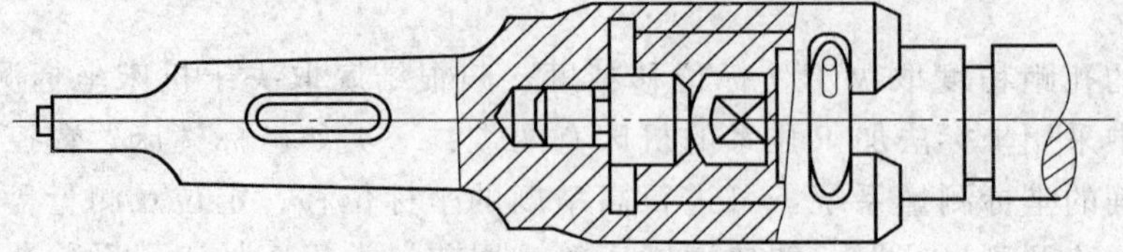

图 5-17 镗杆浮动连接头

用镗模法加工孔系时，工艺系统的刚度大大提高，有利于多刀同时切削，定位夹紧迅速，节省了找正、调整等辅助时间，生产效率高。当然，由于镗模自身存在制造误差，导套与镗杆之间存在间隙和磨损，故孔系的加工精度不会很高，孔距精度一般为±0.05mm，同轴度和平行度可达 0.02～0.05mm。另外，镗模精度高、制造成本高、周期长，所以镗模法主要适合于批量生产的中小型箱体。

(2) 同轴孔系的加工

同轴孔系的加工主要是保证各孔的同轴度精度。成批生产中，一般采用镗模法，所以同轴度精度由镗模保证。单件小批量生产中，同轴度精度的保证可采取如下的工艺方法。

①利用已加工孔作支承导向　如图 5-18 所示，当加工箱壁相距较近的同轴孔时，箱体前壁上的孔加工完毕后，在孔内装一导向套，支承和引导镗杆加工后壁上的孔，以保证两孔的同轴度要求。

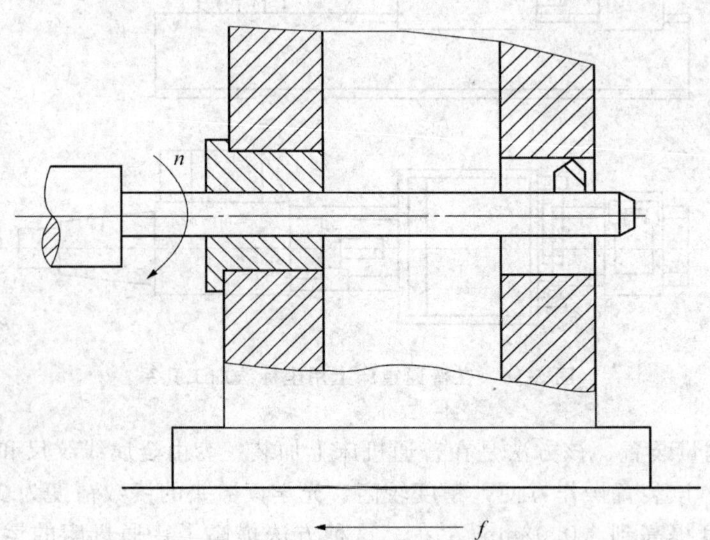

图 5-18 利用已加工孔作支承导向

②利用镗床后立柱上的导向套支承导向　这种方法镗杆两端支承，刚性好，但调整麻烦，镗杆较长，往往用于大型箱体的加工。

③采用调头镗　当箱体箱壁上的同轴孔相距较远时，采用调头镗较为合适。加工时，工件一次装夹完，镗好一端的孔后，将镗床工作台回转 180°，再镗另一端的孔。考虑到调整工作台回转后会带来误差，所以实际加工中一般用工艺基面校正，具体方法如下：镗孔前用装在镗杆上的百分表对箱体上的与所镗孔轴线平行的工艺基面进行校正，使其和镗杆轴线平行，如图5-19

(a) 所示。当加工完 A 壁上的孔后，工作台回转 180°，并用镗杆上的百分表沿此工艺基面重新校正，如图 5-19 (b) 所示。校正时使镗杆轴线与 A 壁上的孔轴线重合，再镗 B 壁上的孔。

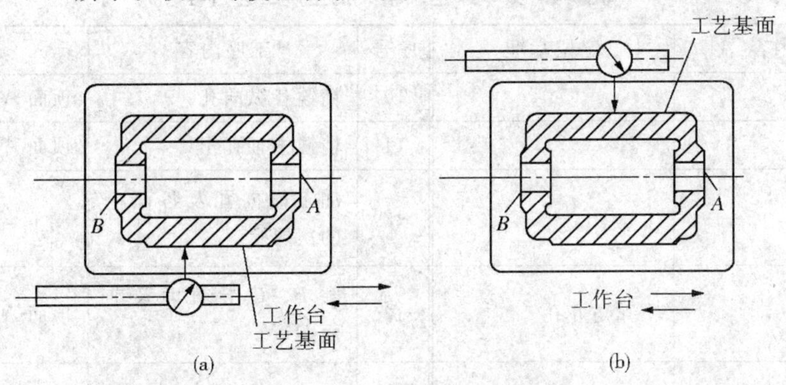

图 5-19　调头镗对工件的校正

(3) 交叉孔系的加工

交叉孔系的加工主要技术要求是控制相关孔的垂直度误差。成批生产中多采用镗模法，垂直度误差主要由镗模保证。单件小批生产时，一般靠普通镗床工作台上的 90°对准装置，该装置是挡块结构，对准精度低（T68 的出厂精度为 0.04mm/900mm，相当于 8″），所以还要借助找正来加工。找正方法如图 5-20 所示，在已加工孔中插入心棒，然后将工作台旋转 90°，摇动工作台用百分表找正。

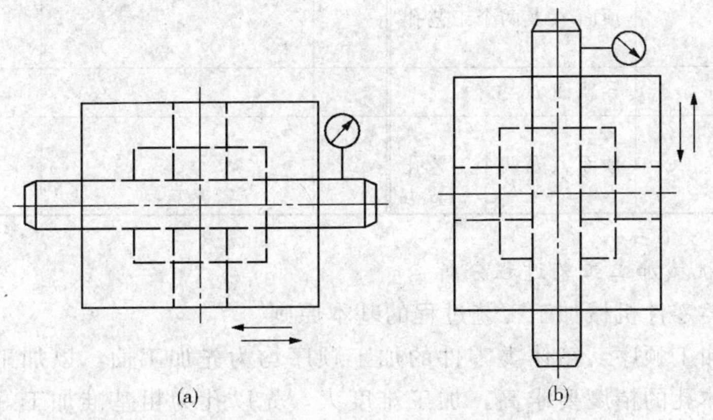

图 5-20　找正法加工交叉孔系

5.2.3　箱体机械加工工艺过程分析

1. 箱体零件机械加工工艺过程

箱体零件的结构复杂，加工表面多，但主要加工表面是平面和孔。通常平面的加工精度相对来说较易保证，而精度要求较高的支承孔以及孔与孔之间、孔与平面之间的相互位置精度则较难保证，往往是箱体加工的关键。所以在制定箱体加工工艺过程时，应重点考虑如何保证孔的自身精度及孔与孔、平面之间的相互位置精度，尤其要注意重要孔与重要的基准平面（常作为装配基面、定位基准、工序基准）之间的关系。当然，所制定的工艺过程还应适合箱体生产批量和工厂具备的条件。

表 5-4 为某车床主轴箱（图 5-10）的大批生产工艺过程。

表 5-4　某车床主轴箱大批生产工艺过程

序号	工序内容	定位基准	序号	工序内容	定位基准
1	铸造		10	精镗各纵向孔	顶面 A 及两工艺孔
2	时效处理		11	精镗主轴孔Ⅰ	顶面 A 及两工艺孔
3	油漆		12	加工横向孔及各面上的次要孔	
4	铣顶面 A	Ⅰ孔与Ⅱ孔	13	磨 B、C 导轨面及前面 D	顶面 A 及两工艺孔
5	钻、扩、铰 2－$\phi 8H7$ 工艺孔	顶面积 A 及外形	14	将 2－$\varphi 8H7$ 及 4－$\phi 7.8mm$ 均扩钻至 $\phi 8.5mm$，攻 6－$M10$	
6	铣两端面 E、F 及前面 D	顶面 A 及两个工艺孔			
7	铣导轨面 B、C	顶面 A 及两个工艺孔			
8	磨顶面 A	导轨面 B、C			
9	粗镗各纵向孔	顶面 A 及两个工艺孔			

2. 箱体类零件机械加工工艺过程分析

(1) 拟定箱体类零件机械加工工艺过程的基本原则

①先面后孔的加工顺序　箱体类零件的加工顺序均为先加工面，以加工好的平面定位，再来加工孔。因为箱体孔的精度要求高，加工难度大，先以孔为粗基准加工好平面，再以平面为精基准加工孔，这样既能为孔的加工提供稳定可靠的精基准，同时可以使孔的加工余量均匀。由于箱体上的孔一般分布在外壁和中间隔壁的平面上，先加工平面，可切去铸件表面的凹凸不平及夹砂等缺陷，这不仅有利于以后工序的孔加工（例如，钻孔时可减少钻头引偏），也有利于保护刀具、对刀和调整。

表 5-4 中主轴箱大批生产时，先将顶面 A 磨好后才能加工孔系。

②加工阶段粗、精分开　箱体重要加工表面都要分为粗、精加工两个阶段，这样可以减小或避免粗加工产生的内应力和切削热对加工精度的影响，以保证加工质量；粗、精加工分开还可以根据不同的加工特点和要求，合理选择加工设备，便于低精度、高功率设备充分发挥其功能，而高精度设备则可以延长使用寿命，提高了经济效益；粗、精加工分开也可以及时发现毛坯缺陷，避免浪费。

但是，对单件小批量的箱体加工，如果从工序上严格区分粗、精加工，则机床、夹具数量要增加，工件运输工作量也会增加，所以实际生产中多将粗、精加工在一道工序内完成，但要采取一定的工艺措施，如粗加工后将工件松开一点，然后再用较小的夹紧力夹紧工件，使工件因夹紧力而产生的弹性变形在精加工前得以恢复。

③工序间安排时效处理　箱体毛坯结构复杂，铸造内应力较大。为了消除内应力，减少变形，保持精度的稳定，铸造之后要安排人工时效处理。主轴箱体人工时效的规范为：加热到500～550℃，加热速度50～120℃/h，保温4～6h，冷却速度≤30℃/h，出炉温度≤200℃。

普通精度的箱体，一般在铸造之后安排一次人工时效处理。对一些高精度的箱体或形状特别复杂的箱体，在粗加工之后还要安排一次人工时效处理，以消除粗加工所造成的残余应力。有些精度要求不高的箱体毛坯，有时不安排时效处理，而是利用粗、精加工工序间的停放和运输时间，使之进行自然时效处理。

④选择箱体上的重要基准孔作粗基准　箱体零件的粗基准一般都采用它上面的重要孔作粗基准，如主轴箱都用主轴孔作粗基准。

（2）箱体零件加工的具体工艺问题

①粗基准的选择　虽然箱体类零件一般都采用重要孔作为粗基准，但随着生产类型不同，实现以主轴孔为粗基准的工件装夹方式是不同的。

中小批生产时，由于毛坯精度较低，一般采用划线装夹，加工箱体平面时，按线找正装夹工件即可。

大批大量生产时，毛坯精度较高，可采用图5-21所示的夹具装夹。先将工件放在支承1、3、5上，使箱体侧面紧靠支架4，箱体一端靠住挡销6，这就完成了预定位。此时将液压控制的两短轴7伸入主轴孔中，每个短轴上的三个活动支柱8分别顶住主轴孔内的毛面，将工件抬起。离开1、3、5支承面，使主轴孔轴线与夹具的两短轴轴线重合，此时主轴孔即为定位基准。为了限制工件绕两短轴7转动的自由度，在工件抬起后，调节两可调支承10，通过用样板校正Ⅰ轴孔的位置，使箱体顶面基本成水平。再调节辅助支承2，使其与箱体底面接触，使得工艺系统刚度得到提高。然后再将液压控制的两夹紧块11伸入箱体两端孔内压紧工件，即可进行加工。

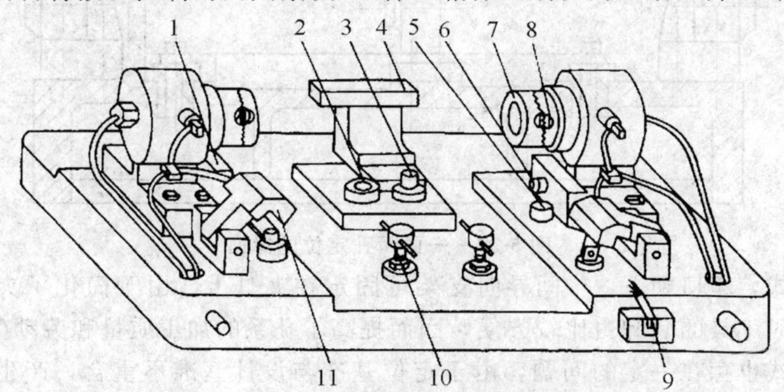

图5-21　以主轴孔为粗基准铣顶面的夹具

1、3、5—支承面　2—辅助支承　4—支架　6—挡销　7—短销

8—活动支柱 9—操作手柄　10—可调支承　11—夹紧块

②精基准的选择　箱体加工精基准的选择与生产批量大小有关。

单件小批生产用装配基准作定位基准。图5-10车床主轴箱单件小批加工孔系时，选择箱体底面导轨B、C面作为定位基准。B、C面既是主轴孔的设计基准，也与箱体的主要纵向孔系、端面、侧面有直接的位置关系，故选择导轨面 B、C 作为定位基准，不仅消除了基准不重合误差，而且在加工各孔时，箱口朝上，便于安装调整刀具、更换导向套、测量孔径尺寸、观察加工情况和加注切削液等。

这种定位方式的不足之处是刀具系统的刚度较差。加工箱体中间壁上的孔时，为了提高刀具系统的刚度，应当在箱体内部相应的部位设计镗杆导向支承。由于箱体底部是封闭的，中间支承只能用如图 5-22 所示的吊架从箱体顶面的开口处伸入箱体内，每加工一件需装卸一次，吊架刚性差，制造精度较低，经常装卸也容易产生误差，且使加工的辅助时间增加，因此这种定位方式只适用于单件小批生产。

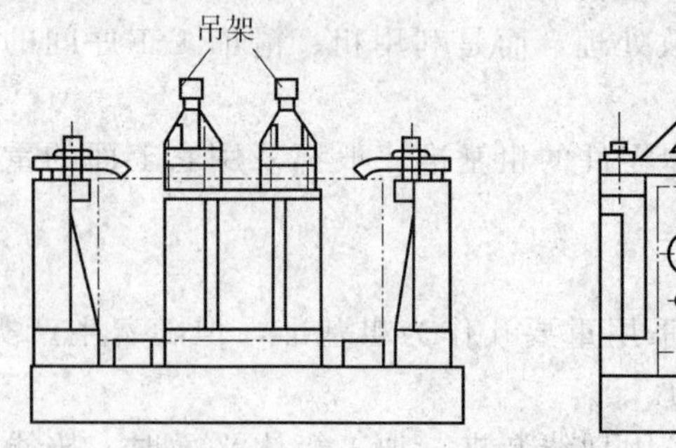

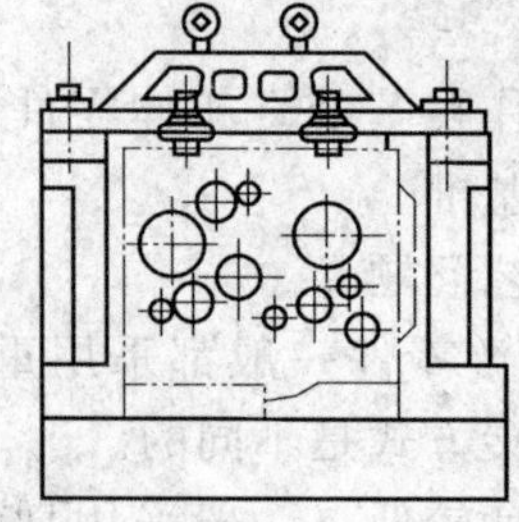
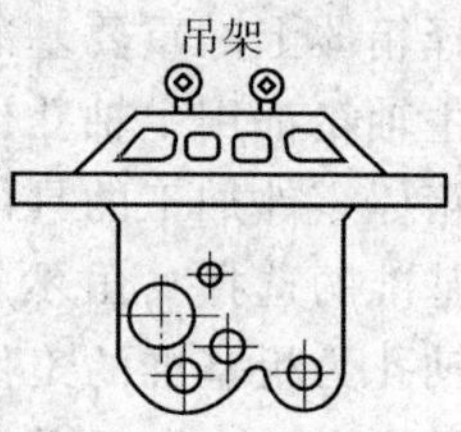

图 5-22　吊架式镗模夹具

大批量生产采用一面双孔作定位基准。大批量生产的主轴箱常以顶面和两定位销孔为精基准，如图 5-23 所示。

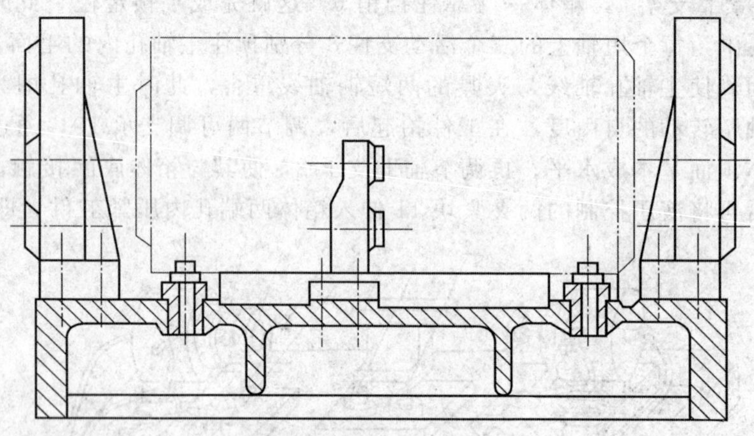

图 5-23　一面两孔定位的镗模

这种定位方式，箱口朝下，中间导向支架可固定在夹具上。由于简化了夹具结构，提高了夹具的刚度，同时工具的装卸也比较方便，因而提高了孔系的加工质量和劳动生产率。

这一定位方式也存在一定的问题，由于定位基准与设计基准不重合，产生了基准不重合误差。为保证箱体的加工精度，必须提高作为定位基准的箱体顶面和两定位销孔的加工精度。因此，大批大量生产的主轴工艺过程中，安排了磨 A 面工序，要求严格控制顶面 A 的平面度和 A 面至底面、A 面至主轴孔轴心线的尺寸精度与平行度，并将两定位销孔通过钻、扩、铰等工序使其直径精度提高到 H7，增加了箱体加工的工作量。此外，这种定位方式的箱口朝下，还不便在加工中直接观察加工情况，也无法在加工中测量尺寸和调整刀具（实际生产中采用定孔径刀具直接保证加工精度）。

③所用设备因批量不同而异　单件小批生产一般都在通用机床上加工，各工序原则上靠工人技术熟练程度和机床工作精度来保证。除个别必须用专用夹具才能保证质量的工序（如孔系加工）外，一般很少采用专用夹具。而大批量箱体的加工则广泛采用组合加工机床、专用镗床等。专用夹具也用得很多，这就大大地提高了生产率。

5.2.4　箱体零件的数控加工

箱体零件大量生产时，多采用由组合机床与输送装置组成的自动线进行加工，我国目前在汽车、拖拉机、柴油机等行业中，较广泛地采用了自动线加工工艺。

现代机械制造业中，多品种、小批量的生产已逐步占据主导地位。像机床制造行业，为了适应市场需要，品种与规格需经常变化。显然，品种与规格的变化必然导致箱体零件结构与尺寸的改变，这样就不能采用高效率的自动线加工工艺。但如果采用普通机床加工，则占用设备多，生产周期长，生产效率低，生产成本高。为了解决这一矛盾，现代机械制造企业大多利用功率大、功能多的精密“加工中心”机床组织生产。

所谓“加工中心”，就是带有自动换刀装置的数控镗铣床。图 5-24 是立式与卧式加工中心外形示意图。各种刀具都存放在刀库内。工序转换、刀具和切削参数选择、各执行部件的运动都由程序控制来自动进行。加工中心可对工件各个表面连续完成钻、扩、镗、铣、锪、铰、攻螺纹等多种工序，而且各工序理论上可以按任意顺序安排。

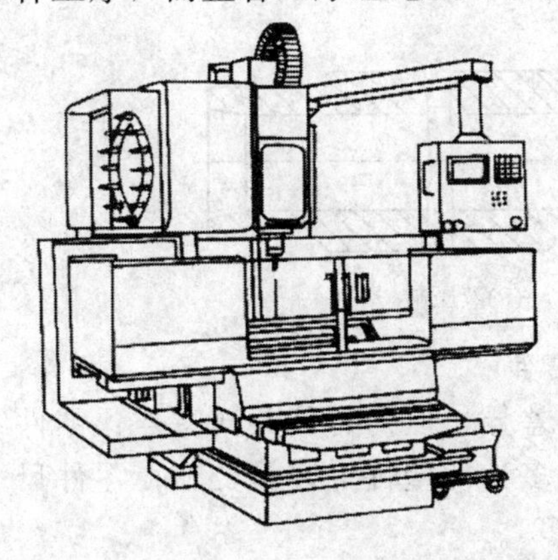

(a)立式加工中心

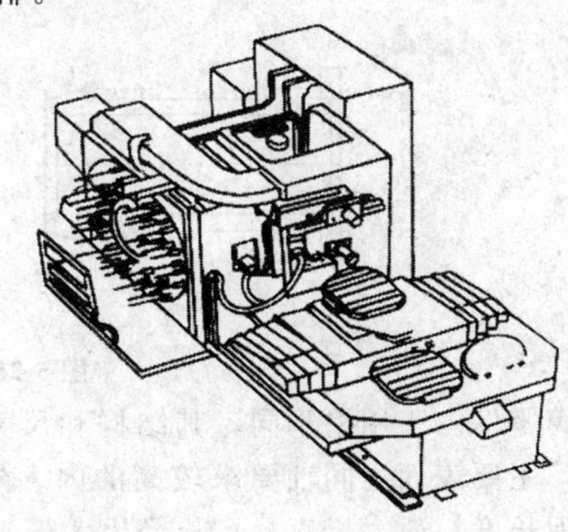

(b)卧式加工中心

图 5-24　加工中心外形示意图

箱体零件的数控加工与普通机床加工工艺原则上是一致的，如先面后孔的加工顺序、粗精基准选择原则等，都与普通加工一样。但为了发挥数控机床或加工中心位移、定位精度高，能自动按程序运行的优点，箱体零件的数控加工与普通加工也有不同之处，有关问题读者可查阅相关参考资料。

任务三　套筒类零件加工

5.3.1　概　述

1. 套筒类零件的功用与结构特点

机器中套筒零件的应用非常广泛，常见的套筒零件有液压系统中的液压缸、内燃机上的汽缸套、支承回转轴的各种形式的滑动轴承、夹具中的导向套等，如图 5-25 所示。套筒类零件一般功用为支承和导向。

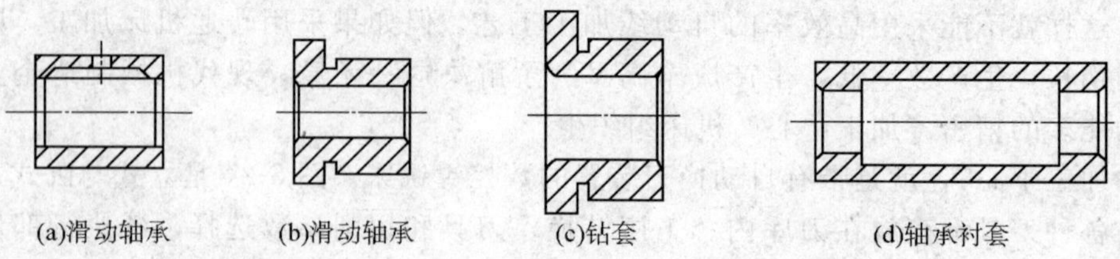

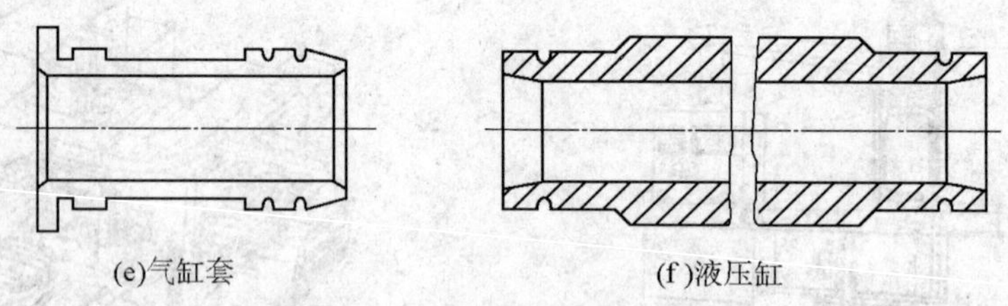

图 5-25　常见的套筒零件

套筒零件由于用途不同，其结构和尺寸有着较大的差异，但仍有其共同特点：零件结构不太复杂，主要表面为同轴要求较高的内、外旋转表面；多为薄壁件，容易变形；零件尺寸大小各异，但长度一般大于直径，长径比大于 5 的深孔比较多。

2. 套筒类零件的技术要求

套筒零件各主要表面在机器中所起的作用不同，其技术要求差别较大，主要技术要求大致如下：

(1) 内孔的技术要求

内孔是套筒零件起支承和导向作用最主要的表面，通常与运动着的轴、刀具或活塞相配合。其直径尺寸精度一般为 IT7，精密轴承套为 IT6；形状公差一般应控制在孔径公差以内，较精密的套筒应控制在孔径公差的 1/3～1/2，甚至更小。对长套筒除了有圆度要求外，还对孔的圆柱度有要求。套筒零件的内孔表面粗糙度 Ra 值为 2.5～0.16μm，某些精密套筒要求更高，Ra 值可达 0.04μm。

(2) 外圆的技术要求

外圆表面一般起支承作用，通常以过渡或过盈配合与箱体或机架上的孔相配合。外圆表面直径尺寸精度一般为 IT6～IT7，形状公差应控制在外径公差以内，表面粗糙度 Ra 值为 5～0.63μm。

(3) 各主要表面间的相互位置精度

①内外圆之间的同轴度 若套筒是装入机座上的孔之后再进行最终加工，这时对套筒内外圆间的同轴度要求较低；若套筒是在装配前进行最终加工，则同轴度要求较高，一般为0.01～0.05mm。

②孔轴线与端面的垂直度 套筒端面如果在工作中承受轴向载荷，或是作为定位基准和装配基准，这时端面与孔轴线有较高的垂直度或端面圆跳动要求，一般为0.02～0.05mm。

3. 套筒类零件的材料要求与毛坯

套筒零件常用材料是铸铁、青铜、钢等。有些要求较高的滑动轴承，为节省贵重材料而采用双金属结构，即用离心铸造法在钢或铸铁套筒内部浇注一层巴氏合金等材料，用来提高轴承寿命。

套筒零件毛坯的选择，与材料、结构尺寸、生产批量等因素有关。直径较小（如 $d<20$mm）的套筒一般选择热轧、冷拉棒料或实心铸件。直径较大的套筒，常选用无缝钢管或带孔铸、锻件。生产批量较小时，可选择型材、砂型铸件或自由锻件；大批量生产则应选择高效率、高精度毛坯，必要时可采用冷挤压和粉末冶金等先进的毛坯制造工艺。

5.3.2 套筒类零件加工工艺分析

下面以液压缸为例，来说明套筒零件的加工工艺过程及其特点。

1. 套筒零件的机械加工工艺过程

液压系统中液压缸体是比较典型的长套筒零件，结构简单，壁薄容易变形。如图5-26所示为某液压缸体，其主要技术要求如下。

①内孔必须光洁，无纵向刻痕。

②内孔圆柱度误差不大于0.04mm。

③内孔轴线的直线度误差不大于0.15mm。

④端面与内孔轴线的垂直度不大于0.03mm。

⑤内孔对两端支承外圆（ϕ82h6）的同轴度误差不大于0.04mm。

⑥若为铸件，组织应紧密，不得有砂眼、针孔及疏松，必要时要用泵验漏。

该液压缸体加工面比较少，加工方法变化不大，其加工工艺过程见表5-5。

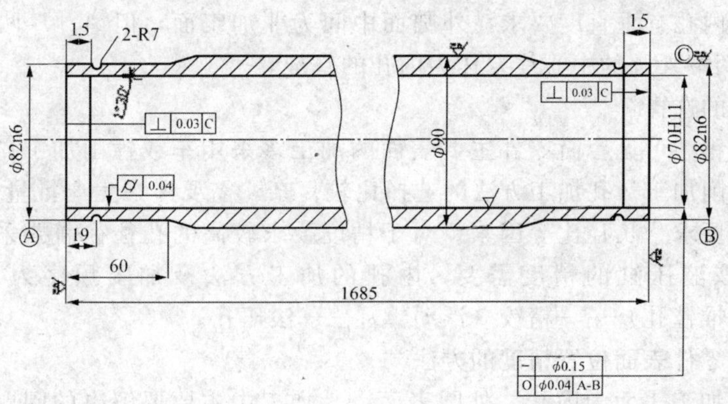

图5-26 液压缸体简图

表 5-5　液压缸体加工工艺过程

序号	工序名称	工序内容	定位与夹紧
1	配料	无缝钢管切断	
2	车	① 车端面及倒角	三爪卡盘夹一端，搭中心架托外圆
		② 车 ϕ82mm 外圆到 ϕ88mm 及 M88×1.5mm 螺纹（工艺圆）	三爪卡盘夹一端，大头顶尖顶另一端
		③ 调头车 ϕ82mm 外圆到 ϕ84mm	三爪卡盘夹一端，大头顶尖顶另一端
		④ 车端面及倒角，取总长 1686mm（留加工余量 1mm）	三爪卡盘夹一端，搭中心架托 ϕ84mm 处
3	深孔推镗	① 半精推镗孔到 ϕ68mm	一端用 M88×1.5mm 螺纹固定在夹具中，另一端搭中心架托 ϕ84mm 处
		② 精推镗孔到 ϕ69.85mm	
		③ 精铰（浮动镗刀镗孔）到 ϕ70H11，表面粗糙度 $Ra2.5\mu m$	
4	滚压孔	用滚压头滚 ϕ70H11，表面粗糙度 $Ra0.32\mu m$	一端螺纹固定在夹具中，另一端搭中心架
5	车	① 车去工艺螺纹，车 ϕ82h6 到尺寸，割 $R7$ 槽	软爪夹一端，以孔定位顶另一端
		② 镗内锥孔 1°30′及车端面	软爪夹一端，中心架托另一端（百分表找正孔）
		③ 调头，车 ϕ82h6 到尺寸，割 $R7$ 槽	软爪夹一端，顶另一端
		④ 镗内锥孔 1°30′及车端面，取总长 1685mm	软爪夹一端，中心架托另一端（百分表找正孔）

2. 套筒零件机械加工工艺分析

(1) 液压缸体的技术要求

该液压缸体主要加工表面为 ϕ70H11 的内孔及 ϕ82h6 两端外圆，尺寸精度、形状精度要求较高。为保证活塞在液压缸体内移动顺利且不漏油，还特别要求内孔光洁无划痕，不许用研磨剂研磨。两端面对内孔有垂直度要求，外圆面中间为非加工面，但 A、B 两端外圆要求加工至 ϕ82h6，且 A、B 两端外圆的中心线要作为内孔的基准。

(2) 加工方法的选择

从上述工艺过程中可见套筒零件主要表面的加工多采用车或镗削加工；为提高生产率和加工精度也可采用磨削加工。孔加工方法的选择比较复杂，需要考虑生产批量、零件结构及尺寸、精度和表面质量的要求、长径比等因素。对于精度要求较高的孔往往需要采用多种方法顺次进行加工，如根据该液压缸的精度需要，内孔的加工方法及加工顺序为半精车（半精推镗孔）——精车（精推镗孔）——精铰（浮动镗）——滚压孔。

(3) 保证套筒零件表面位置精度的方法

套筒零件主要加工表面为内孔、外圆表面，其加工中主要要解决的问题是如何保证内孔和外孔的同轴度以及端面对孔轴线的垂直度要求。因此，套筒零件加工过程中的安装是一个十分重要的问题。为保证各表面间的相互位置精度，通常要注意以下几个问题。

①套筒零件的粗精车（镗）内外圆一般在卧式车床或立式车床上进行，精加工也可以在磨床上进行。此时，常用三爪卡盘或四爪卡盘装夹工件［图 5-27（a）、（b）］，且经常在一次安装中完成内外表面的全部加工。这种安装方式可以消除由于多次安装而带来的安装误差，保证零件内外圆的同轴度及端面与轴心线的垂直度。对于凸缘的短套筒，可先车凸缘端，然后调头夹压凸缘端，这种装夹方式可防止因套筒刚度降低而产生变形［图 5-27（c）］。但是，这种方法由于工序比较集中，对尺寸较大（尤其是长径比较大）的套筒安装不方便，故多用于尺寸较小套筒的车削加工。

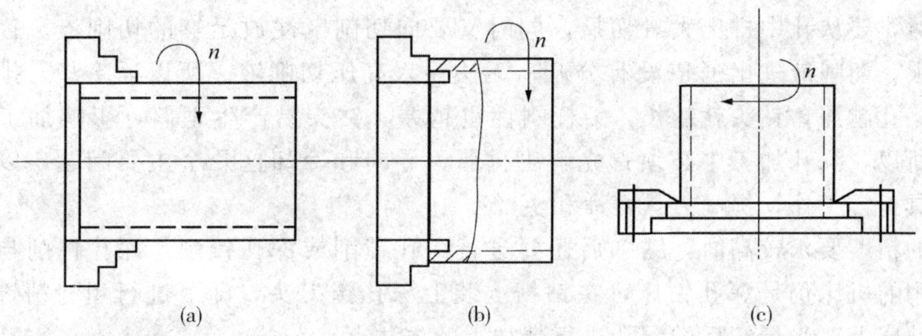

图 5-27　短套筒的安装

②以内孔与外孔互为基准，反复加工以提高同轴度。

Ⅰ. 以精加工好的内孔作为定位基面，用心轴装夹工件并用顶尖支承轴心。由于夹具（心轴）结构简单，而且制造安装误差比较小，因此可以保证比较高的同轴度要求，是套筒加工中常见的装夹方法。

Ⅱ. 以外圆作精基准最终加工内孔。采用这种方法装夹工件迅速可靠，但因卡盘定心精度不高，且易使套筒产生夹紧变形，故加工后工件的形状与位置精度较低。若要获得较高的同轴度，则必须采用定心精度高的夹具、如弹性膜片卡盘、液性塑料夹具，经过修磨的三爪卡盘和“软爪”等。

（4）防止套筒变形的工艺措施

套筒零件由于壁薄，加工中常因夹紧力、切削力、内应力和切削热的作用而产生变形，故在加工时应注意以下几点。

①为减少切削力和切削热的影响，粗、精加工应分开进行，使粗加工产生的热变形在精加工中得到纠正。并应严格控制精加工的切削用量，以减小零件加工时的形变。

②减少夹紧力的影响，工艺上可以采取以下措施：改变夹紧力的方向，即将径向夹紧变为轴向夹紧，使夹紧力作用在工件刚性较强的部位；当需要径向夹紧时，为减小夹紧变形和使变形均匀，应尽可能使径向夹紧力沿圆周均匀分布，加工中可用过渡套或弹性套及扇形爪来满足要求；或者制造工艺凸边或工艺螺纹，以减小夹紧变形。

③为减少热处理变形的影响，热处理工序应置于粗加工之后、精加工之前，以便使热处理引起的形变在精加工中得以纠正。

3. 深孔加工

套筒类零件因使用要求与结构需要，有时会有深孔。套筒零件的深孔加工与车床主轴的深孔加工（前述）方法及其特点基本一致，下面就其共性问题作一简要讨论。

孔的长度与直径之比 $L/D>5$ 时，一般称为深孔。深孔按长径比又可分为以下三类。

$L/D=5\sim20$ 属一般深孔，如各类液压缸体的孔。这类孔在卧式车床、钻床上用深孔刀具或接长的麻花钻就可以加工。

$L/D=20\sim30$ 属中等深孔，如各类机床主轴孔。这类孔在卧式车床上必须是用深孔刀具加工。

$L/D=30\sim100$ 属特殊深孔，如枪管、炮管、电机转子等。这类孔必须使用深孔机床或专用设备，并使用深孔刀具加工。

(1) 深孔加工的具体特点

钻深孔时，要从孔中排出大量切屑，同时又要向切削区注放足够的切削液。普通钻头由于排屑空间有限，切削液进出通道没有分开，无法注入高压切削液。所以，冷却、排屑是相当困难的。另外，孔越深，钻头就越长，刀杆刚性也越差，钻头易产生歪斜，影响加工精度和生产率的提高。所以，深孔加工中必须首先解决排屑、导向和冷却这几个主要问题，以保证钻孔精度，保持刀具正常工作，提高刀具寿命和生产率。

当深孔的精度要求较高时，钻削后还要进行深孔镗削或深孔铰削。深孔镗削与一般镗削不同，它所使用的机床仍是深孔钻床，在钻杆上装上深孔镗刀头，即可进行粗、精镗削。深孔铰削是在深孔钻床上对半精镗后的深孔进行精加工的方法。

(2) 深孔加工时的排屑方式

①内冷外排屑方式，高压冷却液从钻杆内孔注入，由刀杆与孔壁之间的空隙汇同切屑一起排出，如图 5-28 (a) 所示。

这种外排屑方式的特点是：刀具结构简单，不需用专用设备和专用辅具。排屑空间大，但切屑排出时易划伤孔壁，孔面粗糙度值较大。适合于小直径深孔钻及深孔套料钻。

②内排屑方式，高压切削液从刀杆外围与工件孔壁间流入，在钻杆内孔汇同切屑一同排出，如图 5-28 (b) 所示。

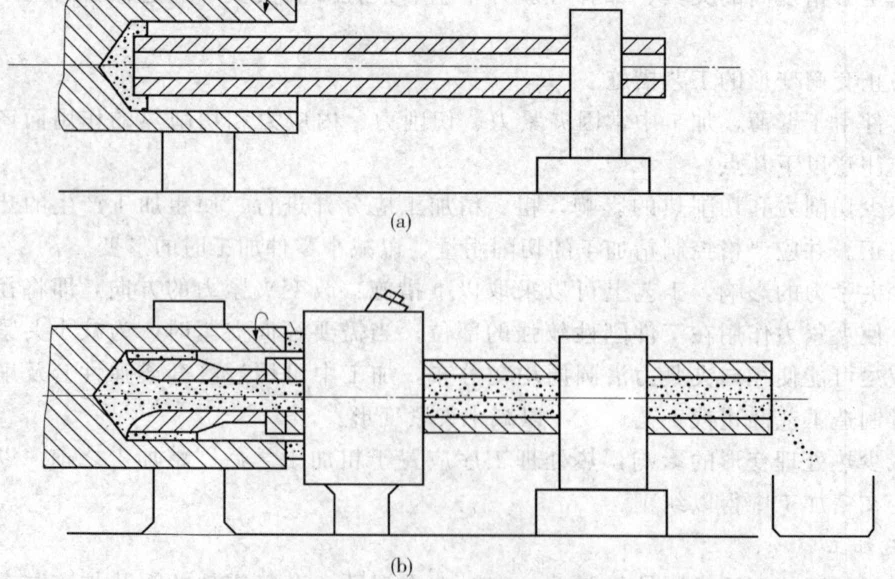

图 5-28 深孔加工时的排屑方式

内排屑方式的特点是：可增大刀杆外径，提高刀杆刚度，有利于提高进给量和生产率。采用高压切削液将切屑从刀杆中冲出来，冷却排屑效果好，也有利于刀杆的稳定，从而提高孔的精度和降低孔的表面粗糙度值。但机床必须装有受液器与液封，并须预设一套供液系统。

（3）深孔加工方式

深孔加工时，由于工件较长，工件安装常采用“一夹一托”的方式，工件与刀具的运动形式有以下三种。

①工件旋转、刀具不转只作进给　这种加工方式多在卧式车床上用深孔刀具或用接长的麻花钻加工中小型套筒类与轴类零件的深孔时应用。

②工件旋转、刀具旋转并作进给　这种加工方式大多在深孔钻镗床上用深孔刀具加工大型套筒类零件及轴类零件的深孔。由于钻削速度高，因此钻孔精度及生产率较高。

③工件不转、刀具旋转并作进给　这种钻孔方式主要应用在工件特别大且笨重，工件不宜转动或孔的中心线不在旋转中心上。这种加工方式易产生孔轴线的歪斜，钻孔精度较差。

任务四　圆柱齿轮加工

5.4.1　概　述

1. 圆柱齿轮的功用与结构特点

齿轮是机械传动中应用最广泛的零件之一，它的功用是按规定的比传递运动和动力。圆柱齿轮因使用要求不同而有不同形状，可以将它们分成是由轮齿和轮体两部分构成。按照轮齿的形式，齿轮可分为直齿、斜齿和人字齿等；按照轮体的结构，齿轮可大致分为盘形齿轮、套类齿轮、轴类齿轮、内齿轮、扇形齿轮和齿条等。

2. 圆柱齿轮的材料及毛坯

齿轮的材料种类很多。对于低速、轻载或中载的一些不重要的齿轮，常用 45 钢制作，经正火或调质处理后，可改善金相组织和可加工性，一般对齿面进行表面淬火处理。对于速度较高，受力较大或精度较高的齿轮，常采用 20Cr、40Cr、20CrMnTi 等合金钢。其中 40Cr 晶粒细，淬火变形小。20CrMnTi 采用渗碳淬火后，可使齿面硬度较高，心部韧性较好和抗弯性较强。38CrMoAl 经渗氮后，具有高的耐磨性和耐腐蚀性，用于制造高速齿轮。铸铁和非金属材料可用于制造轻载齿轮。

齿轮毛坯的形式主要有棒料、锻件和铸件。棒料用于小尺寸、结构简单且强度要求较低的齿轮。锻造毛坯用于强度要求较高、耐磨、耐冲击的齿轮。直径大于 600mm 的齿轮常用铸造毛坯。

3. 圆柱齿轮的技术要求

（1）齿轮传动精度

渐开线圆柱齿轮精度标准对齿轮及齿轮副规定了 12 个精度等级，第 1 级的精度最高，第 12 级的精度最低，按照误差的特性及对传动性能的主要影响，将齿轮的各项公差和极限偏差分成Ⅰ、Ⅱ、Ⅲ三个公差组，分别评定运动精度、工作平稳性精度和接触精度。运动精度要求能准确传递运动，传动比恒定；工作平稳性要求齿轮传递运动平稳，少无冲击、振动和噪声；接触精度要求齿轮传递动力时，载荷沿齿面分布均匀。有关齿轮精度的具体规定读者可参看国家标准。

（2）齿侧间隙

齿侧间隙是指齿轮啮合时，轮齿非工作表面之间的法向间隙。为使齿轮副正常工作，齿轮啮合时必须有一定的齿侧间隙，以便贮存润滑油，补偿因温度、弹性变形所引起的尺寸变化和加工装配时的一些误差。

（3）齿坯基准面的精度

齿轮齿坯基准表面的尺寸精度和形位精度直接影响齿轮的加工精度和传动精度，齿轮在加工、检验和安装时的基准面（包括径向基准面和轴向辅助基准面）应尽量一致。对于不同精度的齿轮齿坯公差可查阅有关标准。

（4）表面粗糙度

常用精度等级的齿轮各表面粗糙度 Ra 的推荐值见表 5-6。

表 5-6　齿轮各表面的粗糙度 *Ra* 的推荐值　（μm）

<table>
<tr><td>齿轮精度等级</td><td>5</td><td>6</td><td>7</td><td>8</td><td>9</td></tr>
<tr><td>轮齿齿面</td><td>0.4</td><td>0.8</td><td>0.8～1.6</td><td>1.6～3.2</td><td>3.2～6.3</td></tr>
<tr><td>齿轮基准孔</td><td>0.32～0.63</td><td>0.8</td><td colspan="2">0.8～1.6</td><td>3.2</td></tr>
<tr><td>齿轮轴基准轴颈</td><td>0.2～0.4</td><td>0.4</td><td>0.8</td><td colspan="2">1.6</td></tr>
<tr><td>基准端面</td><td>0.8～1.6</td><td colspan="2">1.6～3.2</td><td colspan="2">3.2</td></tr>
<tr><td>齿顶圆</td><td>1.6</td><td colspan="4">3.2</td></tr>
</table>

注：当三个公差组的精度等级不同时，按最高的精度等级确定。

5.4.2　圆柱齿轮加工的主要工艺问题

1. 定位基准的选择与加工

齿轮加工时的定位基准应符合基准重合与基准统一的原则，对于小直径的轴齿轮，可采用两端中心孔为定位基准；对于大直径的轴齿轮，可采用轴颈和一个较大的端面定位；对带孔齿轮，可采用孔和一个端面定位。

不同生产纲领下的齿轮定位基准面的加工方案也不尽相同。带孔齿轮定位基准面的加工可采用如下方案。

①大批大量生产时，采用“钻—拉—多刀车”的方案。毛坯经过模锻和正火后在钻床上钻孔，然后到拉床上拉孔，再以内孔定心，在多刀或多轴半自动车床上对端面及外圆面进行粗、精加工。

②中批生产时，采用“车—拉—多刀车”的方案。先在卧式车床或转塔车床上对齿坯进行粗车和钻孔，然后拉孔，再以孔定位，精车端面和外圆。也可以充分发挥转塔车床的功能，将齿坯在转塔车床上一次加工完毕，省去拉孔工序。

③单件小批生产时，在卧式车床上完成孔、端面，外圆的粗、精加工。先加工完一端，再掉头加工另一端。

齿轮淬火后，基准孔常发生变形，要进行修正。基准孔的修正一般采用磨孔工艺，其加工精度高，但效率低。对淬火变形不大，精度要求不高的齿轮，可采用推孔工艺。

2. 齿形加工

齿形加工方法可分为无屑加工和切削加工两类。无屑加工包括热轧、冷轧、压铸、注塑、粉末冶金等，无屑加工生产率高，材料消耗小，成本低，但加工精度低，且易受材料塑性的影响。齿形切削加工精度高，应用广泛，又可分为仿形法和展成法两种。仿形法采用有与被加工齿轮齿槽形状相同的刀刃的成形刀具来进行加工，常用的有模数铣刀铣齿、齿轮拉刀拉齿和成形砂轮磨齿。展成法的原理是使齿轮刀具（相当于小齿轮或齿条）和齿坯（相当于大齿轮）严格保持一对齿轮啮合的运动关系来进行加工，常见的有滚齿、插齿、剃齿、珩齿、挤齿和磨齿等。齿形加工方法中，展成法加工精度和生产率较高，应用十分广泛。

（1）滚齿

1）滚齿的原理及工艺特点

滚齿加工原理即滚刀和工件相当于齿轮齿条啮合，齿轮滚刀是一个经过开槽和铲齿的蜗杆，具有切削刃和后角，其法向剖面近似于齿条，滚刀旋转时，就相当于齿条在连续地移动，被切齿轮的分度圆沿齿条节线作无滑动的纯滚动，滚刀切削刃的包络线就形成被切齿轮的齿廓曲线。

滚齿是齿形加工中生产效率最高、应用最广的一种方法。用一把滚刀可加工模数相同而齿数和螺旋角不同的直齿圆柱齿轮、斜齿轮，滚齿法还可用于蜗轮加工。滚齿既可用于齿形的粗加工，也可用于精加工。滚齿加工精度一般为6～9级，对于8、9级精度齿轮，可直接滚齿得到，对于7级精度以上的齿轮，通常滚齿可作为齿形的粗加工或半精加工。当采用AA级齿轮滚刀和高精度滚齿机时，可直接加工出7级精度以上的齿轮。

滚齿加工时齿面是由滚刀的刀齿包络而成，由于参加切削的刀齿数有限，齿面的表面质量不太高。为提高加工精度和齿面质量，宜将粗、精滚齿分开。精滚的加工余量一般为0.5～1mm，且应取较高的切削速度和较小的进给量。

2）滚刀

为了使滚刀能切出正确的齿形，滚刀切削刃必须在蜗杆的同一圆柱表面上，这个蜗杆称为滚刀的基本蜗杆。滚刀的基本蜗杆有渐开线、阿基米德和法向直廓三种。理论上，加工渐开线齿轮应用渐开线蜗杆，但其制造困难；而阿基米德蜗杆轴向剖面的齿形为直线，易于制造，生产中常用阿基米德蜗杆代替渐开线蜗杆。为使基本蜗杆形成滚刀，要对其开槽，以形成前刀面和前角。模数1～10mm标准齿轮滚刀均为零前角直槽。为了形成后角，滚刀的顶刃和侧刃都需铲齿和铲磨。

标准齿轮滚刀精度分为四级：AA、A、B、C。加工时应按齿轮要求的精度，选用相应的齿轮滚刀。一般，AA级滚刀可加工6～7级齿轮；A级可加工7～8级齿轮；B级可加工8～9级齿轮；C级可加工9～10级齿轮。

3）滚齿的加工精度分析

滚齿加工中，由于机床、刀具、夹具和齿坯在制造、安装和调试中不可避免地存在一些误差，因而被加工齿轮在尺寸、形状和位置等方面也会产生一些误差。它们影响齿轮传动的准确性、平稳性、载荷分布的均匀性和齿侧间隙。

①影响传动准确性的误差分析　影响传动准确性的主要原因是在加工中滚刀和被加工齿轮的相对位置和相对运动发生了变化。相对位置的变化（几何偏心）产生齿轮的径向误差；相对运动的变化（运动偏心）产生齿轮的切向误差。

Ⅰ. 齿轮径向误差　齿轮径向误差是指滚齿时，由于齿坯的实际回转中心与其定位基准中心不重合，使被切齿轮的轮齿发生径向位移而引起的齿距误差。如图 5-29 所示，O 为齿坯基准孔中心（即测量或使用时中心），O' 为加工时的回转中心，两者不重合产生几何偏心 e。切齿时齿坯绕 O' 回转，切出的轮齿沿其分度圆分布均匀（如图中实线圆的齿距 $p_1 = p_2$），但在以 O 为中心测量或使用时，其分度圆上的轮齿的分布就不再均匀了（图中双点划线圆的齿距 $p_1' \neq p_2'$）。这种齿距的变化是由于几何偏心使齿廓径向位移引起的，故称为齿轮的径向误差，可通过齿圈径向跳动 ΔF_r 和径向综合误差 ΔF_i 来评定。

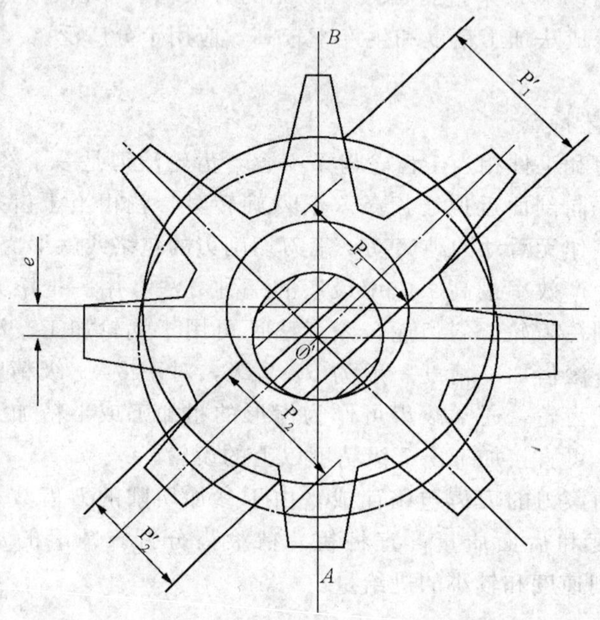

图 5-29　几何偏心引起的径向误差

切齿时产生齿轮径向误差的主要原因有：安装调整夹具时，定位轴心与机床工作台回转中心不重合；齿坯内孔与心轴间有间隙，产生安装偏心；基准端面定位不好，夹紧后内孔相对工作台回转中心产生间隙。

Ⅱ. 齿轮切向误差　齿轮切向误差是指加工时，由于机床工作台的不等速旋转，使被切齿轮的轮齿沿切向（即圆周方向）发生位移所引起的齿距累积误差。滚齿时，刀具与齿坯间应保持严格的展成运动，但传动链中各元件的制造和装配误差，必然产生传动误差，使刀具与齿坯间的相对运动不均匀。如图 5-30 所示，轮齿的理论位置沿分度圆分布均匀（双点划线表示）。设滚切齿 1 时齿坯的转角误差为 0°，当切齿 2 时，理论上齿坯应转过$\angle AOB$，实际上由于存在转角误差，齿坯多转了 $\Delta\varphi$ 角，转到$\angle AOC$ 位置（实线表示），结果轮齿沿切向发生了位移。各轮齿的切向位移不等必然引起齿距累积误差，影响传递运动的准确性。图中可见 2、8 齿间的公法线长度明显大于 4、6 齿间的公法线长度。因此，机床分齿运动不准确所引起的齿轮切向误差，可通过公法线长度变化量 ΔF_w 来评定。

影响传动链误差的主要原因是工作台分度蜗轮本身齿距累积误差及安装偏心。

为了减少齿轮切向误差，可提高分度蜗轮的制造精度和安装精度，也可采用校正装置去补偿蜗轮的分度误差。

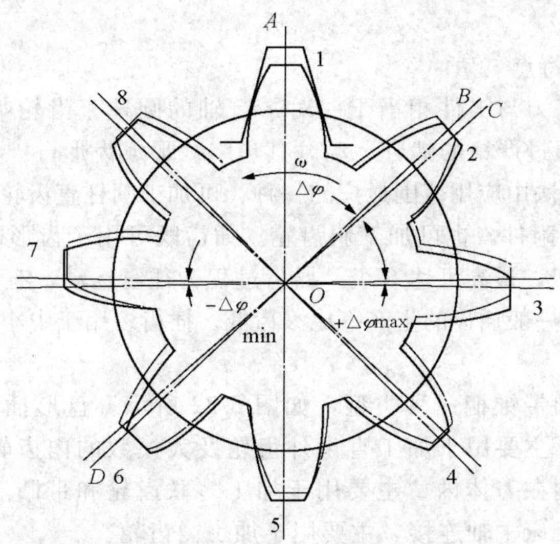

图 5-30　齿轮的切向位移

②影响传动平稳性的加工误差分析　影响传动平稳性的主要因素是齿轮的基节偏差 Δf_{pb} 和齿形误差 Δf_f。滚齿时工件的基节等于滚刀的基节，基节偏差一般较小，而齿形误差通常较大。齿形误差是指被切齿廓偏离理论渐开线而产生的误差，滚齿后常见的齿形误差有齿面出棱、齿形不对称、齿形角误差、周期误差、根切等，如图 5-31 所示。

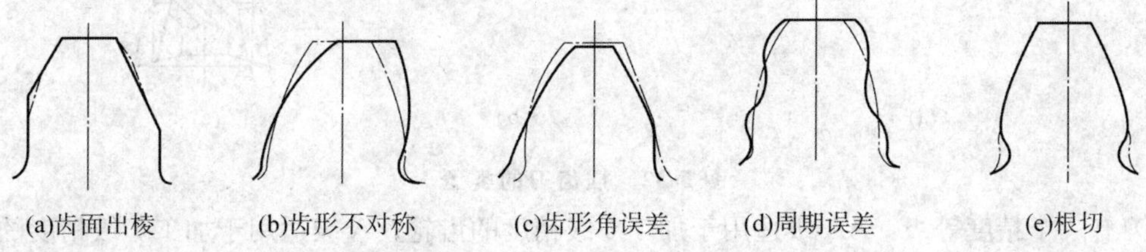

图 5-31　常见的齿形误差

产生齿形误差的主要因素是滚刀的制造误差、安装误差和机床分齿传动链的传动误差。滚刀刀齿沿圆周等分不好或安装后有较大的径向跳动及轴向窜动，会引起齿面出棱；滚刀刀齿的齿形角误差及前角 0°不准确，会引起齿形角误差；滚刀前刀面与轴线不平行及滚刀对中不好，会引起齿形不对称；滚刀安装后的径向跳动和轴向窜动，分齿挂轮的运动误差，分度蜗杆的径向跳动和轴向窜动等小周期误差，会引起周期误差。

为了保证齿形精度要求，应根据齿轮的精度等级正确选择滚刀和机床的精度，特别要注意滚刀的刃磨精度和安装精度。

③影响载荷均匀性的加工误差分析　齿轮齿面的接触状况直接影响齿轮传动中载荷的均匀性。齿轮齿高方向的接触精度，由齿形精度和基节精度来保证；齿宽方向的接触精度，主要受齿向误差 ΔF_b 的影响。

齿向误差是指轮齿齿向偏离理论位置。产生齿向误差的主要因素是滚刀进给方向与齿坯定位心轴不平行，包括齿坯定位心轴安装歪斜，刀架导轨相对工作台回转中心在齿坯径向或切向不平行。此外，差动交换齿轮传动比计算不够精确会引起斜齿轮的齿向误差。

减少齿向误差的措施有：提高夹具制造与安装精度；提高齿坯加工精度；导轨磨损后及时修刮；加工斜齿轮时，差动交换齿轮传动比计算应精确至小数点后 5～6 位。

(2) 插齿

1) 插齿的原理和工艺特点

插齿的加工原理为插齿刀与工件相当于一对平行轴的圆柱直齿轮啮合，一个齿轮磨出前后角以形成切削刃即插刀，通过严格的啮合运动，其包络线形成齿形。

插齿是齿形切削加工方法中应用范围最广的一种，可加工圆柱直齿轮、多联齿轮、内齿轮、扇形齿轮和齿条等；配上专门附件，也可加工斜齿轮。插齿既可用于齿形的粗加工，也可用于精加工。插齿精度一般为7～9级，最高可达6级。插齿过程为往复运动，有空行程；插齿系统刚度较差，切削用量不宜太大，故一般插齿的生产率比滚齿低。插齿多用于中小模数齿轮的加工。

2) 插齿刀

插齿刀有盘形、碗形和带锥柄三种类型，如图5-32所示。盘形插齿刀以内孔和端面定位，用螺母紧固在机床主轴上，主要用于加工直齿外齿轮及大模数的内齿轮；碗形插齿刀以内孔和端面定位，夹紧螺母可容纳在刀体内，主要用于加工多联齿轮和带凸肩的齿轮；锥柄插齿刀用带有内锥孔的专用接头与机床主轴连接，主要用于加工内齿轮。

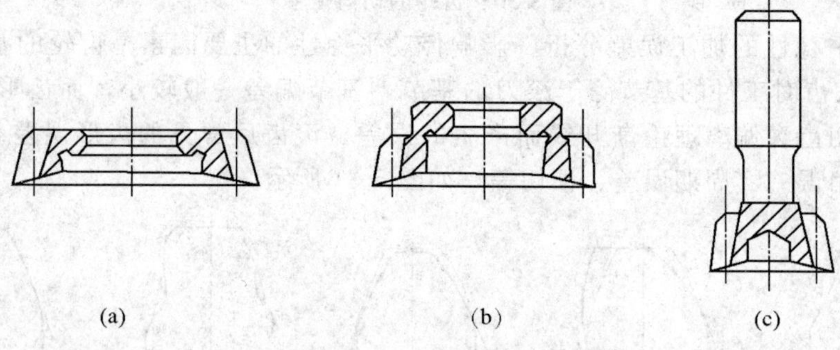

图5-32 插齿刀的类型

插齿刀有三个精度等级：AA级适用于加工6级精度的齿轮；A级适用于加工7级精度的齿轮；B级适用于加工8级精度的齿轮。一般可根据被加工齿轮的传动平稳性精度等级选取相应的插齿刀。

3) 插齿的加工质量分析

①传动准确性　齿坯安装时的几何偏心使工件产生径向位移，造成齿圈径向跳动；工作台分度蜗轮的运动偏心使工件产生切向位移，造成公法线长度变动，这与滚齿相同。但插齿传动链中多了刀具蜗杆副，且插齿刀全部刀齿参加切削，其本身制造的齿距累积误差和安装误差，使插齿时齿轮沿切向产生较大的齿距累积误差，因而使插齿的公法线长度变动比滚齿大。

②传动平稳性　插齿刀设计时无近似误差，制造时可用磨削方法获得精确的齿形，所以插齿的齿形误差比滚齿小。

③载荷分布均匀性　机床刀架导轨对工作台回转中心的平行度，使工件产生齿向误差，这与滚齿相同；但插齿上下往复运动频繁，导轨易磨损，且刀具刚性差，因此插齿的齿向误差比滚齿大。

④表面粗糙度　滚齿时滚刀头数、刀槽数一定，切齿的包络刀刃数有限；而插齿圆周进给量可调，使插齿的包络刀刃数远比滚齿多，故插齿的齿面粗糙度值比滚齿小。

(3) 剃齿

1) 剃齿原理和剃齿刀

剃齿加工如同一对斜齿轮啮合，如图5-33(a)所示，因螺旋角不同，其轴线交错一个角度

ϕ，剃齿刀回转时，其圆周速度 V 可分解为两个分量：一个与轮齿方向垂直的法向分速度 V_n，以带动工件旋转；另一个与轮齿方向平行的齿向分速度 V_t，使两啮合齿面产生相对滑移。剃齿刀实质上是一个高精度的斜齿轮，在齿面上开有小槽，沿渐开线方向形成刀刃［图 5-33（b）］，剃齿刀在 V_t 和一定压力的作用下，从工件齿面上剃下很薄的切屑，且在啮合过程中逐渐把余量切除。

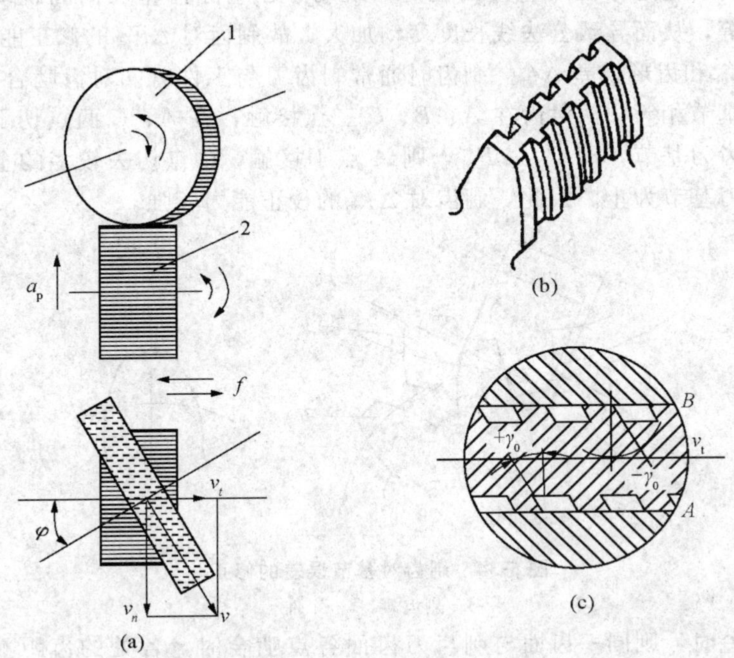

图 5-33　剃齿原理示意图

1—剃齿刀　2—工件

剃齿时剃齿刀和齿轮是无侧隙双面啮合，剃齿刀刀齿的两侧面都能进行切削。由图5-33（c）截面可见，按 V_t 方向，刀齿两侧的切削角是不同的，A 侧为锐边具有正前角，起切削作用；B 侧为钝边具有负前角，起挤压作用。当剃齿刀反向时，V_t 也反向，剃齿刀两侧刀刃的作用互换，使轮齿两侧均能得到剃削。剃齿需具备以下运动：剃齿刀高速正反转的主运动；工件沿轴向往复进给运动——剃出全齿宽；工件每一往复行程后的径向进给运动——剃出全齿深。由上述剃齿原理可知，剃齿刀由机床传动链带动旋转，而工件由剃齿刀带动，它们之间并无强制性的展成运动，是自由对滚，故机床传动链短，结构简单。

通用剃齿刀的制造精度分 A、B、C 三级，分别用于加工 6、7、8 级齿轮；剃齿刀的螺旋角有 15°、10°、5°三种，15°和 5°应用最广，15°多用于加工直齿圆柱齿轮，5°多用于加工斜齿轮和多联齿轮中的小齿轮。剃齿时两轴线交错角 ϕ 不宜超过 20°，否则剃齿效果不好。剃齿刀安装后，应认真检查其端面跳动和径向跳动，交错角 ϕ 可通过试切调整。

2）剃齿的工艺特点

剃齿是齿轮精加工方法之一。剃齿后的齿轮精度一般可达 6～7 级，齿面粗糙度 Ra 值为 0.8～0.2μm，剃齿对各种误差的修正情况如下。

①齿圈径向跳动 ΔF_r 剃前具有径向圆跳动的齿轮，在开始剃齿时，刀具不会同齿轮上各轮齿均作无侧隙啮合，而是先同距中心较远的轮齿作无侧隙啮合并进行剃齿。随着径向进给的增加，与刀具作无侧隙啮合的轮齿逐渐增加，齿圈径向圆跳动也就逐渐减少。当全部轮齿进入无侧隙

啮合时，齿圈径向圆跳动误差全被消除，即剃齿对 ΔF_r 有较强的修正能力。

②公法线长度变动 ΔF_w　若剃前齿轮无齿圈径向圆跳动，剃齿时，由于刀具与工件双面啮合和工件的径向进给，使刀具作用在轮齿两侧的压力相等，两侧被剃削的余量也相等。因此，原来沿圆周方向齿距分布不均的轮齿，剃后齿距分布依然不均。故其公法线长度变动没有得到修正。实际上，剃前齿轮总存在一些齿圈径向圆跳动，在剃除齿轮径向圆跳动的过程中，各轮齿被剃除的余量不等，从而导致公法线长度变动加大，故剃齿对 ΔF_w 的修正能力很小。

③基节偏差 Δf_{pb} 和齿形误差 Δf_f　剃齿时通常剃齿刀与工件有两对齿啮合（图 5-34）。若剃齿刀 1 和工件 2 的基节相等，两对齿在 A、B、C 三点接触，在 A、C 两点切下的金属相等；若工件的基节大于剃齿刀基节，即 $P_{b2}>P_{b1}$，则 A 点不接触，C 点切去较多的金属，齿轮基节减小，直至等于剃齿刀基节为止。因此，剃齿对 Δf_{pb} 的校正能力较强。

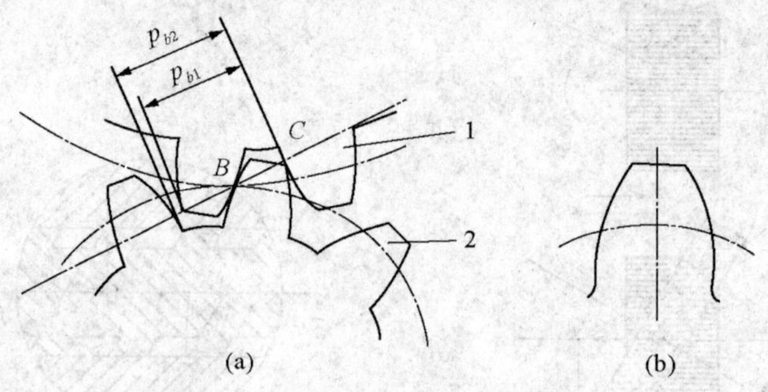

图 5-34　剃齿对基节误差的修正

1—剃齿刀　2—工件

齿轮有齿形误差时，则同一齿面与剃齿刀齿面各点啮合时，各处的齿距不等，那么，剃齿刀就如同修正基节偏差一样，修正各处的齿形误差。因此，剃齿对 Δf_f 也有较强的修正能力，但剃后在齿轮的节圆附近出现中凹现象［图 5-34（b）］。其原因是在节圆附近只有一个齿在被剃削，齿面啮合处的压力就大，剃齿力大，故多剃去了一些金属。这种齿面中凹现象常通过修磨剃齿刀使其齿形中凹来解决，也可用减少剃齿余量和径向进给量来弥补。

④齿向误差 Δf_b　剃齿前仔细调整机床前后顶尖同轴及剃齿刀与齿轮两者轴线交错角 ϕ，就能使齿轮的齿向误差得到较大的修正。

综上所述，由于剃齿刀与工件自由对滚而无强制性的啮合运动，剃齿对齿轮传动的准确性提高不多，对传动的平稳性和载荷分布均匀性都有较大提高，且齿面粗糙度值较小。

剃齿生产率很高，剃削中等尺寸的齿轮只需 2～4min，比磨齿效率高 10 倍以上；机床结构简单，调整操作方便，辅助时间短；刀具耐用度高，但价格昂贵，修磨不便。故剃齿广泛用于成批大量生产中未淬硬的齿轮精加工。近年来，由于含钴、钼成分较高的高性能高速钢刀具的应用，使剃齿也能进行硬齿面（45～55HRC）的齿轮精加工，加工精度可达 7 级，齿面的表面粗糙度 Ra 值为 0.8～1.6μm。但淬硬前的精度应提高一级，留硬剃余量为 0.01～0.03mm。

（4）珩齿

珩齿是齿轮热处理后的一种光整加工方法。珩齿原理与剃齿相似，珩轮与工件是一对斜齿轮副无侧隙的自由紧密结合，如图 5-35（b）所示。珩齿所用的刀具（即珩轮）是一个由磨料、环氧树脂等原料混合后在铁芯上浇铸而成的斜齿轮，如图 5-35（a）所示。珩轮回转时的圆周速度 V，可分解为法向分速度 V_n，以带动工件回转；齿向分速度 V_t，使珩轮与工件产生相对滑移。珩轮上的磨料借助珩轮齿面和工件齿面间的相对滑移速度 V_t 磨去工件齿面上的微薄金属。

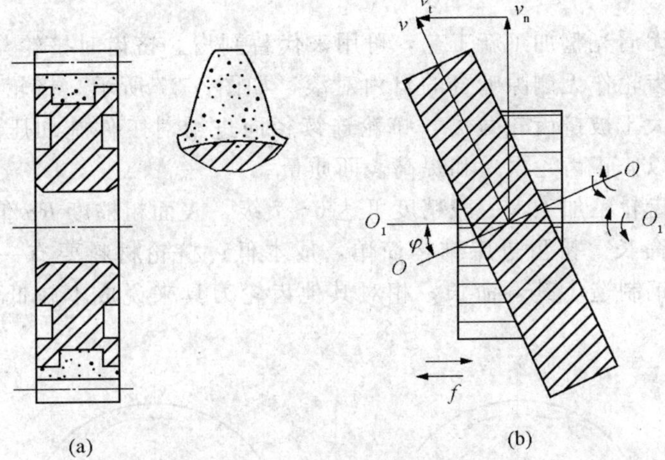

图 5-35　珩齿原理

珩齿的运动与剃齿基本相同，即珩轮带动工件高速正反转；工件沿轴向往复运动及工件径向进给运动。所不同的是其径向进给是在开车后一次进给到预定位置。因此珩齿开始时齿面压力较大，随后逐渐减小，直至压力消失时珩齿便结束。

珩齿时，齿面间除沿齿向产生相对滑移进行切削外，沿渐开线方向的滑动使磨粒也能切削，因此齿面形成交叉复杂的刀痕，其齿面的表面粗糙度 Ra 值可达 0.8～0.4μm，且齿面不会烧伤，表面质量较好。

珩齿方法有外啮合珩齿、内啮合珩齿和蜗杆状珩磨轮珩齿三种，如图 5-36 所示。

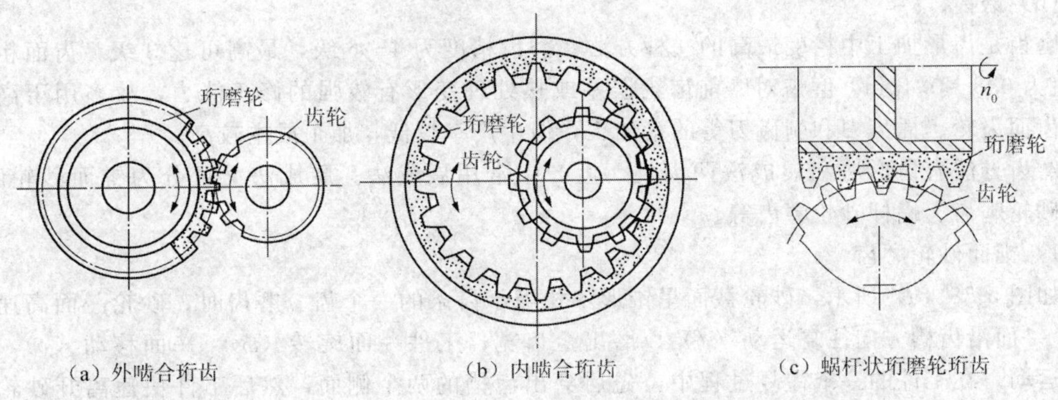

(a) 外啮合珩齿　　(b) 内啮合珩齿　　(c) 蜗杆状珩磨轮珩齿

图 5-36　珩齿方法

珩磨轮的精度对于珩齿精度影响极大。被珩齿轮的误差由珩轮修正，且珩轮的误差也直接反映到齿轮上，因此要提高珩齿精度，就必须采用高精度的珩轮。

珩齿对齿轮的传动平稳性误差修正能力较强；对传动准确性误差修正能力较差；对齿向误差有一定的修正能力。

珩齿余量一般为单边 0.01～0.02mm，珩轮转速在 1000r/min 以上，一般工作台 3～5 个往复行程即可完成珩齿，生产率很高（一般约一分钟珩一个齿轮）。

珩齿设备结构简单，操作方便，在剃齿机上即可珩齿。珩轮浇注简单，成本低。故珩齿多用于成批生产中淬火后齿形的精加工，加工精度可达 6～7 级。

(5) 挤齿

挤齿是一种齿轮无屑光整加工新工艺，可用来代替剃齿。挤齿时挤轮与被挤齿轮轴线平行，两挤轮同向旋转带动齿轮作无侧隙啮合的自由对滚，如图 5-37 所示。挤轮实质上是一个高精度的圆柱齿轮，其宽度大于被挤齿轮宽度，挤轮连续径向进给对工件施加压力，使工件齿廓表层金属产生塑性变形，以修正齿轮误差和提高表面质量。

挤齿为淬火前的齿轮精加工，一般精度可达 6～7 级，表面粗糙度 Ra 值为 0.4～0.1μm；且被挤齿轮强度高，寿命长。挤齿机床结构简单，成本低；挤轮材料要有一定的强度和耐磨性，一般用铬锰钢或高速钢制造，其寿命长，相对其他齿轮刀具来说成本较低；挤齿生产率高，一般挤一个齿轮不到 30s。

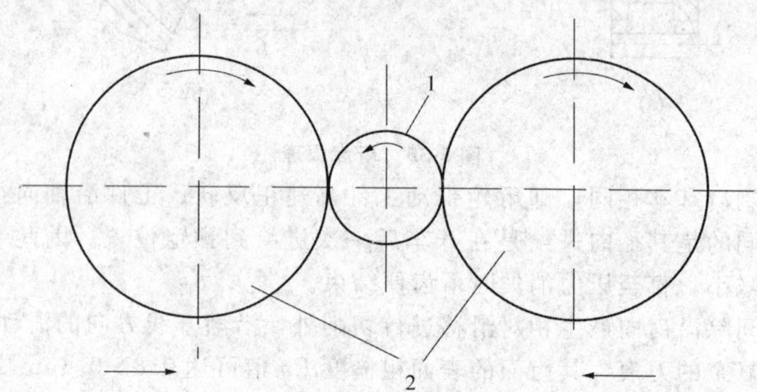

图 5-37　挤齿原理

1—被挤齿轮　2—挤轮

(6) 磨齿

磨齿是齿形加工中精度最高的一种方法。磨齿精度为 4～6 级，最高可达 3 级，齿面粗糙度 Ra 值为 0.8～0.4μm。磨齿对磨前齿轮误差或热处理变形有较强的修正能力，故多用于高精度的硬齿面齿轮、插齿刀和剃齿刀等的精加工，但生产率较低，加工成本较高。

磨齿方法有仿形法和展成法两大类，生产中常用展成法。展成法又可分为锥面砂轮磨齿、碟形砂轮磨齿、蜗杆砂轮磨齿等。

1) 锥面砂轮磨齿

如图 5-38 (a) 所示，砂轮截面呈锥形，相当于齿条的一个齿。磨齿时，砂轮一面高速旋转 (n)，一面沿齿槽方向往复运动 (f) 以磨出全齿宽；工件一面旋转 (ω)，一面移动 (v)，实现展成运动。在工件的一个往复过程中，先后磨出齿槽的两个侧面，然后工件快速离开砂轮进行分度，磨削下一个齿槽。

这种磨齿法砂轮刚性好，磨削效率较高。但机床转动链复杂，磨齿精度较低，一般为 5～6 级，多用于成批生产中磨削 6 级精度的淬硬齿轮。

2) 碟形砂轮磨齿

如图 5-38 (b) 所示，两片碟形砂轮倾斜安装以构成齿条齿形的两个侧面。磨齿时，砂轮高速旋转 (n)；工件一面旋转 (ω)，一面移动 (v)，实现展成运动；工件沿轴线方向慢速进给运动 (f) 以磨出全齿宽。当一个齿槽的两侧面磨完后，工件快速离开砂轮进行分度，磨削下一个齿槽。

这种磨齿法的展成运动传动环节少，传动误差小，分齿精度较高，故加工精度可达 3～5

级。但砂轮刚性差，切深小，生产率低，故加工成本较高，适用于单件小批生产高精度的直齿圆柱齿轮、斜齿轮的精加工。

3）蜗杆砂轮磨齿

如图 5-38（c）所示，蜗杆砂轮磨齿原理与滚齿相似，其砂轮制作成蜗杆状，砂轮高速旋转（n），工件通过机床的两台同步电动机作展成运动（ω），工件还沿轴向作进给运动（f）以磨出全齿宽。

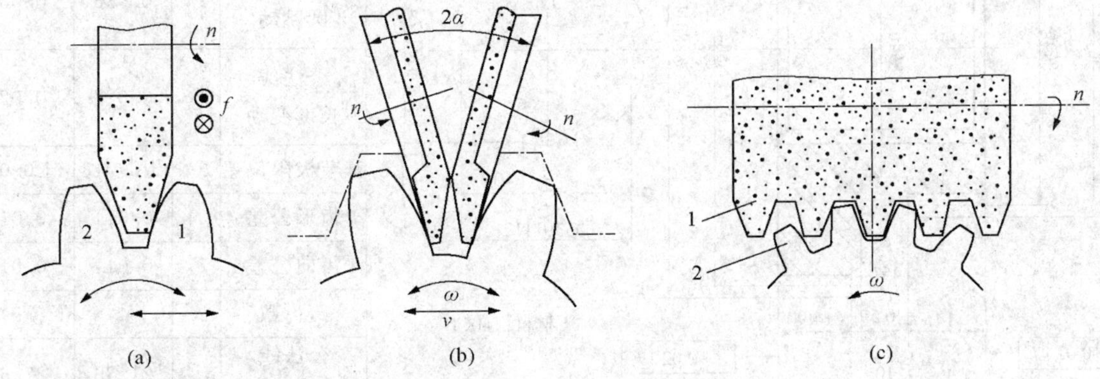

图 5-38　展成法磨齿

为保证必要的磨削速度，砂轮直径较大（ϕ200～ϕ400mm），且转速较高（2000r/min），又是连续磨削，所以生产效率很高。磨削精度一般为 5 级，最高可达 3 级，适用于大、中批生产的齿轮精加工。

5.4.3　圆柱齿轮加工工艺分析

圆柱齿轮加工工艺，常随着齿轮的结构形状、精度等级、生产批量及生产条件不同而采用不同的工艺方法。图 5-39 所示为一双联齿轮，材料为 40Cr，精度为 7 级，中批生产，其加工工艺过程见表 5-7。

由表中可见，齿轮加工工艺过程大致要经过以下几个阶段：毛坯加工、热处理、齿坯加工、齿形粗加工、齿端加工、齿面热处理、修正精基准及齿形精加工等。

1. 定位基准选择

为保证齿轮的加工精度，应根据“基准重合”原则，选择齿轮的设计基准、装配基准为定位基准，且尽可能在整个加工过程中保持“基准统一”。

轴类齿轮的齿形加工一般选择中心孔定位，某些大模数的轴类齿轮多选择轴颈和一端面定位。

盘类齿轮的齿形加工可采用以下两种定位基准。

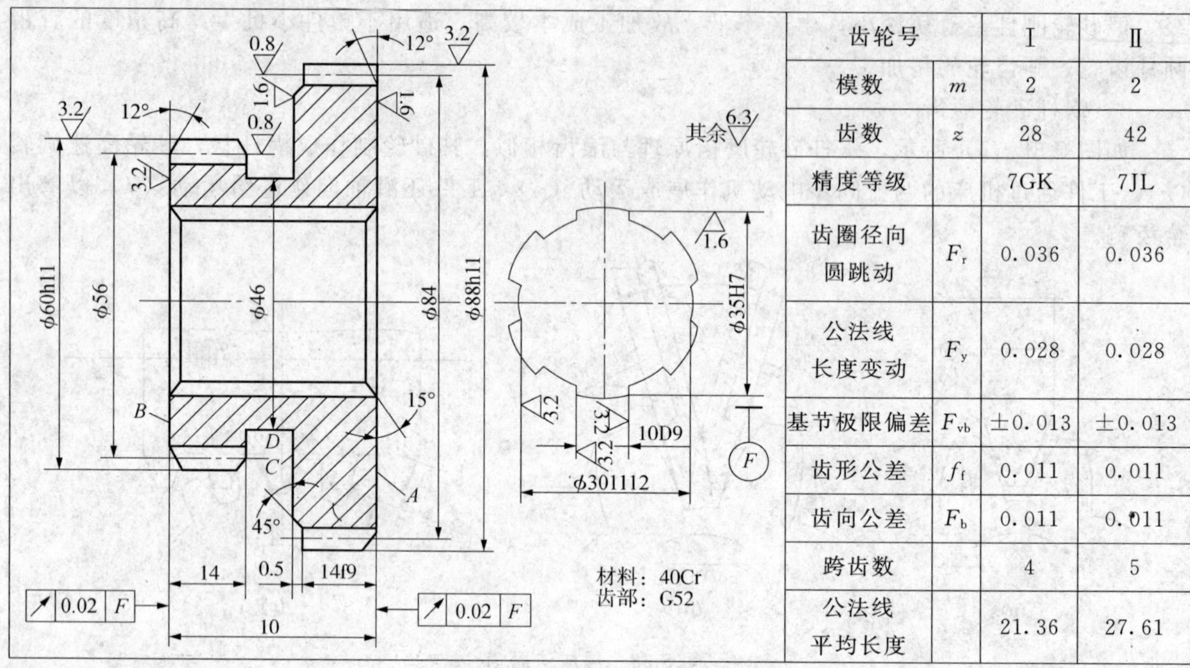

齿轮号		Ⅰ	Ⅱ
模数	m	2	2
齿数	z	28	42
精度等级		7GK	7JL
齿圈径向圆跳动	F_r	0.036	0.036
公法线长度变动	F_y	0.028	0.028
基节极限偏差	F_{vb}	±0.013	±0.013
齿形公差	f_f	0.011	0.011
齿向公差	F_b	0.011	0.011
跨齿数		4	5
公法线平均长度		21.36	27.61

图 5-39 双联齿轮

表 5-7 双联齿轮加工工艺过程

序号	工序内容	定位基准
1	毛坯锻造	
2	正火	
3	粗车外圆及端面，留余量 1.5～2mm，钻镗花键底孔至尺寸 ϕ30H12	外圆及端面
4	拉花键孔	ϕ30H12 孔及 A 面
5	钳工去毛刺	
6	上心轴，精车外圆、端面及槽至尺寸要求	花键孔及 A 面
7	检验	
8	滚齿（z=42），留剃余量 0.07～0.10mm	花键孔及 A 面
9	插齿（z=28），留剃余量 0.04～0.06mm	花键孔及 A 面
10	倒角（Ⅰ、Ⅱ齿轮 12°角）	花键孔及端面
11	钳工去毛刺	
12	剃齿（z=42），公法线长度至尺寸上限	花键孔及 A 面
13	剃齿（z=28），公法线长度至尺寸上限	花键孔及 A 面
14	齿部高频感应加热淬火：G52	
15	推孔	花键孔及 A 面
16	珩齿（Ⅰ、Ⅱ）至尺寸要求	花键孔及 A 面
17	总检入库	

①内孔和端面定位，符合“基准重合”原则。采用专用心轴，定位精度较高，生产率高，故广泛用于成批生产中。为保证内孔的尺寸精度和基准端面对内孔中心线的圆跳动要求，进行齿坯加工时应尽量在一次安装中同时加工内孔和基准端面。

②外圆和端面定位，不符合“基准重合”原则。用端面作轴向定位，并找正外圆，不需要专用心轴，生产率较低，故适用于单件小批生产。为保证齿轮的加工质量，必须严格控制齿坯外圆对内孔的径向圆跳动。

2. 齿形加工方案选择

齿形加工方案选择，主要取决于齿轮的精度等级、生产批量和齿轮热处理方法等。

8 级或 8 级精度以下的齿轮加工方案：对于不淬硬的齿轮用滚齿或插齿即可满足加工要求；对于淬硬齿轮可采用滚（或插）——齿端加工——齿面热处理——修正内孔的加工方案。热处理前的齿形加工精度应比图样要求提高一级。

6～7 级精度的齿轮一般有两种加工方案：①剃——珩齿方案：滚（或插）齿——齿端加工——剃齿——表面淬火——修正基准——珩齿。②磨齿方案：滚（或插）齿——齿端加工——渗碳淬火——修正基准——磨齿。剃——珩齿方案生产效率高，广泛用于 7 级精度齿轮的成批生产中。磨齿方案生产率低，一般用于 6 级精度以上或虽低于 6 级但淬火后变形较大的齿轮。

随着刀具材料的不断发展，用硬滚、硬插、硬剃齿代替磨齿，用珩齿代替剃齿，可取得很好的经济效益。例如可采用滚齿——齿端加工——齿面热处理——修正基准——硬滚齿的方案。

5 级精度以上的齿轮加工一般应取磨齿方案。

3. 齿轮热处理

齿轮加工中根据不同要求，常安排两种热处理工序。

(1) 齿坯热处理

在齿坯粗加工前后常安排预先热处理——正火或调质。正火安排在齿坯加工前，其目的是消除锻造内应力，改善材料的加工性能。调质一般安排在齿坯粗加工之后，可消除锻造内应力和粗加工引起的残余应力，提高材料的综合力学性能，但齿坯的硬度稍高，不易切削，故生产中应用较少。

(2) 齿面热处理

齿形加工后为提高齿面的硬度及耐磨性，根据材料与技术要求，常安排渗碳淬火、高频感应加热淬火及液体碳氮共渗等处理工序。经渗碳淬火的齿轮变形较大，对高精度齿轮尚需进行磨齿加工。经高频感应加热淬火处理的齿轮变形较小，但内孔直径一般会缩小 0.01～0.05mm，淬火后应予以修正。有键槽的齿轮，淬火后内孔经常出现椭圆形，为此键槽加工宜安排在齿面淬火之后。

4. 齿端加工

齿轮的齿端加工有倒圆、倒尖、倒棱（图 5-40）和去毛刺等。倒圆、倒尖后的齿轮，沿轴向滑动时容易进入啮合。倒棱可去除齿端的锐边，这些锐边经淬火后很脆，在齿轮传动中易崩裂。

齿端加工必须安排在齿轮淬火之前，通常多在滚（插）齿之后。

5. 精基准修正

齿轮淬火后基准孔常产生变形。为保证齿形精加工的精度，对基准孔必须进行修正。对大

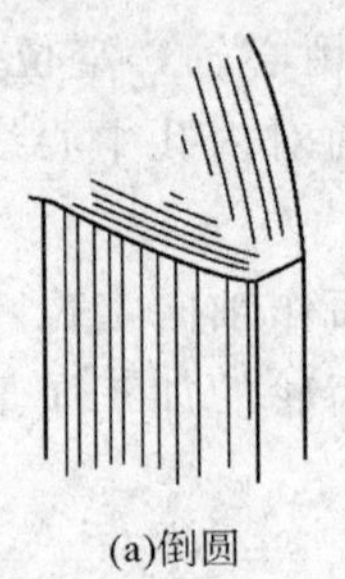
(a)倒圆

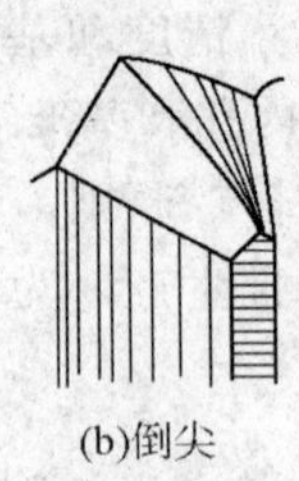
(b)倒尖

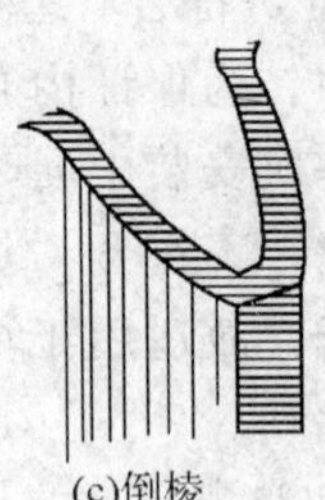
(c)倒棱

图 5-40 齿端加工

径定心的花键孔齿轮，通常用花键推刀修正。对圆柱孔齿轮，可采用推孔或磨孔修正。推孔生产率高，常用于内孔未淬硬的齿轮，可用加长推刀前引导部分来防止推刀歪斜以保证推孔精度。磨孔精度高，但生产率低，适用于整体淬火齿轮及内孔较大、齿厚较薄的齿轮。磨孔时应以分度圆定心，这样可使磨孔后的齿圈径向圆跳动较小，对后续磨齿或珩齿有利。实际生产中以金刚镗代替磨孔也取得了较好的效果，且提高了生产率。

习 题

1. 主轴结构特点和技术要求有哪些？

2. 车床主轴毛坯常用的材料有哪几种？对于不同的毛坯材料在加工各个阶段应如何安排热处理工序？这些热处理工序起什么作用？

3. 试分析车床主轴加工工艺过程中，如何体现“基准重合”“基准统一”等精基准选择原则？

4. 顶尖孔在主轴机械加工工艺过程中起什么作用？为什么要对顶尖孔进行修磨？

5. 轴类零件上的螺纹、花键等的加工一般安排在工艺过程的哪个阶段？

6. 箱体零件的结构特点和主要技术要求有哪些？为什么要规定这些要求？

7. 选择箱体零件的粗、精基准时应考虑哪些问题？

8. 孔系有哪几种？其加工方法有哪些？

9. 如何安排箱体零件的加工顺序？一般应遵循哪些原则？

10. 套筒类零件的深孔加工有何工艺特点？针对其特点应采取什么工艺措施？

11. 薄壁套筒零件加工时容易因夹紧不当产生变形，应如何处理？

12. 圆柱齿轮规定了哪些技术要求和精度指标？它们对传动质量和加工工艺有什么影响？

13. 齿形加工的精基准应如何选择？齿轮淬火前精基准的加工和淬火后精基准的修整通常采用什么方法？

14. 滚齿、插齿、磨齿的工作原理及工艺特点各是什么？它们各适用于什么场合？

15. 齿轮的典型加工工艺过程一般由哪几个加工阶段所组成？其中毛坯热处理和齿面热处理各起什么作用？应安排在工艺过程的哪一个阶段？

16. 编制图 5-41 所示小滑板丝杠轴的机械加工工艺过程。其生产类型为中批生产，材料为 45 钢，需调质处理。

17. 编制图 5-42 所示套筒零件的机械加工工艺过程。其生产类型为中批生产，材料为 HT200。

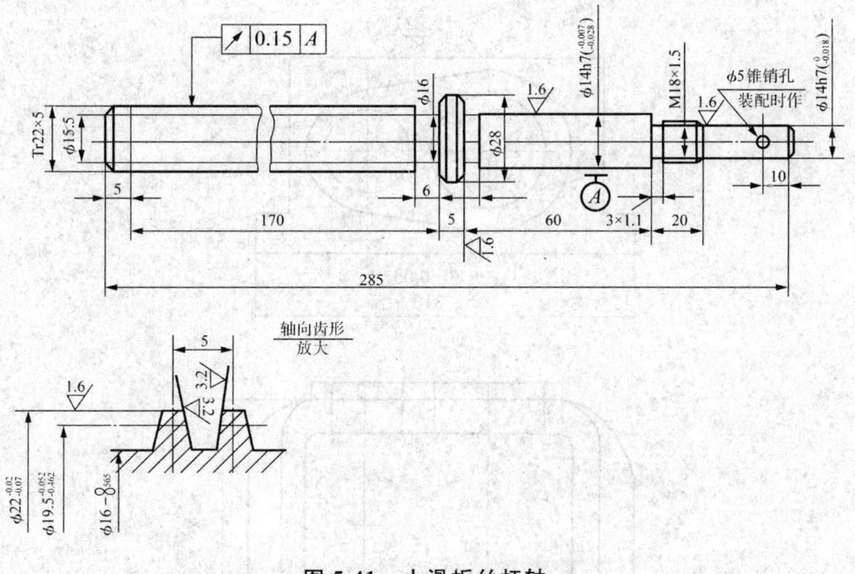

图 5-41　小滑板丝杠轴

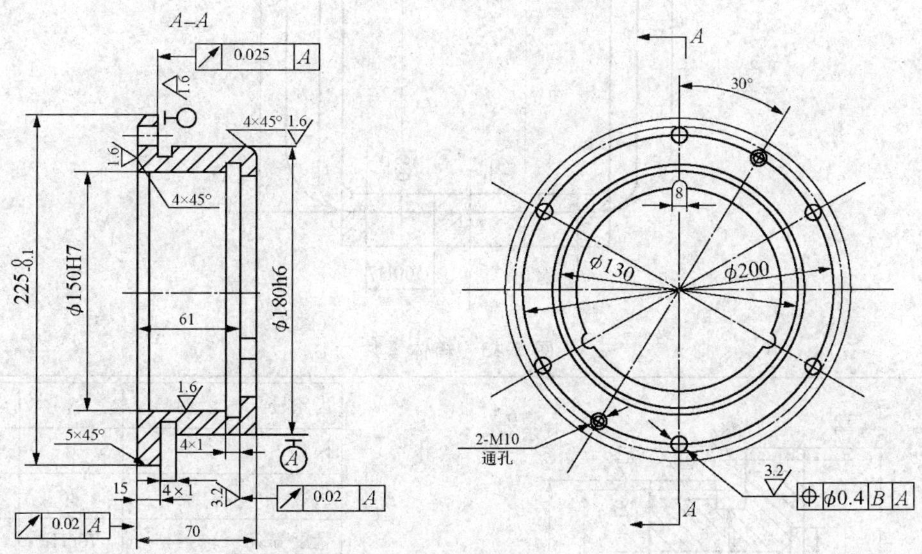

图 5-42　套筒零件

18. 编制图 5-43 所示箱体零件的机械加工工艺过程，重点说明其内孔加工方案。其生产类型为中批生产，材料为铸铁。

19. 编制图 5-44 所示双联齿轮的机械加工工艺过程。其生产类型为单件小批生产，材料为 45 钢，齿部高频淬火 48HRC。

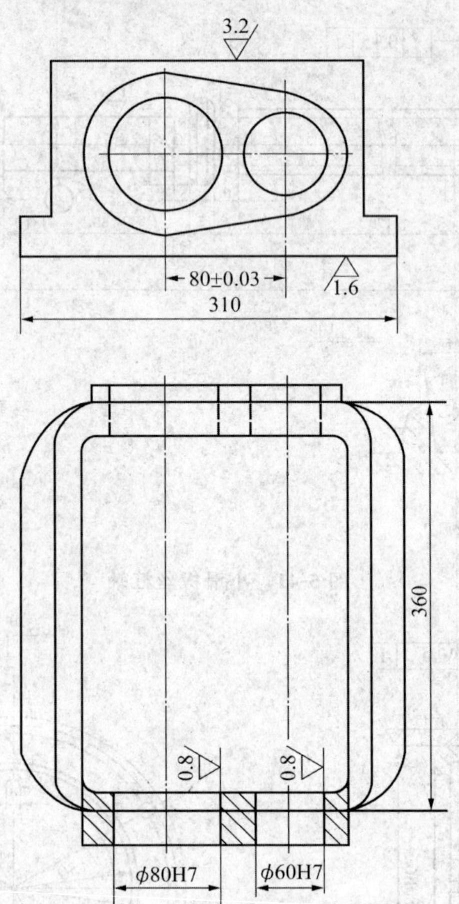

图 5-43　箱体零件

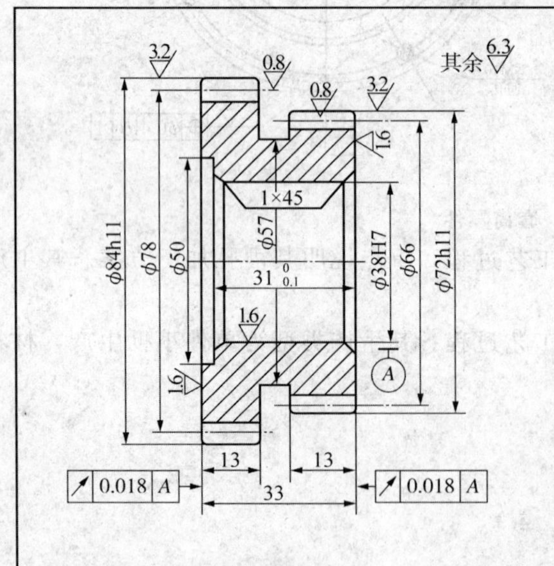

齿轮号	Ⅰ	Ⅱ
模数	3	3
齿数	26	22
精度等级	766HL	766HL
齿圈径向跳动	0.036	0.036
公法线长度变动	0.028	0.028
基贺齿距极限偏插	+0.009	+0.009
齿形公差	0.008	0.008
齿向公差	0.009	0.009
跨齿数	3	3
公法线平均长度	$23.15^{0}_{-0.06}$	$22.98^{0}_{-0.06}$

图 5-44　双联齿轮

项目六 机械装配工艺

知识要点：装配工艺及其与机械加工工艺的关系、保证装配精度的几种方法、装配工艺规程的制订。

任务一　机械装配概述

装配是整个机械制造过程的后期工作。机器的各种零部件只有经过正确的装配，才能完成符合要求的产品。怎样将零件装配成机器，零件精度与产品精度的关系，以及达到装配精度的方法，是装配工艺所要解决的问题。

6.1.1　装配的概念

零件是构成机器（或产品）的最小单元。将若干个零件结合在一起组成机器的一部分，称为部件。直接进入机器（或产品）装配的部件成为组件。

任何机器都是由许多零件、组件和部件组成。根据规定的技术要求，将若干零件结合成组件和部件，并进一步将零件、组件和部件结合成机器的过程称为装配。前者称为部件装配；后者称为总装配。

装配是机器制造过程中的最后一个阶段。为了使产品达到规定的技术要求，装配不仅是指零、部件的结合过程，还应包括调整、检验、试验、油漆和包装等工作。

6.1.2　装配精度

装配精度是产品设计时根据使用性能规定的、装配时必须保证的质量指标。正确地规定机器和部件的装配精度是产品设计的重要环节之一，它不仅关系到产品质量，也影响产品制造的经济性。装配精度是制订装配工艺规程的主要依据，也是选择合理的装配方法和确定零件加工精度的依据。所以，应正确规定机器的装配精度。

装配精度一般包括以下几方面。

1. 尺寸精度

尺寸精度是指装配后相关零部件间应该保证的距离和间隙。尺寸精度包括配合精度和距离精度。如轴孔的配合间隙或过盈，车床床头和尾座两顶尖的等高度等。

2. 位置精度

位置精度是指装配后零部件间应该保证的平行度、垂直度、同轴度和各种跳动等。如普通车床溜板移动对尾座顶尖套锥孔轴心的平行度要求等。

3. 相对运动精度

相对运动精度是指装配后有相对运动的零部件间在运动方向和运动准确性上应保证的要求。如普通车床尾座移动对溜板移动的平行度，滚齿机滚刀主轴与工作台相对运动的准确性等。

4. 接触精度

接触精度是指相互配合表面、接触表面间接触面积的大小和接触点分布的情况。它影响到部件的接触刚度和配合质量的稳定性。如齿轮啮合、锥体配合、移动导轨间均有接触精度的要求。

不难看出，上述各装配精度之间存在一定的关系，如接触精度是尺寸精度和位置精度的基础，而位置精度又是相对运动精度的基础。

6.1.3 装配精度与零件精度间的关系

机器及其部件都是由零件所组成。因此，机器的装配精度和零件的精度有着密切的关系。零件的精度特别是关键零件的加工精度，对装配精度有很大影响。例如图 6-1 所示，普通车床尾座移动对溜板移动的平行度要求，就主要取决于床身上溜板移动的导轨 A 与尾座移动的导轨 B 的平行度以及导轨面间的接触精度。

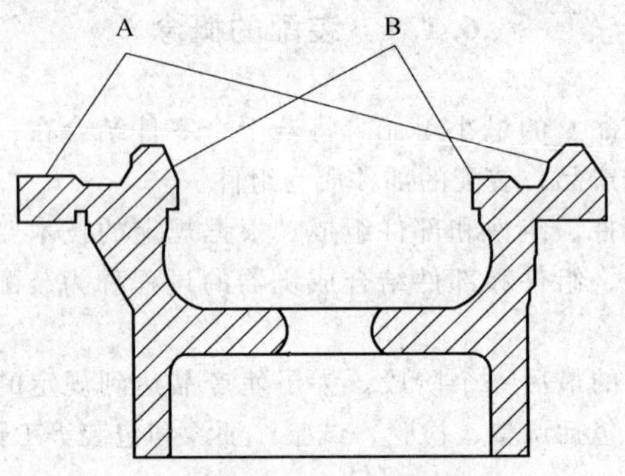

图 6-1 床身导轨简图

A—溜板移动导轨 B—尾座移动导轨

一般而言，多数的装配精度是和它相关的若干个零部件的加工精度有关，所以应合理地规定和控制这些相关零件的加工精度，在加工条件允许时，它们的加工误差累积起来，仍能满足装配精度的要求。但是，当遇到有些要求较高的装配精度，如果完全靠相关零件的制造精度来直接保证，则零件的加工精度将会很高，给加工带来较大的困难。

如图 6-2 所示，普通车床床头和尾座两顶尖的等高度要求，主要取决于主轴箱 1、尾座 2、底板 3 和床身 4 等零部件的加工精度。该装配精度很难由相关零部件的加工精度直接保证。在生产中，常按较经济的精度来加工相关零部件，而在装配时则采用一定的工艺措施（如选择、修配、调整等措施），从而形成不同的装配方法，来保证装配精度。本例中，采用修配底板 3 的工艺措施保证装配精度，这样做，虽然增加了装配的劳动量，但从整个产品制造的全局分析，仍是经济可行的。

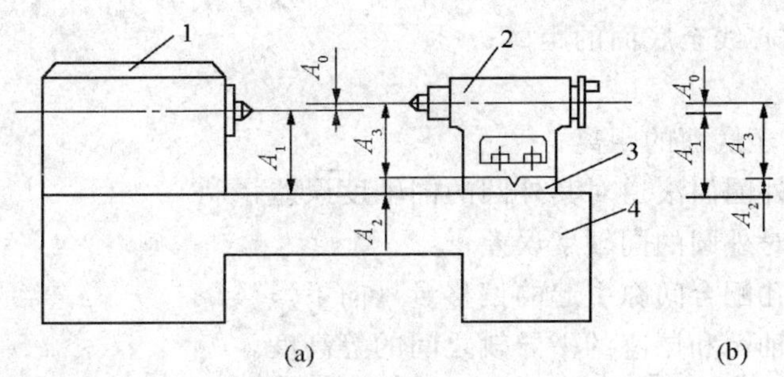

图 6-2　床头箱主轴与尾座套筒中心线等高示意图

1—主轴箱　2—尾座　3—底板　4—床身

综上所述，产品的装配精度和零件的加工精度有密切的关系，零件精度是保证装配精度的基础，但装配精度并不完全取决于零件的加工精度，还取决于装配精度。如果装配方法不同，对各个零件的精度要求也不同。同样，即使零件的加工精度很高，如果装配方法不当，也保证不了高的装配精度。

6.1.4　装配尺寸链的建立

装配尺寸链是产品或部件在装配过程中，由相关零件的有关尺寸（表面或轴线间距离）或相互位置关系（平行度、垂直度或同轴度等）所组成的尺寸链。其基本特征依然是尺寸组合的封闭性，即由一个封闭环和若干个组成环所构成的尺寸链呈封闭图形。下面分别介绍长度尺寸链和角度尺寸链的建立方法。

1. 长度装配尺寸链

（1）封闭环与组成环的查找

装配尺寸链的封闭环多为产品或部件的装配精度，凡对某项装配精度有影响的零部件的有关尺寸或相互位置精度即为装配尺寸链的组成环。查找组成环的方法：从封闭环两边的零件或部件开始，沿着装配精度要求的方向，以相邻零件装配基准间的联系为线索，分别由近及远地去查找装配关系中影响装配精度的有关零件，直至找到同一基准零件的同一基准表面为止，这些有关尺寸或位置关系，即为装配尺寸链中的组成环。然后画出尺寸链图，判别组成环的性质。如图 6-2 所示装配关系中，主轴锥孔轴心线与尾座轴心线对溜板移动的等高度要求 A_0 为封闭环，按上述方法很快查找出组成环为 A_1、A_2 和 A_3，画出装配尺寸链如图 6-2（b）所示。

（2）建立装配尺寸链的注意事项

① 装配尺寸链中装配精度就是封闭环。

② 按一定层次分别建立产品与部件的装配尺寸链。机械产品通常都比较复杂，为便于装配和提高装配效率，整个产品多划分为若干部件，装配工作分为部件装配和总装配，因此，应分别建立产品总装尺寸链和部件装配尺寸链。产品总装尺寸链以产品精度为封闭环，以总装中有关零部件的尺寸为组成环。部件装配尺寸链以部件装配精度要求为封闭环（总装时则为组成环），以有关零件的尺寸为组成环。这样分层次建立的装配尺寸链比较清晰，表达的装配关系也更加清楚。

③ 在保证装配精度的前提下，装配尺寸链组成环可适当简化。图 6-3 为车床头尾座中心线

等高的装配尺寸链。图中各组成环的意义如下：

A_1—主轴轴承孔轴心线至底面的距离；

A_2—尾座底板厚度；

A_3—尾座孔轴心线至底面的距离；

e_1—主轴滚动轴承外圈内滚道对其外圆的同轴度误差；

e_2—顶尖套锥孔相对外圆的同轴度误差；

e_3—顶尖套与尾座孔配合间隙引起的偏移量（向下）；

e_4—床身上安装主轴箱和尾座的平导轨之间的等高度。

通常由于 $e_1 \sim e_4$ 的公差数值相对于 $A_1 \sim A_3$ 的公差很小，故装配尺寸链可简化成图 6-2（b）所示。

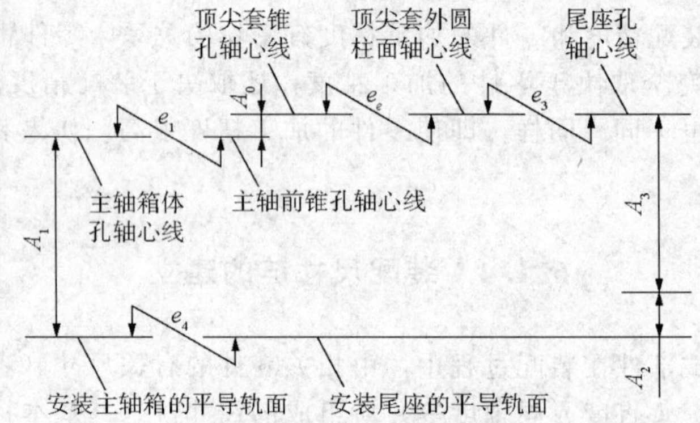

图 6-3　车床头尾座中心线等高的装配尺寸链

④ 确定相关零件的相关尺寸应采用“尺寸链环数最少”原则（亦称最短路线原则）。由尺寸链的基本理论可知，封闭环公差等于各组成环公差之和。当封闭环公差一定时，组成环越少，各环就越容易加工，因此每个相关零件上仅有一个尺寸作为相关尺寸最为理想，即用相关零件上装配基准间的尺寸作为相关尺寸。同理，对于总装配尺寸链来说，一个部件也应当只有一个尺寸参加尺寸链。

例如图 6-4 是一车床尾座顶尖套装配图，装配时，要求后盖 3 装入后螺母 2 在尾座套筒内的轴向窜动不大于某一数值。如果后盖尺寸标注不同，就可建立两个不同的装配尺寸链。图（c）较图（b）多了一个组成环，其原因是和封闭环 A_0 直接有关的凸台高度 A_3 由尺寸 B_1 和 B_2 间接获得，即相关零件上同时出现两个相关尺寸，这是不合理的。

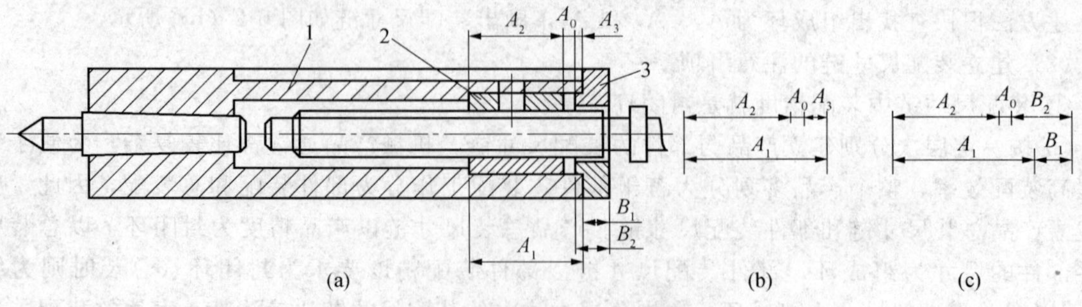

图 6-4　车床尾座顶尖套装配图

1—顶尖套　2—螺母　3—后盖

⑤ 当同一装配结构在不同位置方向有装配精度要求时，应按不同方向分别建立装配尺寸链。例如，常见的蜗杆副结构，为保证正常啮合，蜗杆副中心距、轴线垂直度以及蜗杆轴线与蜗轮中心平面的重合度均有一定的精度要求，这是三个不同位置方向的装配精度，因而需要在三个不同方向建立尺寸链。

2. 角度装配尺寸链

角度装配尺寸链的封闭环就是机器装配后的平行度、垂直度等技术要求。尺寸链的查找方法与长度装配尺寸链的查找方法相同。

图 6-5 所示的装配关系中，铣床主轴中心线对工作台面的平行度要求为封闭环。分析铣床结构后知道，影响上述装配精度的有关零件有工作台、转台、床鞍、升降台和床身等。其相应的组成环为：

α_1—工作台面对其导轨面的平行度；

α_2—转台导轨面对其下支承平面的平行度；

α_3—床鞍上平面对其下导轨面的平行度；

α_4—升降台水平导轨对床身导轨的垂直度；

α_5—主轴回转轴线对床身导轨的垂直度。

为了将呈垂直度形式的组成环转化成平行度形式，可作一条和床身导轨垂直的理想直线。这样，原来的垂直度和就转化为主轴轴心线和升降台水平导轨相对于理想直线的平行度和，其装配尺寸链如图 6-4 所示，它类似于线性尺寸链，但是基本尺寸为零，可应用线性尺寸链的有关公式求解。

结合上例可将角度尺寸链的计算步骤的原则简述如下。

(1) 转化和统一角度尺寸链的表达形式

即把用垂直度表示的组成环转化为以平行度表示的组成环。如将图 6-5（a）表达形式转化为图（b）表达的尺寸链形式（二者都称为无公共顶角的尺寸链），假设各基线在左侧或右侧有公共顶点，可进一步将图（b）转化为图（c）的形式（称具有公共顶角的角度尺寸链）。

(2) 增减环的判定

增减环的判别通常是根据增减环的定义来判断，在角度尺寸链的平面图中，根据角度环的增加或减少来判别对封闭环的影响从而确定其性质。图 6-5 的尺寸链中可以判断 α_5 是增环，α_1、α_2、α_3、α_4 是减环。

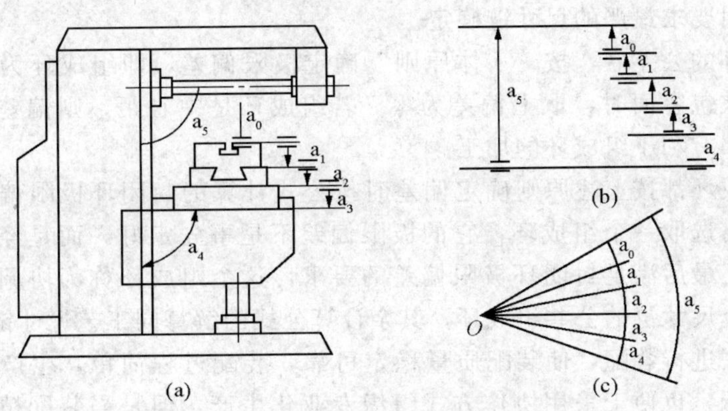

图 6-5 角度装配尺寸链

任务二　装配方法及其选择

机械产品的精度要求，最终要靠装配工艺来保证。因此用什么方法能够以最快的速度、最小的装配工作量和较低的成本来达到较高的装配精度要求，是装配工艺的核心问题。生产中保证产品精度的具体方法有许多种，经过归纳可分为：互换法、选配法、修配法和调整法四大类。而且同一项装配精度，因采用的装配方法不同，其装配尺寸链的解算方法亦不相同。

6.2.1　互换法

互换法即零件具有互换性，就是在装配过程中，各相关零件不经任何选择、调整、装配，安装后就能达到装配精度要求的一种方法。产品采用互换装配法时，装配精度主要取决于零件的加工精度。其实质就是用控制零件的加工误差来保证产品的装配精度。按互换程度的不同，互换装配法又分为完全互换法和大数互换法两种。

1. 完全互换法

在全部产品中，装配时各零件不需挑选、修配或调整就能保证装配精度的装配方法称为完全互换法。选择完全互换装配法时，其装配尺寸链采用极值公差公式计算，即各有关零件的公差之和小于或等于装配公差

$$\sum_{i=1}^{m+n} T_i \leqslant T_0 \tag{6-1}$$

故装配中零件可以完全互换。当遇到反计算形式时，可按“等公差”原则先求出各组成环的平均公差

$$T_M \leqslant \frac{T_0}{m+n} \tag{6-2}$$

再根据生产经验，考虑到各组成环尺寸的大小和加工难易程度进行适当调整。如尺寸大、加工困难的组成环应给以较大公差；反之，尺寸小、加工容易的组成环就给较小公差。对于组成环是标准件的尺寸（如轴承 $\phi 28_{-0.010}^{\ 0}$ 尺寸）则仍按标准规定；对于组成环是几个尺寸链中的公共环时，其公差值由要求最严的尺寸链确定。

确定好各组成环的公差后，按“入体原则”确定极限偏差，即组成环为包容面时，取下偏差为零；组成环为被包容面时，取上偏差为零。若组成环是中心距，则偏差按对称分布。按上述原则确定偏差后，有利于组成环的加工。

但是，当各组成环都按上述原则确定偏差时按公式计算的封闭环极限偏差常不符合封闭环的要求值。因此就需选取一个组成环，它的极限偏差不是事先定好，而是经过计算确定，以便与其他组成环协调，最后满足封闭环极限偏差的要求，这个组成环称为协调环。一般协调环不能选取标准件或几个尺寸链的公共组成环。其余计算公式的解算同工艺尺寸链，不再赘述。

采用完全互换法进行装配，使装配质量稳定可靠，装配过程简单，生产率高，易于组织流水作业及自动化装配，也便于采用协作方式组织专业化生产。但是当装配精度要求较高，尤其组成环较多时，零件就难以按经济精度制造。因此，这种装配方法多用于高精度的少环尺寸链或低精度多环尺寸链中。

2. 大数互换法

大数互换法是指在绝大多数产品中，装配时各零件不要挑选、修配或调整就能保证装配精度要求的装配方法。该方法尺寸链计算采用概率法公差公式计算，即当各组成环呈正态分布时，各有关零件公差值的平方之和的平方根小于或等于装配公差。

$$\sqrt{\sum_{i=1}^{m+n} T_i^{\ 2}} \leqslant T_0 \tag{6-3}$$

若各组成环的公差相等，则可得各组成环的平均公差 T_M 为

$$T_M = \frac{T_0}{\sqrt{m+n}} = \frac{\sqrt{m+n}}{m+n} T_0 \tag{6-4}$$

将上式和极值法的 $T_M = \frac{1}{m+n} T_0$ 相比，可知概率法将组成环的平均公差扩大了 $\sqrt{m+n}$ 倍，其他计算与完全互换法相同。可见，大数互换法的实质是使各组成环的公差比完全互换法所规定的公差大，从而使组成环的加工比较容易，降低了加工成本。但是，封闭环公差在正态分布下的取值范围为 6σ，对应此范围的概率为 0.9973，即合格率并非 100%，结果会使一些产品装配后超出规定的装配精度，实际生产常忽略不计。

大数互换法的特点和完全互换法的特点相似，只是互换程度不同。大数互换法采用概率法计算，因而扩大了组成环的公差，尤其是在环数较多，组成环又呈正态分布，扩大的组成环公差最显著，因而对组成环的加工更为方便。但是，会有少数产品超差。为了避免超差，采用大数互换法时，应有适当的工艺措施。大数互换法常应用于生产节拍不是很严格的成批生产。例如，机床和仪器仪表等产品中，封闭环要求较宽的多环尺寸链应用较多。

6.2.2　选配法

在批量或大量生产中，对于组成环少而装配精度要求很高的尺寸链，若采用完全互换法，则对零件精度要求很高，给机械加工带来困难，甚至超过加工工艺实现的可能性。在这种情况下可采用选择装配法（简称选配法）。该方法是将组成环的公差放大到经济可行的程度，然后选择合适的零件进行装配，以保证规定的装配精度。选择装配法有三种：直接选配法、分组选配法和复合选配法。下面举例说明采用分组选配法时尺寸链的计算方法。

图 6-6 示出活塞与活塞销的连接情况，活塞销外径 $d=\phi 28_{-0.0025}^{\ 0}$ mm，相应的销孔直径 $D=\phi 28_{-0.0075}^{-0.0050}$ mm。根据装配技术要求，活塞销孔与活塞销在冷态装配时应有 0.0025～0.0075mm 的过盈，与此相应的配合公差仅为 0.005mm。若活塞与活塞销采用完全互换法装配，销孔与活塞销直径的公差按“等公差”分配时，则它们的公差只有 0.0025mm。显然，制造这样精确的销和销孔都是很困难的，也是很不经济的。

实际生产中则是先将上述公差值放大 4 倍，这时销的直径 $d=\phi 28_{-0.010}^{\ 0}$ mm，销孔的直径 $D=\phi 28_{-0.0015}^{-0.0050}$ mm，这样就可以采用高效率的无心磨和金刚镗分别加工活塞外圆和活塞销孔，然后用精密仪器进行测量，并按尺寸大小分成四组，涂上不同的颜色加以区别（或装入不同的容器内）。并按对应组进行装配，即大的活塞销配大的活塞销孔，小的活塞销配小的活塞销孔，装配后仍能保证过盈量的要求。具体分组情况见图 6-6（b）和表 6-1。同样颜色的销与活塞可按互换法装配。

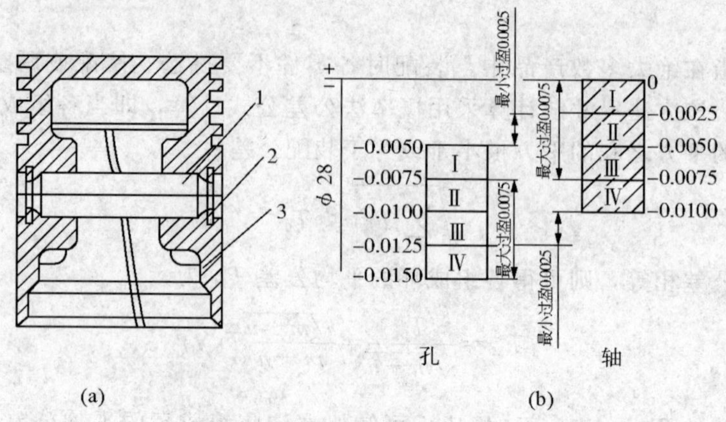

图 6-6　活塞与活塞销连接

1—活塞销　2—挡圈　3—活塞

表 6-1　活塞销和活塞销孔的分组尺寸

组别	标志颜色	活塞销直径 $d=\phi28_{-0.010}^{\ 0}$	活塞销孔直径 $D=\phi28_{-0.015}^{-0.005}$	配合情况	
				最小过盈量	最大过盈量
Ⅰ		$\phi28_{-0.0025}^{\ 0}$	$\phi28_{-0.0075}^{-0.0050}$	−0.0025	−0.0075
Ⅱ	白	$\phi28_{-0.0050}^{-0.0025}$	$\phi28_{-0.0100}^{-0.0075}$		
Ⅲ	黄	$\phi28_{-0.0075}^{-0.0050}$	$\phi28_{-0.0125}^{-0.0100}$		
Ⅳ	绿	$\phi28_{-0.0100}^{-0.0075}$	$\phi28_{-0.0150}^{-0.0125}$		

采用分组装配时，关键要保证分组后各对应组的配合性质和配合公差满足设计要求，所以应注意以下几点。

①配合件的公差应当相等。

②公差要向同方向增大，增大的倍数应等于分组数。

③分组数不宜多，多了会增加零件的测量和分组工作量，从而使装配成本提高。

分组装配法的特点是可降低对组成环的加工要求，而不降低装配精度。但是分组装配法增加了测量、分组和配套工作，当组成环较多时，这种工作就会变得非常复杂。所以分组装配法适用于成批、大量生产中封闭环公差要求很严、尺寸链组成环很少的装配尺寸链中。例如，精密偶件的装配、滚动轴承的装配等。

6.2.3　修配法

在装配精度要求较高而组成环较多的部件中，若按互换法装配，会使零件精度太高而无法加工，这时常常采用修配装配法达到封闭环公差要求。修配法就是将装配尺寸链中各组成环按经济精度加工，装配后产生的累积误差用修配某一组成环来解决，从而保证其装配精度。

1. 修配法的分类

(1) 单件修配法

这种方法是在多环尺寸链中，选定某一固定的零件作为修配环，装配时进行修配以达到装配精度。

(2) 合并加工修配法

这种方法是将两个或多个零件合并在一起当作一个修配环进行修配加工。合并加工的尺寸可看作一个组成环，这样减少尺寸链的环数，有利于减少修配量。例如，普通车床的尾座装配，为了减少总装时尾座对底板的刮研量，一般先把尾座和底板的配合平面加工好，并配刮横向小导轨，然后再将两者装配为一体，以底板的底面为定位基准，镗尾座的套筒孔，直接控制尾座套筒孔至底板底面的尺寸，这样一来组成环 A_2、A_3（图 6-2）合并成一环 $A_{2,3}$，使加工精度容易保证，而且可以给底板底面留较小的刮研量（0.2mm 左右）。

(3) 自身加工修配法

在机床制造中，有一些装配精度要求，总装时用自己加工自己的方法去保证比较方便，这种方法即自身加工修配法。如牛头刨床总装时，用自刨工作台面来达到滑枕运动方向对工作台面的平行度要求。

2. 修配环的选择和确定其尺寸及极限偏差

采用修配装配法，关键是正确选择修配环和确定其尺寸及极限偏差。

(1) 修配环选择

选择修配环应满足以下要求。

① 要便于拆装、易于修配。一般应选形状比较简单、修配面较小的零件。

② 尽量不选公共组成环。因为公共组成环难于同时满足几个装配要求，所以应选只与一项装配精度有关的环。

(2) 确定修配环尺寸及极限偏差

确定修配环尺寸及极限偏差的出发点是，要保证装配时的修配量足够和最小。为此，首先要了解修配环被修配时，对封闭环的影响是逐渐增大还是逐渐减小，不同的影响有不同的计算方法。

为了保证修配量足够和最小，放大组成环公差后，实际封闭环的公差带和设计要求封闭环的公差带之间的对应关系如图 6-7 所示，图中 T_0、$A_{0\max}$ 和 $A_{0\min}$ 表示设计要求的封闭环公差、最大极限尺寸和最小极限尺寸；T'_0、$A'_{0\max}$ 和 $A'_{0\min}$ 分别表示放大组成环公差后实际封闭环的公差、最大极限尺寸和最小极限尺寸；$C_{\max}$ 表示最大修配量。

① 修配环被修配使封闭环尺寸变大，简称“越修越大”。由图 6-7 (a) 可知无论怎样修配总应满足

$$A'_{0\max}=A_{0\max} \tag{6-5}$$

若 $A'_{0\max}>A_{0\max}$，修配环被修配后 $A'_{0\max}$ 会更大，不能满足设计要求。

② 修配环被修配使封闭环尺寸变小，简称“越修越小”。由图 6-6 (b) 可知，为保证修配量足够和最小，应满足

$$A'_{0\min}=A_{0\min} \tag{6-6}$$

当已知各组成环放大后的公差，并按“入体原则”确定组成环的极限偏差后，就可按式(6-5)或式 (6-6) 求出修配环的某一极限尺寸，再由已知的修配环公差求出修配环的另一极限尺寸。

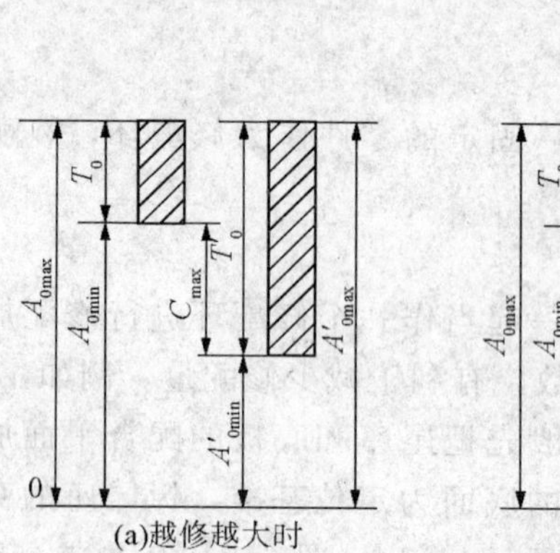

(a)越修越大时

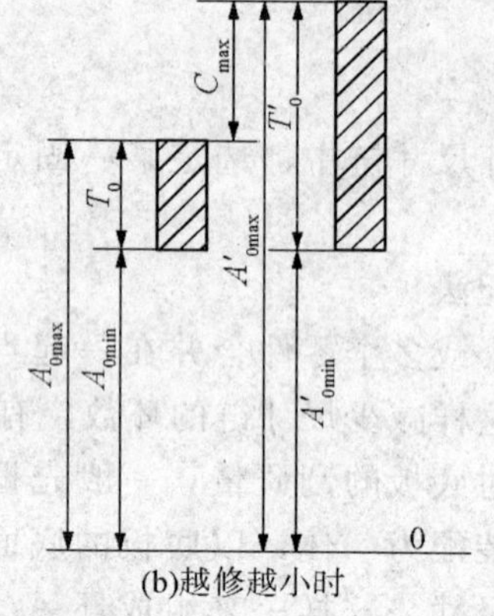

(b)越修越小时

图 6-7　封闭环公差带要求值和实际公差带的相对关系

按照上述方法确定的修配环尺寸装配时出现的最大修配量为

$$C_{\max} = T'_0 - T_0 = \sum_{i=1}^{m+n} T_i - T_0 \tag{6-7}$$

(3) 尺寸链的计算步骤和方法

下面举例说明采用修配装配法时尺寸链的计算步骤和方法。

例如图 6-2 (a) 所示普通车床床头和尾座两顶尖等高度要求为 0～0.06mm（只许尾座高）。设各组成环的基本尺寸 $A_1=202$ mm，$A_2=46$ mm，$A_3=156$ mm，封闭环 $A_0=0$mm。此装配尺寸链如采用完全互换法解算，则各组成环公差平均值为

$$T_M = \frac{T_0}{m+n} = \frac{0.06}{2+1} = 0.02 \text{ (mm)}$$

如此小的公差给加工带来困难，不宜采用完全互换法，现采用修配装配法。

计算步骤和方法如下。

① 选择修配环　因组成环 A_2 尾座底板的形状简单，表面面积小，便于刮研修配，故选择 A_2 为修配环。

② 确定各组成环公差　根据各组成环所采用的加工方法的经济精度确定其公差。A_1 和 A_3 采用镗模加工，取 $T_1=T_3=0.1$mm；底板采用半精刨加工，取 $T_2=0.15$ mm。

③ 计算修配环 A_2 的最大修配量　由式 (6-7) 得

$$C_{\max} = T'_0 - T_0 = \sum_{i=1}^{m+n} T_i - T_0 = 0.1+0.15+0.1-0.06 = 0.29 \text{ (mm)}$$

④ 确定各组成环的极限偏差　A_1 与 A_3 是孔轴线和底面的位置尺寸，故偏差按对称分布，即 $A_1=202\pm0.05$mm，$A_3=156\pm0.05$mm。

⑤ 计算修配环 A_2 的尺寸及极限偏差

Ⅰ. 判别修配环 A_2 修配时对封闭环 A_0 的影响。从图中可知，是“越修越小”情况。

Ⅱ. 计算修配环尺寸及极限偏差。用式 (6-6) $A'_{0\min} = A_{0\min} = \sum_{i=1}^{m} \overrightarrow{A}_{i\min} - \sum_{i=1}^{n} \overleftarrow{A}_{i\max}$ 代入数值后可得

$$A_{2\min} = A_{0\min} - A_{3\min} + A_{1\max} = 0-(156-0.05)+(202+0.05) = 46.1 \text{ (mm)}$$

又

$$T_2 = 0.15\text{mm}$$

则

$$A_{2\max} = A_{2\min} + T_2 = 46.25\text{mm}$$

所以
$$A_2=46^{+0.25}_{+0.10}\text{mm}$$

在实际生产中，为提高接触 A_2 精度还应考虑底板底面在总装时必须留一定的刮研量。而按式（6-6）求出的 A_2，其最大刮研量为 0.29mm，符合要求，但最小刮研量为 0 时就不符合要求，故必须将 A_2 加大。对底板而言，最小刮研量可留 0.1mm，故 A_2 应加大 0.1mm，即 $A_2=46^{+0.35}_{+0.20}$mm。

3. 修配法的特点及应用场合

修配法可降低对组成环的加工要求，利用修配组成环的方法能获得较高的装配精度，尤其是尺寸链中环数较多时，其优点更为明显。但是，修配工作需要技术熟练的工人，且大多是手工操作，逐个修配，所以生产率低，没有一定节拍，不易组织流水装配，产品没有互换性。因而，在大批大量生产中很少采用，在单件小批量生产中广泛采用修配法；在中批量生产中，一些封闭环要求较严的多环装配尺寸链也大多采用修配法。

6.2.4　调整法

调整法是将尺寸链中各组成环按经济精度加工，装配时将尺寸链中某一预先选定的环，采用调整的方法改变其实际尺寸或位置，以达到装配精度要求。预先选定的环称为调整环（或补偿环），它是用来补偿其他各组成环由于公差放大后所产生的累计误差。调整法通常采用极值法计算。根据调整方法的不同，调整法分为固定调整法、可动调整法和误差抵消调整法三种。

调整法和修配法在补偿原则上是相似的，而方法上有所不同。

在尺寸链中选定一组成环为调整环，该环按一定尺寸分级制造，装配时根据实测累积误差来选定合适尺寸的调整零件（常为垫圈或轴套）来保证装配精度，这种方法称为固定调整法。该法主要问题是确定调整环的分组数及尺寸，现举例说明。

图 6-8（a）所示为齿轮在轴上的装配关系。要求保证轴向间隙为 0.05～0.2mm，即 $A_0=0^{+0.20}_{+0.05}$mm，已知 $A_1=115$mm，$A_2=8.5$mm，$A_3=95$mm，$A_4=2.5$mm。画出尺寸链图如图 6-8（b）所示。若采用完全互换法，则各组成环的平均公差应为

$$T_M=\frac{T_0}{m+n}=\frac{0.2-0.05}{5}=0.03\ (\text{mm})$$

显然，因组成环的平均公差太小，加工困难，不宜采用完全互换法，现采用固定调整法。

组成环 A_k 为垫圈，形状简单，制造容易，装拆也方便，故选择 A_k 为调整环。其他各组成环按经济精度确定公差，即 $T_1=0.15$mm，$T_2=0.10$mm，$T_3=0.10$mm，$T_4=0.12$mm。并按“入体原则”确定极限偏差分别为：$A_1=115^{+0.20}_{+0.05}$mm，$A_2=8.5^{\ 0}_{-0.10}$mm，$A_3=95^{\ 0}_{-0.10}$mm，$A_4=2.5^{\ 0}_{-0.12}$mm。四个环装配后的累积误差 T_s（不包括调整环）为

$$T_s=T_1+T_2+T_3+T_4=0.15+0.1+0.1+0.12=0.47\ (\text{mm})$$

为满足装配精度 $T_0=0.15$mm，应将调整环 A_k 的尺寸分成若干级，根据装配后的实际间隙大小选择装入，即间隙大的装上厚一些的垫圈，间隙小的装上薄一些的垫圈。如调整环 A_k 做得绝对准确，则应将调整环分成 $\frac{T_s}{T_0}$ 级，实际上调整环 A_k 本身也有制造误差，故也应给出一定的公差，这里设 $T_k=0.03$mm。这样调整环的补偿能力有所降低，此时分级数 m 为

$$m=\frac{T_s}{T_0-T_k}=\frac{0.47}{0.15-0.03}=3.9$$

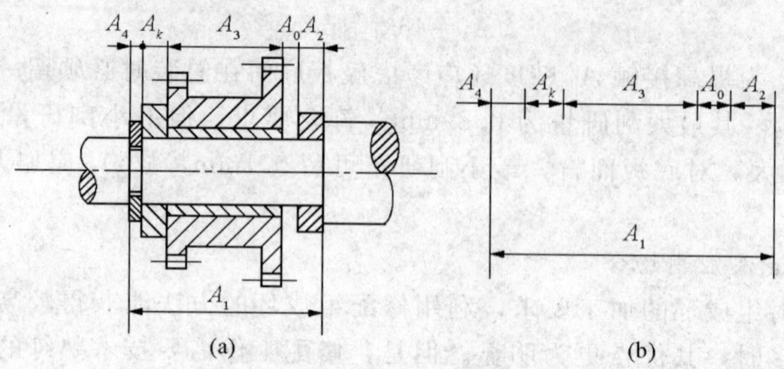

图 6-8　固定调整法装配图示例

m 应为整数，取 $m=4$。此外分级数不宜过多，否则使调整件的制造和装配均造成麻烦。求得每级的级差为

$$T_0-T_k=0.15-0.03=0.12\ (\text{mm})$$

设 A_{k1} 为调整后最大调整件尺寸，则各调整件尺寸计算如下：

因为
$$A_{0\max}=A_{1\max}-(A_{2\min}+A_{3\min}+A_{4\min}+A_{k1\min})$$

所以
$$A_{k1\min}=A_{1\max}-A_{2\min}-A_{3\min}-A_{4\min}-A_{0\max}$$
$$=115.2-8.4-94.9-2.38-0.2=9.32\ (\text{mm})$$

已知 $T_k=0.03\text{mm}$，级差为 0.12mm，偏差按"入体原则"分布，则四组调整垫圈尺寸分别为

$$A_{k1}=9.35_{-0.03}^{\ 0}\text{mm}\quad A_{k2}=9.23_{-0.03}^{\ 0}\text{mm}\quad A_{k3}=9.11_{-0.03}^{\ 0}\text{mm}\quad A_{k4}=8.99_{-0.03}^{\ 0}\text{mm}$$

调整法的特点是可降低对组成环的加工要求，装配比较方便，可以获得较高的装配精度，所以应用比较广泛。但是固定调整法要预先制作许多不同尺寸的调整件并将它们分组，这给装配工作带来一些麻烦，所以一般多用于大批大量生产和中批生产，而且封闭环要求较严的多环尺寸链中。

6.2.5　装配方法的选择

上述各种装配方法各有特点。其中有些方法对组成环的加工要求不严，但装配时就要较严格；相反，有些方法对组成环的加工要求较严，而在装配时就比较方便简单。选择装配方法的出发点是使产品制造过程达到最佳效果。具体考虑的因素有：装配精度、结构特点（组成环环数等）、生产类型及具体生产条件。

一般来说，当组成环的加工比较经济可行时，就要优先采用完全互换装配法。成批生产、组成环又较多时，可考虑采用大数互换法。

当封闭环公差要求较严时，采用互换装配法会使组成环加工比较困难或不经济时，就采用其他方法。大量生产时，环数少的尺寸链采用选择装配法；环数多的尺寸链采用调整法。单件小批生产时，则常用修配法。成批生产时可灵活应用调整法、修配法和选配法。

一种产品究竟采用何种装配方法来保证装配精度，通常在设计阶段即应确定。因为只有在装配方法确定后，通过尺寸链的解算，才能合理地确定各个零、部件在加工和装配中的技术要求。但是，同一种产品的同一装配精度要求，在不同的生产类型和生产条件下，可能采用不同的装配方法。例如，在大量生产时采用完全互换法或调整法保证的装配精度，在小批生产时可

用修配法。因此，工艺人员特别是主管产品的工艺人员必须掌握各种装配方法的特点及其装配尺寸链的解算方法，以便在制订产品的装配工艺规程和确定装配工序的具体内容时，或在现场解决装配质量问题时，根据工艺条件审查或确定装配方法。

任务三　装配工艺规程的制订

装配工艺规程是指用文件、图表等形式将装配内容、顺序、操作方法和检验项目规定下来，作为指导装配工作和组织装配生产的依据。装配工艺规程对保证产品的装配质量、提高装配生产效率、缩短装配周期、减轻工人的劳动强度、缩小装配车间面积、降低生产成本等方面都有重要作用。制订装配工艺规程的主要依据有产品的装配图纸、零件的工作图、产品的验收标准和技术要求、生产纲领和现有的生产条件等。

6.3.1　制订装配工艺规程的基本要求

制订装配工艺规程的基本要求是在保证产品的装配质量的前提下，提高生产率和降低成本。具体如下。

①保证产品的装配质量，争取最大的精度储备，以延长产品的使用寿命。

②尽量减少手工装配工作量，降低劳动强度，缩短装配周期，提高装配效率。

③尽量减少装配成本，减少装配占地面积。

6.3.2　制订装配工艺规程的步骤与工作内容

1. 产品分析

①研究产品及部件的具体结构、装配技术要求和检查验收的内容和方法。

②审查产品的结构工艺性。

③研究设计人员所确定的装配方法，进行必要的装配尺寸链分析与计算。

2. 确定装配方法和装配组织形式

选择合理的装配方法，是保证装配精度的关键。要结合具体生产条件，从机械加工和装配的全过程出发应用尺寸链理论，同设计人员一起最终确定装配方法。

装配组织形式的选择，主要取决于产品的结构特点（包括尺寸、质量和复杂程度）、生产纲领和现有的生产条件。装配组织形式按产品在装配过程中是否移动分为固定式和移动式两种。固定式装配全部装配工作在一个固定的地点进行，产品在装配过程中不移动，多用于单件小批生产或重型产品的成批生产，如机床、汽轮机的装配。移动式装配是将零部件用输送带或小车按装配顺序从一个装配地点移动到下一个装配地点，各装配点完成一部分装配工作，全部装配点完成产品的全部装配工作。移动式装配常用于大批大量生产，组成流水作业线或自动线，如汽车、拖拉机、仪器仪表等产品的装配。

3. 划分装配单元，确定装配顺序

（1）划分装配单元

将产品划分为可进行独立装配的单元是制订装配工艺规程中最重要的一个步骤，这对于大批大量生产结果复杂的产品尤为重要。任何产品或机器都是由零件、合件、组件、部件等装配单元组成。零件是组成机器的最基本单元。若干零件永久连接或连接后再加工便成为一个合件，如镶了衬套的连杆、焊接成的支架等。若干零件或与合件组合在一起成为一个组件，它没有独立完整的功能，如主轴和装在其上的齿轮、轴、套等构成主轴组件。若干组件、合件和零件装配在一起，成为一个具有独立、完整功能的装配单元，称为部件。如车床的主轴箱、溜板箱、进给箱等。

（2）选择装配基准件

上述各装配单元都要首先选择某一零件或低一级的单元作为装配基准件。基准件应当体积（或质量）较大，有足够的支承面以保证装配时的稳定性。如主轴是主轴组件的装配基准件，主轴箱体是主轴箱部件的装配基准件，床身部件又是整台机床的装配基准件等。

（3）确定装配顺序的原则

划分好装配单元并选定装配基准件后，就可安排装配顺序。安排装配顺序的原则如下。

① 工件要先安排预处理，如倒角、去毛刺、清洗、涂漆等。

② 先下后上，先内后外，先难后易，以保证装配顺利进行。

③ 位于基准件同一方位的装配工作和使用同一工艺装备的工作尽量集中进行。

④ 易燃、易爆等有危险性的工作，尽量放在最后进行。

为了清晰表示装配顺序，常用装配单元系统图来表示。例如，图 6-9（a）所示是产品的装配系统图；图 6-9（b）所示是部件的装配系统图。

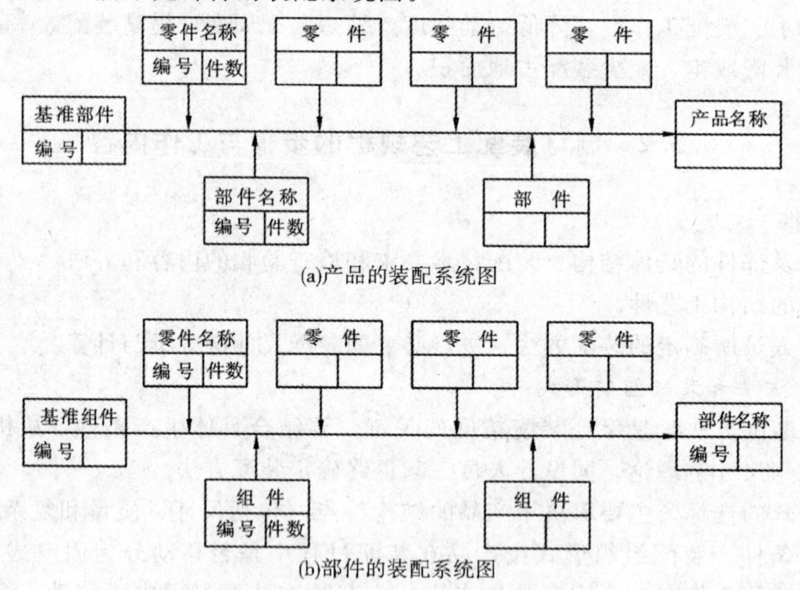

(a)产品的装配系统图

(b)部件的装配系统图

图 6-9　装配系统图

画装配单元系统图时，先画一条较粗的横线，横线的右端箭头指向装配单元的长方格，横线左端为基准件的长方格。再按装配先后顺序，从左向右依次将装入基准件的零件、合件、组件和部件引入。表示零件的长方格画在横线上方；表示合件、组件和部件的长方格画在横线下方。每一长方格内，上方注明装配单元名称，左下方填写装配单元的编号，右下方填写装配单元的件数。

装配单元系统图比较清楚而全面地反映了装配单元的划分、装配顺序和装配工艺方法。它是装配工艺规程制订中的主要文件之一，也是划分装配工序的依据。

4. 划分装配工序，设计工序内容

装配顺序确定以后，根据工序集中与分散的程度将装配工艺过程划分为若干工序，并进行工序内容的设计。工序内容设计包括：制订工序的操作规范、选择设备和工艺装备、确定时间定额等。

5. 填写工艺文件

单件小批生产时，通常只绘制装配单元系统图。成批生产时，除装配单元系统图外还编制装配工艺卡，在其上写明工序次序、工序内容、设备和工装名称、工人技术等级和时间定额等。大批大量生产中，不仅要编制装配工艺卡，而且要编制装配工序卡，以便直接指导工人进行装配。

习　题

1. 何谓装配精度？它与组成零件的加工精度有何关系？

2. 保证机器或部件装配精度的方法有几种？各有什么特点？适用于什么情况？

3. 图 6-10 所示的齿轮箱部件，根据使用要求齿轮轴肩与轴承端面间的轴向间隙应在 1～1.75mm范围内。若已知各零件的基本尺寸为 $A_1=101$mm，$A_2=50$mm，$A_3=$ A5$=5$mm，$A_4=140$mm。

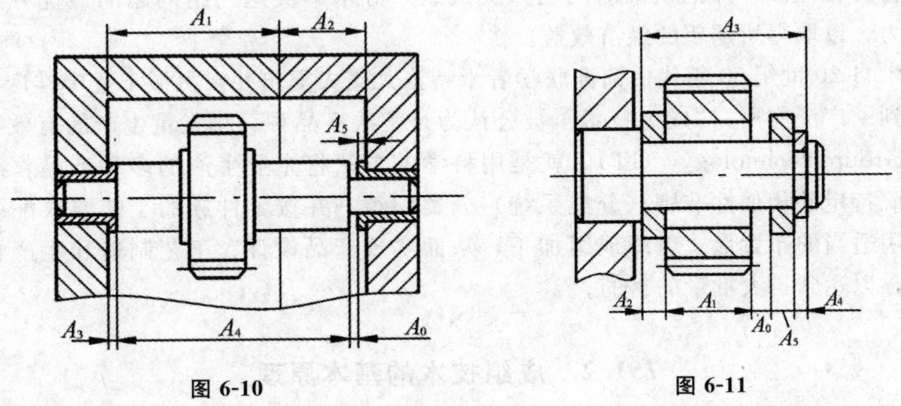

图 6-10　　图 6-11

(1) 试确定当采用完全互换法装配时，各组成环尺寸的公差及偏差。

(2) 试确定当采用大数互换法装配时，各组成环尺寸的公差及偏差。

4. 图 6-11 所示的装配中，要求保证轴向间隙 $A_0=0.1\sim0.35$mm，已知：$A_1=30$mm，$A_2=5$mm，$A_3=43$mm，$A_4=20$mm（标准件），$A_5=5_{-0.04}^{\ 0}$mm

(1) 采用修配法装配时，选 A_5 为修配环，试确定修配环的尺寸及上下偏差。

(2) 采用固定调整法装配时，选 A_5 为调整环，求 A_5 的分组数及其尺寸系列。

5. 试述制订装配工艺规程的意义、内容、方法和步骤。

项目七

成组技术与CAPP

知识要点：成组技术的原理、利用成组技术进行零件编码、成组技术的组织形式、CAPP 的定义以及分类。

任务一 成组技术原理

7.1.1 成组技术的基本概念

成组技术是适应产品多样化时代要求的一门生产技术科学。它研究如何识别和发掘生产活动中有关事物的相似性，并把相似的问题归类成组，寻求解决这一组问题的最优方案，从而节约时间和精力，以取得所期望的经济效益。

成组技术自 20 世纪 50 年代由前苏联学者米特洛凡诺夫提出并在机械工业中推广以来，已在世界各国得到了广泛应用，"成组技术"被公认为是解决多品种、小批量生产的有效途径。所谓成组技术（Group Technology，GT），就是用科学的方法将企业生产的多种产品、部（组）件和零件，按照特定的相似性准则（分类系统）分类归组，并按零件族的工艺要求配备相应的工装设备，采用适当的布置形式组织成组加工，从而实现产品设计、工艺制造和生产管理的合理化和科学化，以达到扩大批量的目的。

7.1.2 成组技术的基本原理

众所周知，传统的中小批量生产方式存在着产量小、生产准备工作量大、生产效率低及不利于生产的协调计划、组织管理等缺陷。为克服中小批量生产的上述缺陷，西德阿亨工业大学曾对机床、发动机、矿山机械、轧钢设备、仪器仪表、纺织机械、水力机械和军械等 26 个不同性质企业的产品进行了分析。结果表明，任何一种机器产品中的组成零件都可以如图 7-1 所示分成三大类。

1. 第一类（A 类）专用件

这类零件形状和结构较复杂，且在不同产品中这类零件差别很大。这类零件占总件数的比例很小，约为 5%～10%，但结构复杂，产值较高。例如，机床的床身和箱体、发动机的缸体等均属此类。

2. 第二类（B 类）相似件

这类零件约占整机零件总数的 65%～70%，其形状和结构相似，故称相似件，且多为中

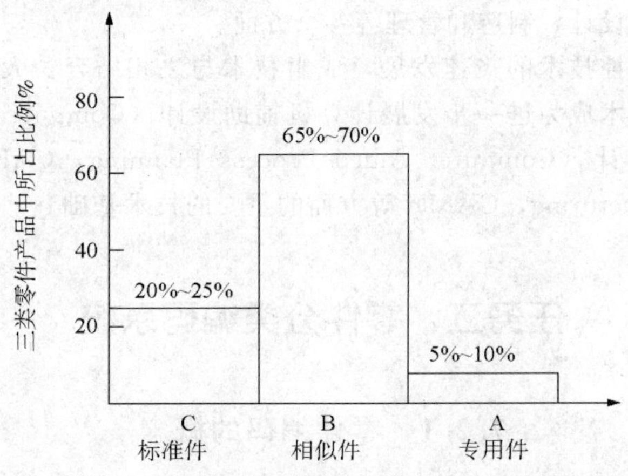

图 7-1 产品中三类零件

等复杂程度，由于数量较大，故产值也较高。属于这一类的有各种轴、套、法兰、支座、齿轮等。

3. 第三类（C 类）标准件

这类零件结构已标准化和规格化，一般已有专门厂家组织大量生产以供应社会，所以对一般的生产厂家，这类零件属于外构件，其所占的比例为 20%～25%，例如螺栓、螺母、垫圈、滚动轴承等。

成组技术主要针对的是 B 类相似件，因此，如果能充分利用这一特点，就可将那些看似孤立的零件按相似性原理划分为具有共性特征的一组，在加工中以群体为基础集中对待，从而有可能将多品种小批量生产转化为大批量的生产类型。利用零件的相似性原理，将零件分类成组，这就是成组技术产生的基本出发点。

成组技术揭示和利用了生产系统中的相似性，它把零件按相似性原理进行分类组合，并在设计、制造和管理中利用它们的相似性，从而提供了能充分利用已有零件的设计与工艺信息的检索工具；同时，成组技术通过分类和编码系统将同类零件归并为零件组，零件组中汇集了大量的相似或相同的零件，这就为标准化提供了良好的对象，从而可以借助于标准化设计把各组中品种众多的零件压缩归并为数量有限的一种或几种标准零件，并进而对某一零件组编制出标准工艺，组内其他零件的具体工艺可以由这个标准工艺演变而成；利用成组技术还可以使企业以最有效的工作方式得到统一的数据和信息，获得最大的经济效益，并为企业建立集成信息系统打下基础，为提高多品种、中小批生产的经济效益开辟了广阔的道路。其基本原理如图 7-2 所示。

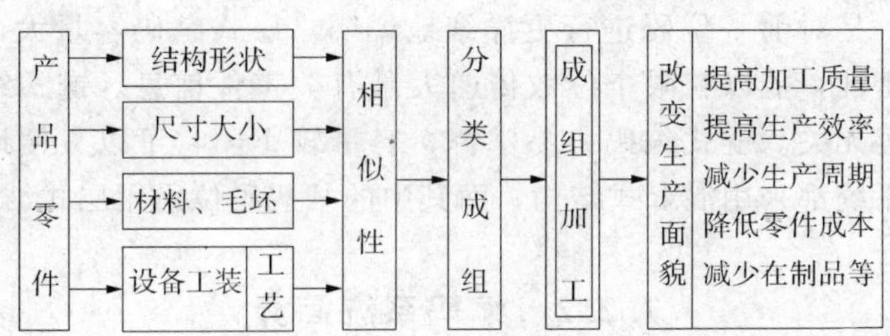

图 7-2 成组加工原理示意图

成组技术的基本原理是符合辩证法的，所以它可以作为指导生产的一般方法。现代发展了的成组技术已广泛应用于设计、制造和管理等各个方面。

随着计算机技术和数控技术的飞速发展，成组技术与之相结合，大大地推动了中小批量生产的自动化进程。成组技术成为进一步发展计算机辅助设计（Computer Aided Design，CAD）、计算机辅助工艺规程设计（Computer Aided Process Planning，CAPP）、计算机辅助制造（Computer Aided Manufacturing，CAM）等方面的重要的技术基础。

任务二　零件分类编码系统

7.2.1　零件编码的概念

机械零件的传统表示方法是零件图纸。用图纸表达零件固然详尽、准确，但在有些情况下，不够简明。特别是检索零件的某些特征时，需要翻阅很多图纸，十分不便，给成组技术中的零件分类带来了很大的困难。

所谓编码，就是用一串数字和拉丁字母甚至汉字来描述零件的结构形状特征和工艺特征。最常见、最方便的是用数字码，即将零件的特征数字化，便于计算机处理。此外，阿拉伯数字在全世界都通用。

为了对编码的含义有统一的认识，就需要对其所代表的含义做出规定和说明，这种规定和说明称为编码法则，也称为编码系统。对零件进行编码，将零件的各有关特征用码来表示，实际上也就是对零件进行分类，所以零件编码也称为分类编码，编码系统也称为分类编码系统。

一个零件包含各种特征，如结构特征（形状、尺寸）、工艺特征（精度、表面粗糙度）、材料特征等。根据需要不一定都要用码来表示，只有相关的特征才需要用一位码来表示，因此要求表达的特征项多，编码的位数也要相应地增加。随着分类编码系统功能的增加和计算机在成组技术中的应用，码位有增加的趋势，目前最多的已达 80 位（米特洛法诺夫编码系统），但是码位过多，将会失去零件特征表示的简明性。代表零件特征的每一个字符称为特征码，所有特征码有规律的组合就是零件的编码。由于每一个字符代表的是零件的一个特征，而不是一个具体的参数，因此每种零件的编码并不一定是唯一的。利用零件的编码，就可以较方便地划分出特征相似的零件组来。

编码系统可分为层式结构（单码）、链式结构（多码）和混合式结构三种。层式结构的后一位码受前一位码制约，是对前一位码进行更详细地说明。层式编码容量大，关系复杂。但由于层式结构具有相对紧密性，能以有限个位数传递大量有关零件信息。链式结构中每位码都具有独立含义，与前一位码无关。链式编码容易掌握，容量较小，它可以方便地处理具有特殊属性的零件。大多数编码系统都采用混合式结构，而其中的某些码位采用层式结构。

7.2.2　编码系统简介

目前，世界各国已建立的具有代表性的分类编码系统有 40 余种。我国在分析了世界先进的编码系统的基础上，结合我国的具体情况制定了自己的分类编码系统 JLBM—1（机械工业成组技术分类编码系统）。本书由于篇幅所限，这里仅介绍奥匹兹（opitz）零件分类编码系统。

奥匹兹分类编码系统是由西德阿亨工业大学 H·奥匹兹教授领导研制成功的。系统对设计和生产加工都能适用。该编码系统由九位十进制数字代码组成，前五位为主码，用于描述零件的结构形状；后四位为辅助码，用于描述零件的尺寸、材料、毛坯形状和加工精度。每一个码位有 10 个特征码（0～9），分别表示 10 种特征。如图 7-3 所示为奥匹兹编码系统的基本结构图。

第一码位：表示零件的类型。从零件的整体外形来看，分为两大类。0～5 项为回转件，如盘、套、轴等；6～9 项为非回转件，如板、条、块（箱体）等。D 为回转件的最大直径，L 为轴向长度。对于非回转件，A、B、C 分别表示长度、宽度和厚度，即 $A>B>C$。这十个组，各组分别在第二至第五位内进一步进行分类。

第二码位：对于回转件，表示外表面形状及其形状要素的特征；对于有偏心的回转件或非回转件，表示零件主要形状的特征。

第三码位：表示一般回转体的内表面形状及其要素和其他几类零件的回转加工、内外形状、主要孔等特征。

第四码位：表示平面加工。

第五码位：表示辅助孔、齿形和成形面加工。

第六码位：表示零件主要尺寸（D 或 A）。

第七码位：表示零件材料的种类、强度及热处理等状况。

第八码位：表示零件加工前的原始状况。

第九码位：表示零件上有高精度要求的表面所在的码位。

奥匹兹系统主要对象是机床工业，系统比较严密。关于奥匹兹系统编码的详细内容，可参阅有关专业资料。

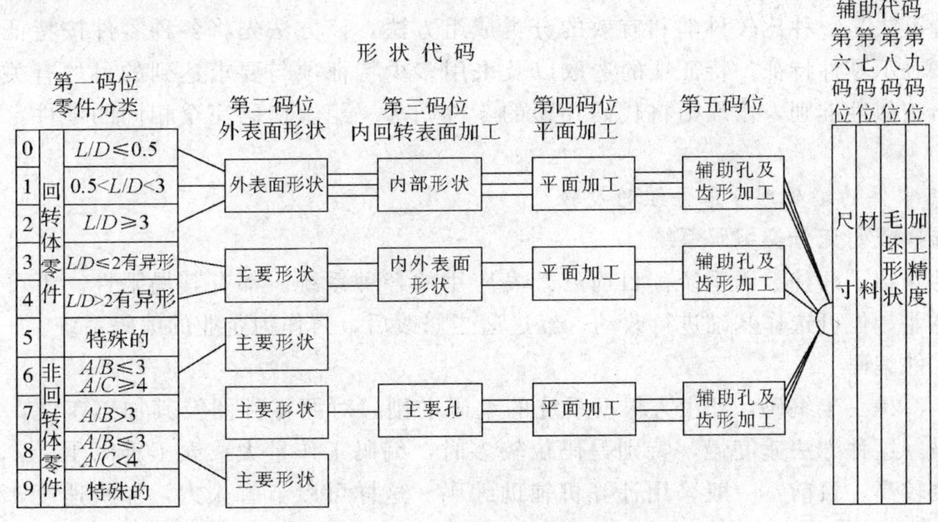

图 7-3　Opitz 编码系统的基本结构图

任务三　零件分类成组方法

零件族的划分是基于零件特征的相似性，零件分组目的的不同，零件相似性准则（特征）也各异。例如，对设计中的成组技术来说，主要相似性准则应该是零件结构相似。而对成组加工来说，则应主要考虑工艺相似。当然，一般情况下，结构相似和工艺相似也有其共同性。

零件的编码工作可以由编码人员根据编码法则以手工方式进行，也可以采用计算机辅助编码系统软件用人机对话的方式对零件进行自动编码。目前，将零件分类成组常用的方法有视检法、编码分类法、生产流程分析法、模式识别法等几种。

7.3.1　视检法

视检法是根据零件图样机器制造过程，直观地凭经验判断零件的相似性，并据此将零件进行分类成组。这种方法直观易行，是对零件进行粗分类的有效方法。例如，应用视检法可方便地将零件划分为回转体类、箱体类和叉体类等。但由于这种方法是凭经验进行的，所依据的零件类型是模糊的，因此用它对零件进行较细的分类就比较困难。目前，这种方法一般不单独使用，而是作为一种辅助方法，用于零件的粗分类。

7.3.2　编码分类法

编码分类法是一种比较科学和有效的分类成组方法。该方法先将各种零件按特征编码，即先用代码来表示零件特征。特征项的选取以及采用多少特征项与要求达到的目的有关。然后对代码规定出相似性准则，按准则将代码相似的零件归为一组。代码完全相同的零件，具有最高的相似性。

1. 根据零件的编码划分零件组的步骤

(1) 选择或研究分类编码系统

前面已介绍了两种编码系统。目前已开发应用的各种系统，都有其局限性。不可能完全适用于具体企业，但可选作基础进行改动，经过适当修改后，再作为企业的编码系统。

(2) 零件编码

最初，都是手工编码，即由人根据系统的编码准则，对照零件图及其加工工艺，编出零件的相关代码。这种方法速度慢，特别是码位较多时，编码工作量大，人工难以承受，且编码出错的比率也较高。目前，一般采用计算机辅助编码。这样可以节省人力，加快速度，并且可以大大降低编码出错的比率。

(3) 零件分组

零件经过编码已经实现了最细的分类，即编码完全相同的为一类。在单件、小批生产中，甚至在中批生产中，仅将代码完全相同的零件归为一个零件组，会出现零件组数较多，且每组内零件数又很少的情况。这样达不到采用成组技术增大成组批量的目的，因而不能获得应有的效益，这是由于对相似性要求过高所造成的。

零件分组的实质在于对编码进行分类、成组，使其组数和每组内的数量适当，也就是降低相似性要求。当然，相似性要求也不能太低，否则也难以取得一定的技术经济效益。

2. 常用的编码分类方法

(1) 特征码位法

从零件代码中选择其中反映零件工艺特征的部分代码作为分组的依据，就可以得到一组具有相似工艺特征的零件族，这几个码位就称为特征码位。

例如，对采用成组工艺来说，主要考虑工艺的相似性。对制造工艺影响大小的因素按下列顺序排列。

① 零件类别　例如回转体和非回转体加工工艺是完全不同的。

② 材料　黑色金属零件和有色金属零件，不但加工条件不同，而且切削屑也应分开。

③ 尺寸　加工尺寸不同的零件所选用的机床设备规格也不同。

④ 零件具体形状　零件具体形状的差别影响零件在加工中的定位、夹紧以及其他一些工艺。

因此，对有关这些因素的码位应选为分组特征码位。对于同组零件，这些码位的值应相同。

例如，奥匹兹系统是以第1、6、7位表示零件类别、尺寸和材料，因此应取其为分组依据。另外，第2、3、4、5四位码都是表示零件具体形状的，若也都取为特征码作为分组限制，则必然出现相似性要求过高的情况，所以根据具体情况和工厂具体条件，可只取其中一位码作为分组依据。例如，若以外形来区别，就可选用第2位码。

这样，当选用奥匹兹系统，并以第1、2、6、7码位为特征位，则如图7-4所示将零件划归同一零件（因三者的第1、2、6、7码位上的数据相同，均为0、4、3、0）。

零 件	零件代码	
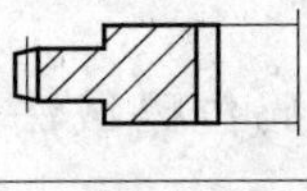	04306	3072
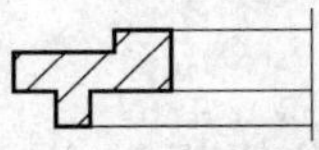	04100	3070
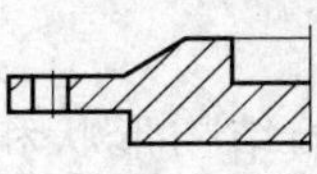	04702	3072

图7-4　按特征码位法分组

(2) 码域法

对特征码位也不一定只能取一个数值，这是因为有些码位虽然特征性较强，但在一定值范围内还是有相似性的。如第1位零件类别特征，特征值为1和6的零件类别差别很大，前者为回转体，后者为非回转体。但特征值为0、1、2都是回转体，也是有很大相似性的。所以应该给各位码以一定范围，这就是给一定域码。码域法就是适当放宽每一码位相似特征方面的范围，这样允许编码虽不相同，但具有一定特征相似性的零件仍可以归为同一零件组，即适当扩大了成组的零件种数。例如在前面的例子中，给每位码规定如下码域：

第1位码1、2

第2位码0、1、2、3

第6位码0、1、2、3

第 7 位码 2、3、4、5、6

对于不选作特征位的 3、4、5、8，其码域不作限制，也就是可以包括全部值。这样就形成了一个零件组的特征位码域表，见表 7-1。

表 7-1　特征码域表

	1	2	3	4	5	6	7	8
0		√	√	√	√	√		√
1	√	√	√	√	√	√		√
2	√	√	√	√	√	√	√	√
3		√	√	√	√	√	√	√
4			√	√	√		√	√
5			√	√	√		√	√
6			√	√	√		√	√
7			√	√	√			√
8			√	√	√			√
9			√	√	√			√

对不同的零件组，既可以规定不同的特征位，又可以规定不同的码域，因此这种方法更具有灵活性，而且由于忽略了某些对分组来说是次要的码位，就使分组工作得到简化。

(3) 特征码位码域法

这是以上两种方法结合起来的分组方法。特征码位码域法使用灵活、适用性强，故应用广泛。

7.3.3　生产流程分析法

由于大多数零件的分类和编码系统都是以零件的结构形状和几何特征信息为主要依据的，用这种编码分类法划分的零件组没有与加工设备（机床）联系起来，不能很好地反映工艺方面的信息。因此英国学者提出了以工厂中零件的生产过程或工艺过程的相似性为主要依据的生产流程分析法。它是按零件的工艺相似特征进行分类的，通过相似的物料流找出相似的零件集合与加工设备集合之间的对应关系。这样，既能确定零件组，又能同时得到加工该组零件的生产流程的设备组。

生产流程分析法是建立在分析工厂目前正在采用的零件加工工艺过程的基础上的。首先，根据每种零件的工艺路线卡，可列出表 7-2 所示的工艺路线表。表中的“√”记号表示该零件要在该机床上加工。然后通过对生产流程的分析、整理、归纳。可将表 7-2 转换成表 7-3 形式。从表 7-3 中可以明显看出零件 1、2、20、7、11、14、9、5 八种工艺路线相似；零件 4、18、12、8、17、15、19 七种工艺路线相似；剩下五种零件工艺路线也相似。因此通过生产流程分析，自然就将上述 20 种零件分类编为三组。

生产流程分析法是一种应用很普遍的方法。若以手工方式进行，工作量较大，近年来发展了计算机辅助方式，取得了很好的效果。

表 7-2　工艺路线表形式 1

零件号 机床	1	2	3	4	5	6	7	8	9	10	11	12	13	14	15	16	17	18	19	20
车　　床	√	√		√	√		√	√	√		√	√		√	√		√	√	√	√
立式铣床	√	√			√		√		√		√			√						√
卧式铣床				√				√				√			√		√	√	√	
刨　　床			√			√				√			√			√				
钻　　床	√	√	√	√		√	√	√		√	√	√	√	√		√	√	√		√
外圆磨床	√	√		√					√			√			√			√		√
平面磨床			√			√							√			√				
镗　　床			√							√			√							

表 7-3　工艺路线表形式 2

零件号 机床	1	2	20	7	11	14	9	5	4	18	12	8	17	15	19	3	13	6	16	10
车　　床	√	√	√	√	√	√	√	√												
立式铣床	√	√	√	√	√	√	√	√												
钻　　床	√	√	√	√	√	√														
外圆磨床	√	√	√				√													
车　　床									√	√	√	√	√	√	√					
卧式铣床									√	√	√	√	√	√	√					
钻　　床									√	√	√	√	√							
外圆磨床									√	√	√			√						
刨　　床																√	√	√	√	√
钻　　床																√	√	√	√	√
平面磨床																√	√	√	√	
镗　　床																√	√			√

7.3.4　模式识别法

模式识别法是一种将模式识别理论应用于零件分类归组的新方法，是一种正在研究开发的新方法，并已获得初步成功。详细内容请翻阅专业书籍。

任务四　成组生产的组织形式

成组加工的最初设想，是把具有相似加工特点的零件归并成族，以形成所谓的“叠加批量”。这里所指的“相似加工特点”包括使用的设备、工艺装备以及机床调整的一致性。这时，虽然加工系统仍按机群式布置，但可以按“叠加批量”组织生产。

成组加工的进一步发展就提出了建立一个专业化的机床组来完成一个有相似加工要求的零件族的加工。

根据目前成组加工的实际应用情况，成组加工系统有如下三种基本组织形式。

①成组加工单机。

②成组加工单元。

③成组加工流水线。

这三种形式是介于机群式和流水线之间的设备布置形式。机群式适用于传统的单件小批量生产，流水线则适用于传统的大批量生产。至于成组加工采用何种形式，主要是依据零件加工的相似程度和“叠加批量”的大小来确定的。

7.4.1　成组加工单机

在转塔车床或自动车床上成组加工小型回转体零件，这些零件的全部加工工序都在这一台设备上完成，这种形式称为成组加工单机。成组加工单机加工零件时机床的布置，虽说在形式上与机群式生产工段类似，但在生产方式上却有着本质上的区别。成组加工单机虽然是在机群式布置基础上发展起来的，但它的应用范围是用一种加工方式加工一个相似零件族，并且是在一个工作地点或一台机床上完成的。

一个零件若要经过数道工序，则对于不同的工序，零件可归于不同的族，在不同的单机上加工，这种成组加工形式可以覆盖最大量零件，并获得良好的加工效果。如果一台设备只完成零件组的某一道或几道工序加工，其余工序仍然是单独工序，分别在其他机床上完成则称为成组工序加工。它是成组加工单机的一种特殊形式，这种形式虽然扩大了零件的批量，减少了调整机床的时间，但是对于复杂零件，不便于生产，经济效益也不明显。

采用成组加工单机的优势是：可以预先给工作地装备必要的专用工装、货架、工具箱等装置；对机床进行专门化改装；让操作工人很快掌握复杂机床和刀具的调整，因而可以不要配备专门的调整工人。

成组加工单机是成组技术的最初形式，其经济效益受限制。但随着数控机床和加工中心的广泛应用，特别是柔性运输系统的发展，成组加工单机的组织形式又变得重要起来。

7.4.2　成组加工单元

在一组机床上完成一个或几个工艺相似零件组全部工艺过程，该组机床即构成车间的一个封闭生产单元，这种生产单元与传统的小批量生产下所采用的“机群式”排列的生产工段是不一样的。一个机群式生产工段只能完成零件的某一个别工序，而成组加工单元却能完成一定零件组的全部工艺过程。

成组加工单元是一个混合机床组，在这个机床组内完成零件族加工的全部工序，而且加工顺序可以在组内灵活安排。此外零件即使有所不同，加工的机床也会有所不同。如图 7-5 所示为成组加工单元的生产方式。

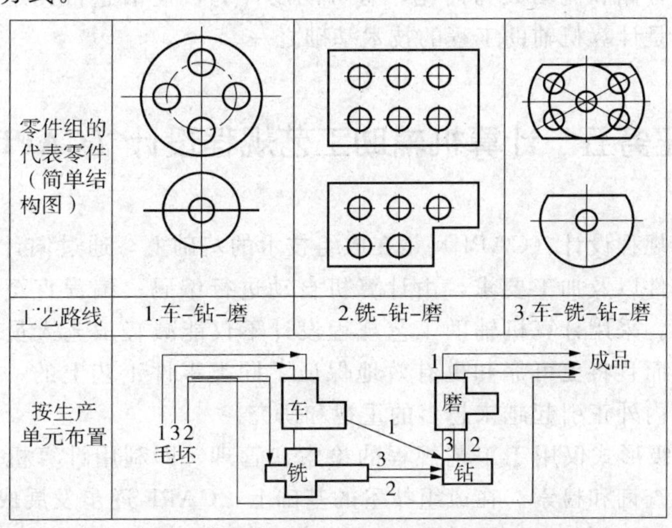

图 7-5　成组加工单元

成组加工单元是成组技术在加工中应用最典型的形式，在多品种、中小批量生产中被广泛地使用。由图 7-5 可以看出，它与流水线生产的形式很接近，单元内的机床基本上是按零件组的统一工艺过程排列的，但又不受生产节拍的限制，也就是零件可以在单元内任意流动或间隔机床流动，因此具有一定的灵活性。

成组加工单元的优势是：可以缩短工序间的运输距离，从而减少了在制品库存量；缩短了零件的生产周期，提高了设备利用率，从而降低了生产成本；同时单元内的工人工作趋于专业化，加工质量稳定，生产效率相对比较高。

因为成组加工单元有一定的独立性，并有明确的职责，所以能够更好地保证产品的质量和生产效率，用较少的成本就可以获得较好的经济效益。因此成组加工单元是一种先进的生产组织形式和科学的管理方法，并被许多企业所采用。

7.4.3　成组加工流水线

所谓成组加工流水线，就是在成组加工单元的基础上，将各工作地（设备）按照零件族的加工顺序固定布置。被加工的零件在流水线上用接近的节拍单项活动，工作过程连续而有一定的节奏。它较成组加工单元又先进了一步，所以说它是成组加工系统中实现加工过程合理化的较高级组织形式。

与一般流水线相比，所不同之处在于成组加工流水线只要经过少量的调整就能加工同组内的不同零件。需要注意的是在生产线上流动的不是一种零件，而是多种相似零件。对某一种零件来说，不一定经过线上的每一台机床，这种生产形式仅适用于少数产量较大的工艺相似零件。

成组加工流水线的优势是：零件运输路线短，不迂回；工艺适应性比较大。

国内外的实践表明，在中、小批量生产中将设计、制造和管理看作一个整体系统，全面实施成组技术，可以取得最佳的综合经济效益，除了使产品设计和工艺设计工作合理化、标准化，节约了设计时间和费用以外，还扩大了零件的成组年产量，便于采用先进的生产技术和高效加工设备，使生产技术水平和管理效率大大提高。尤其是它将大量的信息分类成组并使之规格化、标准化，使得信息的存储和流动大为简化，有可能用计算机使信息得到迅速的检索、分析和处理，所以成组技术又是计算机辅助工程的技术基础之一。

任务五　计算机辅助工艺规程设计（CAPP）

计算机辅助工艺规程设计（CAPP）是在成组技术的基础上，通过向计算机输入被加工零件的原始数据、加工条件以及加工要求，由计算机自动进行编码、编程直至最后输出经过优化的工艺规程卡片的过程。采用计算机辅助工艺规程设计不仅能减轻工艺人员的重复劳动并显著提高工艺设计的效率，而且将更可靠和更有效地保证了同类零件工艺上的一致性。所以计算机辅助工艺规程设计在国内外正引起越来越多的重视和研究。

CAPP 最初的低级形式仅用于工艺规程的检索和管理，即利用计算机来存取已有的单独工艺，需要时向计算机查询和检索。在成组技术的基础上，CAPP 逐步发展成能通过修改编辑功能而在已有的标准工艺过程的基础上生成新的零件的工艺过程。目前，世界各国又在致力于开发新的工艺设计系统，这种系统能直接输入零件图形和加工要求。通过系统的逻辑判断功能，自动地直接生成零件的工艺过程。

按照 CAPP 的基本原理和方法，可分为三种类型：派生法（Variant）、创成法（Generative）以及知识基础系统（Knowledge Based CAPP System）。

7.5.1　派生法原理

派生法 CAPP 又称为变异法、修订法 CAPP。派生法工作规程设计是利用成组技术原理将零件按几何形状及工艺相似性分类、归族，每一族又有一个典型样件，根据此样件建立典型工艺文件，即标准工艺规范，存入标准工艺文件库中。当需要设计一个新的零件工艺规程时，按照其成组编码，确定其所属零件族，由计算机检索出相应零件族的典型工艺，再根据零件的具体要求，对典型工艺进行修改，最后取得所需的工艺规程。其具体工作原理如图 7-6 所示。

通过成组技术的原理把工艺相似的零件汇成零件组，并按零件分类编码系统对零件编制 GT 代码，然后利用成组工艺设计方法为每个零件组设计出可供全组零件使用的复合工艺。该复合工艺必须符合企业生产条件下的最优设计方案，将其储存在计算机系统的数据库中。当输入一个新零件的 GT 代码时，系统可以判断出该零件的具体类别，并从数据库中检索、调用该组复合工艺。然后，根据零件的结构、工艺特征和加工条件要求，对检索出的工艺内容进行自动或交互式修改和编辑。

当在派生法系统中引入较多的决策逻辑时，该系统又称为半生成式或混合式系统。例如，零件组的复合工艺中只是一个工艺路线，而各加工工序的内容（包括机床、工具和夹具的选择，工步顺序以及切削参数的确定），都是用逻辑决策方式生成的，这样的系统就是半生成式或混合式系统。

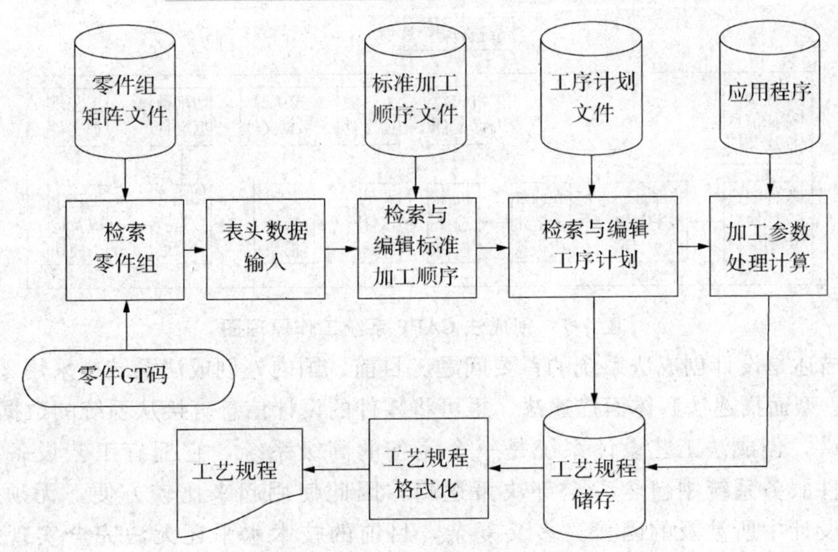

图 7-6　派生法 CAPP 系统工作原理图

派生法工艺规程设计一般需要经过以下两个步骤。

1. 准备阶段

①对大量零件进行编码。

②建立零件组（族）。

③制定零件组（族）的标准工艺规程。

④将上述零件组（族）的特征和相应的标准工艺规程一一对应地存入计算机。

2. 使用阶段

①首先将需要进行工艺规程设计的新零件按照同样的编码系统进行编码，然后将这个代码输入计算机，通过计算机中零件族检索程序，找到这个零件所属的零件族。

②调出该零件族的标准工艺规程。

③根据零件的特殊要求，修改和编辑这个标准的工艺规程，最后生成该零件的独立的工艺规程。

上述步骤都是通过计算机直接完成的。

7.5.2　创成法原理

创成法是另一种类型的 CAPP。创成法工艺过程设计不是以原有的工艺规程为基础，而是依靠系统中的逻辑决策生成的，其工作原理如图 7-7 所示。系统可按工艺生成步骤分为若干个模块，每个模块的设计是按功能模块的决策表或决策树来编制的，即决策逻辑嵌套在程序中。各模块工作时所需的各种数据都以数据库文件的形式存储。

系统在读取零件的制造特征信息后，能自动识别和分类。此后，系统中其他模块按决策逻辑生成零件上各待加工表面的加工顺序和各处表面的加工链，并为各表面加工选择机床、夹具、刀具、切削参数和加工时间、加工成本，以及对工艺过程进行优化。最后，系统自动进行编辑并输出工艺规程。人的作用仅在于监督计算机的工作，并在计算机决策过程中作一些简单问题的处理，对中间结果进行判断和评估。

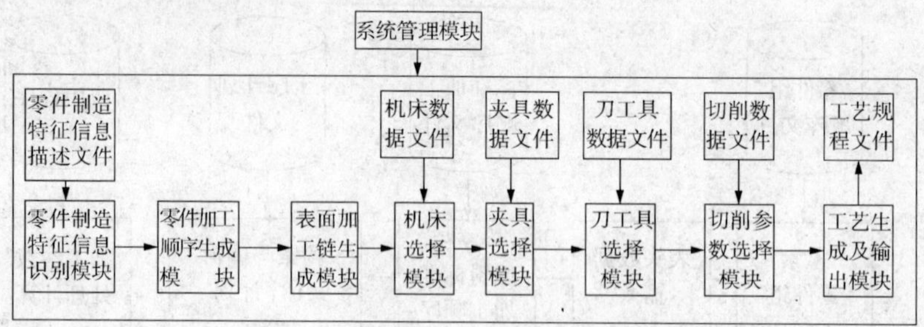

图 7-7　创成法 CAPP 系统工作原理图

零件信息描述是设计创成法系统的首要问题。目前，国内外创成法系统中采用零件描述法主要有成组编码法、型面描述法和体面描述法。也可将零件的设计信息直接从系统的数据库中采集。

从理论上讲，创成法工艺设计系统是一个完备的高级系统，它拥有工艺设备所需要的全部信息，在其软件服务系统中包含着全部决策逻辑，因此使用起来比较方便，无须准备设备。但是，由于工艺设计中所涉及的因素又多又复杂，目前的技术水平还无法完全实现所谓的自动系统，目前的创成法工艺设计系统大多还处于研发阶段。

7.5.3　知识基础系统工作原理

创成法系统由于决策逻辑嵌套在应用程序中，结构复杂且不易修改，目前的研究已转向知识基础系统（又称专家系统）。在该系统中，把工艺专家编制工艺的经验和知识存到知识库中，它可以方便地通过专用模块进行增减和调用。这就使得系统的通用性和适应性大大提高，具体工作原理图如图 7-8 所示。

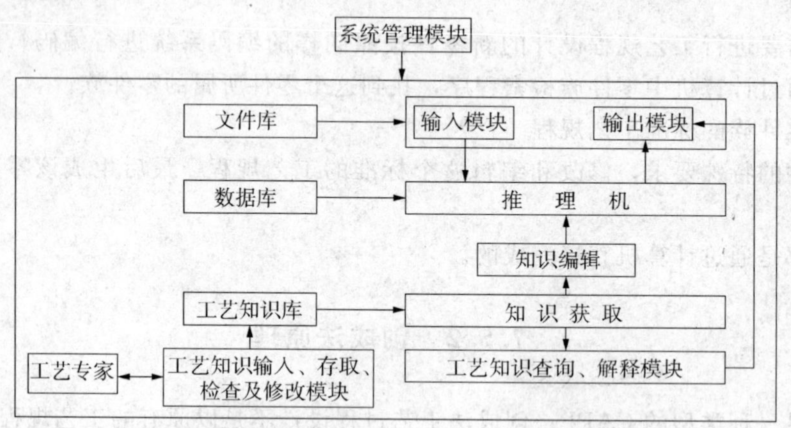

图 7-8　知识基础系统工作原理图

各种类型的 CAPP 系统的适用范围主要与零件族的数量、零件品种数以及相似程度有关。对于零件族数量不多，而且在每个零件族中有许多相似零件，派生法 CAPP 系统通常用得比较多；如果零件族数量较大，而在每个零件族中零件品种不多，那么用创成法 CAPP 系统就比较经济。值得一提的是，所谓半创成法 CAPP 系统，是一种以派生法为主、创成法为辅的 CAPP 系统。例如，工艺过程设计采用派生法，而工序设计采用创成法。无论哪一种系统，只要符合工厂实际、使用方便、容易操作和掌握，那么它就是一个好系统。

参考文献

[1] 鲁昌国，何冰强．机械制造技术．[M]．大连：大连理工大学出版社，2009.

[2] 巩亚东．机械制造技术基础．[M]．北京：科学出版社，2010.

[3] 杨斌久，李长河．机械制造技术基础．[M]．北京：机械工业出版社，2009.

[4] 李凯岭．机械制造技术基础．[M]．北京：清华大学出版社，2010.

[5] 于骏一，邹青．机械制造技术基础．[M]．北京：机械工业出版社，2009.

[6] 李永敏．机械制造技术．[M]．郑州：黄河水利出版社，2008.

[7] 刘平．机械制造技术．[M]．北京：机械工业出版社，2011.

[8] 陈伟珍，徐媛媛．机械制造技术．[M]．广州：华南理工大学出版社，2008.

[9] 秦国华，路冬．机械制造技术．[M]．北京：国防工业出版社，2009.

[10] 陈爱荣，王守忠，李新德．机械制造技术．[M]．北京：北京理工大学出版社，2010.